生态文明建设中的
新农村规划设计

王 宇/著

中国水利水电出版社
www.waterpub.com.cn
·北京·

内 容 提 要

本书围绕生态文明建设中的新农村规划设计进行分析,内容包括生态文明建设与新农村建设的关系、新农村建设规划概述、新型农村生态社区建设规划、生态文明建设下的新农村公共服务设施规划、生态化的新农村基础服务设施规划、新农村生态景观规划、新农村生态人居住宅建筑设计、新农村生态环境卫生保护规划及策略等。

本书内容全面准确,结构清晰,逻辑严谨,语言通俗易懂,具有一定的科学性、学术性、前瞻性和可读性,是一本值得学习研究的著作。

图书在版编目(C I P)数据

生态文明建设中的新农村规划设计 / 王宇著. -- 北京 : 中国水利水电出版社, 2017.5(2022.9重印)
ISBN 978-7-5170-5441-2

Ⅰ. ①生… Ⅱ. ①王… Ⅲ. ①乡村规划—中国 Ⅳ.
①TU982.29

中国版本图书馆CIP数据核字(2017)第104368号

书　　名	生态文明建设中的新农村规划设计　SHENGTAI WENMING JIAN-SHE ZHONG DE XIN NONGCUN GUIHUA SHEJI
作　　者	王　宇　著
出版发行	中国水利水电出版社
	(北京市海淀区玉渊潭南路1号D座 100038)
	网址:www. waterpub. com. cn
	E-mail:sales@ waterpub. com. cn
	电话:(010)68367658(营销中心)
经　　售	北京科水图书销售中心(零售)
	电话:(010)88383994、63202643、68545874
	全国各地新华书店和相关出版物销售网点
排　　版	北京亚吉飞数码科技有限公司
印　　刷	天津光之彩印刷有限公司
规　　格	170mm×240mm　16开本　19印张　341千字
版　　次	2017年8月第1版　2022年9月第2次印刷
印　　数	2001—3001 册
定　　价	60.00 元

前　言

全面建成小康社会,农村建设是重点,也是难点。全面推进社会主义新农村建设是全面建成小康社会的重要内容,新农村建设也是建设美丽中国的亮点。大力推进生态文明建设,农村是重要阵地。中国绝大部分地区是农村,有 300 多万个村庄,56 万个行政村,农村户籍人口约 10 亿。可以说,农村生态环境质量在很大程度上决定着我国的生态环境质量。特别是改革开放以来,随着城市化进程的加快,环境污染开始向农村转移,"垃圾围村"的现象日益凸显,这既影响着农民的身心健康,也严重阻碍着农村的全面发展。由此,农村作为我国经济社会发展的基础所在,我们应当高度重视农村的生态文明建设,这是构建社会主义和谐新农村的基础保障,也是我国全面建设小康社会的必然选择。

社会主义新农村建设必须坚持科学发展观,以生态文明建设为导向,大力发展生态农业,搞好农业、农村的生态规划与设计;积极发展节能、节水、降耗农业、实现农业产品的高产、优质、高效;加强环境保护与治理,把新农村与生态文明建设有机结合起来。

本书围绕"人与自然的关系"这一硬核与本原,结合农村生态环境的现实状况及需要,对生态文明建设中的新农村规划进行了研究。用生态文明指导新农村规划编制和建设工作,既有利于巩固农村建设多年来在环境保护与可持续发展方面取得的成果,也有利于防止继续出现重物质文明建设轻精神文明建设,重农村基础设施建设轻生态环境保护,重政府的任期政绩轻农民的切身利益的问题。因此,用生态文明指导新农村规划设计和实施,是充分体现科学发展观,坚持以农(农业、农村和农民)为本,科学解决农村为什么要发展,为谁发展,怎样发展的问题。

本书在写作过程中,参考了众多学者的研究成果,并融入了自己的见解。本书的撰写虽然力求完美,但由于笔者时间与精力不足,仍然存在一定的不足,希望各位专家与同仁提出宝贵意见,以使本书进一步完善。

作　者

2017 年 3 月

目　录

第一章　生态文明建设与新农村建设的关系

百年奋斗铸就历史辉煌,信心百倍推进复兴伟业。党的十八大首次提出了"美丽中国"的概念,明确了生态文明建设的终极目标。这是在新的历史时期和新的起点,提出的新目标和新要求。但是在我国,农村面积占到国土面积的98%左右,农村人口约占全国总人口的62%,要全面建成"美丽中国"的奋斗目标,没有农村的美丽,就没有全国的美丽,建设"美丽中国"就会成为一句纸上谈兵的空话。所以,创建"美丽乡村",就是落实党的十八大精神,推进生态文明建设的需要,实现中华民族永续发展的坚强保证。开展"美丽乡村"创建活动,就是要重点推广节能减排技术,改善农村人居环境,落实生态文明建设,是实现中国梦的具体行动。所以,推进美丽乡村建设,责任重大,使命光荣。

第一节　生态文明的内涵与发展

一、生态文明的内涵

(一)生态

1866年德国的海克尔在《自然创造史》一书中最先提出"生态学(ecology)"一词。1895年丹麦的瓦尔明以德文发表《植物生态地理学为基础的植物分布学》,1909年译成英文,更名为《植物生态学》。它是世界上第一部划时代的生态学著作,在世界上广为传播,至今已一个多世纪。

生态系统一词是英国植物生态学家坦斯莱于1935年首先完整提出。但是其理念则来源于植物学,又不同于植物学。其提出了"生命共同体"的理念,既包括植物,又包括动物,还包括河流、湖泊、湿地、冰川、森林、草原、土地、沙漠和冻上等,使人类对其所依赖的自然生态有了一个系统的、科学的、全新的认识。

据考证,距今大约9000年前,一颗大彗星在北美撞击地球,地球也渡过了最后一个冰期,自那时以后地球再未经过巨大的冲击。因此,地球的陆地、海洋、山河与湖泊都没有质的大变化,地球的平均降水量和平均气温没有质的大变化,动植物的物种也没有大变化。因此,可以认为9000年来自然生态系统没有发生质变,9000年前的自然生态可称为标准的"原生态",可以作为我们保护和修复自然生态的依据。

当然,今天地球上已经居住了72亿人,相当于陆地上平均每平方千米住了119人。如果除去沙漠、冻土和极地等不适于人类居住的地区,每平方千米已经住了近百人。人类活动对自然生态系统产生了巨大的影响以致改变,所以恢复到"原生态"已经不可能,但是科学考证(不是主观臆想)9000年前的原生态应该是我们保护与修复自然生态系统的最重要的参照之一。

(二)文明

中文的"文明"的含义主要指文化,而"文化"则包括文学、艺术、教育和科学等。对于人来讲,"文明"的通俗解释是运用文字和有关知识的能力。

英文的文明"Civilization"也是对人而言的,指脱离"蒙昧"的开化,受到教育而"文雅""礼貌""明事理"。其词根是"Civil"即"公民的"。法文的文明"Civilisation"同样是对人而言的,指的也是脱离"蒙昧"的开化,受到"教化",且能传播文化。

从三种语言来看,文明都是指公民应有文化知识,明事理并遵守社会的行为规范。生态文明已是全世界共同的话题。随着工业文明的发展和人口的不断增加,全球面临着资源日趋短缺、环境污染严重、生态系统退化的严峻形势,环境与生态的危机已经成为当今世界诸多危机的根源和催化剂。自20世纪中叶起,人类开始对自身和自然的关系进行反思,认识到"生态兴则文明兴,生态衰则文明衰"。目前,保护自然资源和生态系统显得从未如此迫切过,现实生态与新文明的矛盾也从未这样尖锐过。

二、生态文明的发展

(一)农业文明

尽管在几千年中,科学技术有所发展,生产工具不断改进,但是直至工业革命之前,在世界上的大多数地区里,农业中仍然是几千年前就有的犁、锄和镰刀,手工业中用的仍然是几千年前就有的刀和斧,交通运输业中用的仍然是几千年前就有的马车和木船。因此,这些产业的劳动生产率主要取决于劳动者的体力。据统计,在低机械程度的条件下劳动力的体力支出与智力支出的比例约为9∶1。[①]

[①] 吴季松.生态文明建设[M].北京:北京航空航天大学出版社,2015

在农业文明阶段,广大人民的生活十分贫困,遇到不可抗拒的自然灾害造成的经济危机,就到了缺衣少食的地步。在这一阶段,教育很不普及,文盲占大多数,文化只属于少数人,而这少数人才也难以流动。

(二)工业文明

18世纪人类经过工业革命进入了工业文明。

人类文明的发展主要经历了渔猎文明、农业文明和工业文明,目前正在向生态文明过渡。从农业文明到工业文明最重要的表象就是农业生产的"牧场"和"工场"变成了工业生产的"工厂",其推动力是科学和技术革命,了解牛顿力学、麦克斯韦电学、道尔顿化学和达尔文生物进化论的基本理论和瓦特蒸汽机、珍妮纺织机、哈格里夫斯车床和雅可比电机的基本知识,才可能办好工厂。固守原来的农业思想,而不接受科学新思想的牧场主和工场主不会想,即使想也办不好工厂。英国的工厂始于18世纪末,大约到1825年初具规模,代替了"工场",其特点是:

①在一片具有基本条件的土地上,以前所未有的强度集中资金、资源和劳动力,从事相对专一的生产。

②以机器代替人力。

③使用以煤为主的新能源,以钢为主的新材料和机动车辆、船只等新运输方式。

④千万农牧民离开自己的家园,成为工厂的雇佣劳动者,即农民工进城。

⑤资本在工业生产中的作用日益增大。

⑥工厂使城市形成和扩展,工人聚居。

与工厂化随之而来的是工业化和城市化。

相对于农业文明来说,工业文明是一种发展的新文明,但是发展过程中也出现了一系列的"非文明"问题。

工业大生产在创造了灿烂的文明的同时也带来了不少非文明的影响。

①工厂的建立开辟了提高劳动生产率的平台,发挥了更广大人群的创造性。但是,资本的作用过大及工厂的机械的组织形式,限制了人深层次创造性的发挥。因此,工厂是以利润为本,而不是以人为本。

②自工厂建立以后,机械化的生产模式和严格的分工使科学研究与经济生产日渐分离,延长了从科学创新到技术创新的周期,更大大延长了到产业创新的周期。

③工厂建立了与自然循环相违背的生产模式,即从自然界无尽地提取原料—粗放的大生产—向自然界无尽地排出废物。经过两个世纪,这种生

产模式使得资源消耗、环境污染和生态退化严重到了难以可持续发展的地步。

④由于空气、水和噪声污染严重，工厂甚至成为比"工场"更为恶劣的劳动环境，当然更无法与农场和牧场相比。

⑤由于农民急剧向城市集中，造成了严重的城市问题。

⑥由于分配不公造成严重的贫富悬殊，形成了"金领""白领"和"蓝领"的不同阶层。

应该说，这些工业非文明是现代社会的主要弊端。在20世纪初，工业文明的上述弊端愈演愈烈，自第二次世界大战以后，西方发达国家开始以"园区"等形式来解决工厂的问题，力图从工业文明向生态文明过渡。

（三）生态文明

工业文明史无前例地提高了生产的效率，但进入20世纪发生了资源耗竭、环境污染和生态系统退化的严重状况，人类是否能可持续发展已成问题。

21世纪人与自然和谐可持续发展成为人类的共识，工业文明在创造了文明的同时，也带来了不少非文明的成分，因此，我们要走向新文明——生态文明。

生态文明阶段，经济发展主要取决于智力资源的占有和配置，即科学技术是第一生产力。

由于对智力资源的掠夺已经难以通过战争来实现，随着智力经济的发展，避免世界性战争的可能性日益增加，"和平、发展和环境"将是世界上的头等大事，"可持续发展"已经逐步成为世界上有识之士的共识。

科学技术——智力在经济发展中日益重要的地位是有目共睹的，但是，为什么要使用"智力经济"这种新的提法呢？这是因为从经济生产的生产力、产业结构、技术结构、分配和市场等各个方面来看，在智力经济的发展中都出现了与资源经济阶段本质性不同的东西，因此，这是一种新型经济。

从生产力的要素来看，劳力、劳动工具和劳动对象都逐步退居次要地位，科学技术（包括管理科学技术）成为第一要素。

从技术结构来看，以前"科学"和"技术"分离的概念已经不适用了，科学和技术已经彼此相连、密不可分，以前说"高新科学技术产业"是一个概念的错误，而现在已经在科学工业园中成为现实。

从分配来看，在世界范围内，按占有生产资料和自然资源分配为主的分配方式开始变化。这种变化可以从占有很少资料和自然资源却创造了最高产值和收入的高新技术产业中看出。

从市场来看,传统的市场观念开始变化。一是随着高新技术的飞速发展,宏观导作用必须加强,否则不仅是阻碍智力经济进一步发展的问题,还可能出现像资源经济时期的战争一样的情况,给人类带来巨大的灾难。此外,静态的市场观念、占有市场份额的观念、仅从数量上扩展市场的概念都会产生相应的变化,例如,一件高新技术产品的价值可能千万倍于同样物质消耗的传统经济产品。

经济生产发生的这些巨大变化,最主要的原因是文明的发展,文化的普及,人民受教育程度的普遍提高。人才层出不穷,流动的自由度大大增加,在文学艺术大发展的同时,科学前所未有地发展着,新学科不断出现,复合型人才大量涌出。例如,生态学和系统论的出现,改变了人类对自然的看法,两者的结合又使人们有了与自然相和谐发展的手段。

第二节　生态文明建设中的"可持续发展"策略

一、生态文明建设中"可持续发展"策略的引入

人类的经济发展阶段取决于人类对世界的认识——知识。在农业经济阶段,人类关于自然的知识有限,对自然的认识基本上是"天命论"的,即人类开垦土地,进行耕作,主要取决于所在地区土地面积、肥沃程度、天气的好坏和人数的多寡,再加上劳力的数量和质量来有限地发展生产,主要"靠天吃饭"。

从整体上来看,农业文明时期,尽管有植被被破坏,但比例较小;尽管进行耕作,但用的是有机肥,没有打破生态系统的食物链。人类对自然的破坏作用尚未达到造成全球环境问题的程度,人类仍能与自然界和平共处。

工业革命以后,人类与环境的关系发生了重大的变化。首先从思想意识上,人类摒弃了古朴的"天人合一"的思想,由培根和笛卡儿提出的"驾驭自然、做自然的主人"的机械论开始统治全球,人类开始对大自然大肆开发、掠夺,生态系统的平衡受到严重干扰以至破坏。在工业经济阶段,人类关于自然的知识大大增加,对自然的认识发生了巨大的变化,认为人类可以凭借自己的知识向自然掠夺,可以用尽自然资源,取得最大利润,而不顾及自然资源枯竭、生态蜕变和环境污染的后果,要"征服自然"。科学技术的飞速发展,又为人类征服自然、改造自然和破坏生态系统平衡提供了条件。直到威胁人类生存、发展的环境问题不断地在全球显现,这才引起人们的高度重视,于是在20世纪下半叶展开了对人类发展方向的讨论。

1968 年 4 月,正当世界冷战达到顶峰,越南战争如火如荼,超级大国正醉心于人类发展利益分配的时候,世界上一批有识之士提出了另一个问题:"人类的发展有极限吗?"来自 10 个国家的科学家、教育家、经济学家、人类学家、企业家、政府和国际组织官员约 30 人,聚集在罗马山猫科学院,在意大利经济学家、企业经理奥莱里欧·佩切依博士的召集下举行了一次国际会议,产生了后来世界著名的"罗马俱乐部"——一个非正式的国际组织。

"可持续发展"一词来自拉丁语"sustennere",20 世纪 70 年代,联合国教科文组织的创意者第一次提出可持续发展的"持续"(Sustain),用的是法文,是"撑得住""垮不了""得以维持"的意思,具有很强的警世含义。英文"持续"(sustain)是"支持""承受得住"和"继续"的意思,警世的意义大为减弱;译成中文,这种警世的意思就更弱了。1980 年国际自然保护同盟(IU-CN)制定的《世界自然资源保护大纲》中最早出现该词,作者于 1982 年即把这一概念介绍到国内。1983 年 11 月,联合国成立了世界环境与发展委员会(WEDC),以挪威首相布伦特兰(G. H. Brundland)夫人为主席,成员包括科学、教育、经济、社会和政治方面的代表,提出了"可持续发展"。世界环境与发展委员会经过 4 年的工作,于 1987 年向联合国提交了题为《我们共同的未来》(Our Common Future)的研究报告,正式提出了可持续发展的新设想。它进一步明确了可持续发展的概念,以及以下几个原则。

①发展的原则,和平与发展是当代人类进步的两大主题;②经济、社会、环境与生态协调发展的原则;③资源利用代际均衡的原则;④区域间协调发展的原则;⑤社会各阶层间公平分配的原则;⑥现代生态型生产的原则。

1984 年,正当世界对人类的发展前途迷惘的时候,先后提出了"科学研究三分类""可持续发展"等许多人类先进思想的联合国教科文组织科技部门政策局,又提出了一个非常深刻的科研课题:"多学科综合研究应用于经济发展"(Multi-disciplinary Studieson Application to Development)。这是第一次对知识经济系统进行科学的研究。其实这个题目的意译应该是"用多学科综合知识研究推动经济发展",因为"多学科综合研究"(Multi-disci-plinary studies)指的就是自然和社会科学的全面知识,而"发展"指的就是经济发展。这一提法比经合组织 1996 年提出的"以知识为基础的经济"(knowledge based economy)不仅早了 12 年,而且语义似乎也更明确。

人类的任何一种重大知识体系的产生和应用,都会对经济形式产生重大的影响。正像人类对物质结构的新认识,推动了机械制造,开创了新能源——煤与石油的利用,从而产生了工业经济,人类对于自己的生存环境——生态与环境的新认识所产生的新知识也必将导致一种新的经济——知识经济的诞生。

　　知识经济改变了以传统工业为产业支柱，以稀缺自然资源为第一生产要素、追求经济的数量增长、以获取最大利润为生产目的的工业经济，代之以高技术产业为主要产业支柱，以智力资源为第一生产要素，追求人、自然和技术的协调发展，以提高人类生活质量为目的。因而，知识经济就是以智力资源的占有、投入和配置，知识产品的生产（产生）、分配（传播）和消费（使用）为主要因素的经济。其中，智力资源包括人才、信息、知识、技术、决策和管理方法等，其最高的投入形式是创新活动。知识产品是指知识含量高、技术含量高、附加值高的高技术产品和高技能服务，其扩大再生产不依赖于稀缺自然资源消耗的增加和环境污染的加剧。知识经济的生产原则是尽可能利用可再生资源与形成资源循环。

　　循环经济在可持续发展思想的指导下，将资源及其废弃物实行综合利用的生产过程，要求将资源作为一种循环使用的原材料重复多次使用；同时又要求在产品生产和产品使用过程中不发生或少发生污染，即在经济发展过程中，实现"资源产品—再生资源—再生产品"的循环式经济发展模式。而传统经济增长方式中，物质流动方向是单向式直线过程，即"资源—产品—废弃物"的流动。这意味着创造的财富越多，消耗的资源越多，产生的废弃物也就越多，对资源环境的负面影响就越大。

　　循环经济是人类经济思想从"无穷扩张、线性增长"到"增长的极限"再到"可持续发展"直至知识经济过程中十分重要的阶段。

　　从上面的分析可以看出，1972 年罗马俱乐部以《增长的极限》提出了 20 世纪下半叶最重大的问题；1987 年世界环境与发展委员会以《我们共同的未来》提出了可持续发展的新设想；知识经济是在 20 世纪最后 1/4 时间内，在世界范围内萌芽并发展的一种新的经济形态，是迄今为止对"增长为什么没有极限""如何实现可持续发展"的最全面、系统的回答，也为"可持续发展"提供了坚实的理论基础和具体的发展途径。

　　经济是社会发展的基础，所以"可持续发展"从一开始就不仅是经济发展的概念，随着这一概念的深入人心并成为世界人民的行动准则，要不断波及、渗透，使之成为一个社会、科学和文化的全方位的概念。

二、现有"人工生态系统"的运行

　　从理论上讲，自持生态系统是不能人造的，但在人不断干预的情况下，完全可以形成人造生态系统的持续运行。美国的赌城拉斯维加斯就是个例子，这座荒漠上的赌城就是人造的一个新生态系统，但要靠胡佛大坝水库的水不断地输入。

　　阿拉伯联合酋长国正在进行更大的人工生态系统的营造，该系统在世界上首屈一指。在从首都阿布扎比到沙迦的长达 130km、宽为 10km 的沿海地带,酋长国正在进行一个面积达 1000km² 的、庞大的半荒漠变绿洲的人造生态系统工程。

从阿联酋首都也就是阿布扎比酋长国首都阿布扎比岛,经迪拜酋长国首都迪拜市,到沙迦酋长国首都沙迦市全长 180km 的公路,绝大部分的路段两旁全是高耸的棕榈,除个别地段仍是荒漠外,绿地纵深在 5~15km,绿草和耐旱灌木构成了广阔的人造绿洲。其中阿布扎比市人口约为 100 万,迪拜市人口为 90 万,沙迦市人口为 15 万,再加上公路沿线的居民,海岸绿洲人口占阿联酋人口的 2/3。这里居民的生活环境的确从半荒漠带变成了半湿润带,绿茵遍地,空气比较湿润。

阿拉伯联合酋长国波斯湾沿岸的人类改造自然、持续投巨资建造的"人工生态系统"也不是有钱就能办到的,是有条件的。

波斯湾南岸沿海,年降水量近 200mm,这是改造生态系统的基础。新生态系统形成后,目前降水量仍不到 250mm,无法维系草原植被,所有树和草都必须灌溉。由此可见,如果还是原来的降水量低于 100mm 的状态,这种改造就几乎是不可能的,如巨额的投入、靠近海岸、厉行节水灌溉,引入耐旱物种等。

由此可见,一个 100km² 以上面积的人工生态系统的建设是如此艰难,不是所有国家都能做到的。即使不计巨额投入,也是一个漫长的过程,需花四五代人,即 80~100 年的时间。[①]

三、"创新、协调、绿色、开放、共享"理念指导生态文明建设

"创新、协调、绿色、开放、共享"五大理念,不仅是"十三五"的发展理念,而且将指导今后的可持续发展。生态文明建设是"中国梦"的主要目标,当然应以这些理念为指导。

(一)创新

生态文明建设的本身就是对 18 世纪以来延续至今的传统工业经济的创新,以生态科学为指导重新认识人与自然的关系。我们生存的地球存在着的重大生态危机是人类社会发展面临的几大危机之一,应认识、重视并力求改变资源短缺、环境污染和生态退化的现状。生态文明是一大理念创新,也是理论创新。生态概念早已有之,文明概念古已有之,但生态与文明相结

---

① 吴季松.生态文明建设[M].北京:北京航空航天大学出版社,2015

合产生的"生态文明"理念又是一大理论创新。我国提出的生态文明理论把人类的文明、经济和生态三大理念联系起来，融合构成系统应用于发展，是对可持续发展理念的大提升。"可持续发展"是个很好的目标，但如何实现呢？这个问题在国际上尚未解决。只有"文明发展"是不够的，只有"经济发展"是不够的，只有"生态保护与发展"也是不够的，必须使三者构成一个有机结合的系统，这就是"生态文明建设"。

（二）协调

"生态文明建设"不仅是我国的总体战略，也是世界的发展前途，因此要从全球化的观点来看问题。生态文明建设包含有文明、经济和生态三大要素，分别构成了三大子系统，按系统论的观点这三个子系统内部都存在不断协调（或者说动平衡）问题，三大子系统之间也存在不断持续的、动态的协调是生态文明建设的基本理念协调问题。

1. 文明子系统的协调

人类历史形成了不同文明，其主要可以归纳为东西方两大文明。生态文明建设不是要比较这两大文明的优劣，而是要使这两大文明求同存异、交融、互利，最终达到协调。

在西方文明中又可以分为日耳曼文明、拉丁文明和斯拉夫文明等，也同样存在求同存异、交融、互利最终达到协调的问题，而不是以冲突和战争解决分歧和矛盾。经过战乱频繁的千年历史，屡经战乱的欧洲建立了欧洲联盟，这就说明了协调的可能性与现实性。

在东方文明中又可以分为儒学文明、佛教文明、伊斯兰文明和印度教文明等，同样存在上述问题，也完全具备通过协调来解决问题的条件。

2. 生态系统的协调

生态系统同样存在通过调节和再组织来实现协调的问题，中国自古就有"风调雨顺""草肥水美"的认识，说的就是协调。自然界为生态系统提供了水、空气和阳光三大要素。水不能太多，多了就是洪灾；也不能太少，少了就是旱灾。这些天灾都在地球上存在，但都是肆虐一时，最终达到协调——互动平衡，使生命和人类可以持续存在。

自然又分为陆地和海洋两大系统，其中陆地又分为淡水、森林、草原、荒漠、沙漠和冻土等各大系统。由于降水和气温的变化，这些系统也发生着矛盾而且互相转化，这些转化都是互动平衡的体现，而最终达到协调。森林不可能无限发展，沙漠也不可能无穷扩张。

3.经济发展的协调

如投资、消费和出口之间的协调,要达成和谐的比例,哪个要素过高了都是不协调。再如,第一、二、三产业之间的协调,在大力发展服务业的同时,也不能削弱农业,同时要保持第二产业的一定比例。

(三)绿色

"青山绿水"是自古以来的中国梦。在农业经济时代河湖附近的植被很好,落叶使水变成浅绿色。由于水土保持好,土壤也吸融落叶,使之不会过多而使水过绿。由于河水流量很大,自净能力很强,因此,那时水不会富营养化,从而不会过绿。所以今天富营养化的、过绿的水并不是好水。

"绿"并不是生态系统好的唯一标志。自然生态系统是一个生命共同体,还包括昆虫、鱼类、走兽和鸟类等其他动物,而且也要考虑水资源的支撑能力,不是越绿越好。同时,如果只是单一树种地人工密植造林,没有乔灌草的森林系统,没有林中动物,绿是暂时绿了,但不是好的生态系统,而且难以持续。

近 20 万年以来地球就是一个多样的生态系统,包括草原、荒漠、沙漠、冻土、冰川和冰原,如果盲目地要地球都变绿,既没必要,也不可能。就是在温带平原,森林覆盖率在 25%～35%(从北到南逐渐增加)就已经能满足生态的需要了。

(四)开放

地球在宇宙中是个相对孤立和封闭的系统,但也从太阳获得生命存在所必要的能量,不是绝对封闭的。

地球中的各个自然子系统之间,更是相互开放的系统。土壤、森林、草原、河湖、湿地、荒漠、沙漠、冻土、冰川和冰原等各系统之间都相互开放,进行信息、能量和水量的交换,以至范围的转化,使这些系统可以自我调节,达到自身的互动平衡,从而可持续发展。

例如,当降雨过多,水就渗入地下水层,在旱年供植物吸收和人类抽取,构成了土壤、森林、河湖、湿地和人类社会系统各开放系统之间的水交换,从而达到了各系统之间的水平衡,或者叫"水协调"。

生态学近年发现的一个重要的现象被称为"蝴蝶效应",即南美亚马逊热带雨林中一只蝴蝶的异动可能在大洋彼岸引起生态变化,说明了生态系统广泛的开放性和强烈的互相影响,这是人们必须深刻认识,而且在生态文明建设中应高度注意的。

（五）共享

生态系统的基本原理是食物链，所谓食物链就是在链上的生物以各自不同的方式共享。

从生态文明建设来看，共享至少有三方面的含义。

①在一个子系统内，自然生态和商品财富都应该共享，即某个人不能占有过多的资源，也不应拥有过多的商品财富。例如，在法国，原则上规定不管在公务系列还是私营企业，最高薪的实际收入一般不能超过最低薪实际收入的6倍，靠纳税来调节，这才能"文明"共享。

②地域的含义，即国与国之间也不应贫富悬殊。在地球这个大系统中人类应该共享文明果实，高收入国家有义务帮助低收入国家；应对温室效应应该遵循"共同而有差别的责任"的原则，在2020年以前，高收入国家应向低收入国家提供1000亿元温室气体减排的援助。

减排的生态维系成果又是全球各国包括高低收入国家共享的。

③代际共享。生态文明的根本目的是实现"可持续发展"，而可持续发展的基本概念就是"当代人要给后代留下不少于自己的可利用资源"，即"代际共享"的原则，这也是"生态文明"的原则。

第三节　生态文明与新农村生态文明

一、社会主义新农村建设的生态文明属性

（一）生态文明的内涵

生态文明是指人类在改造自然以造福自身的过程中为实现人与自然之间的和谐所做的全部努力和所取得的全部成果。在理念上，生态文明有广义与狭义之分。从狭义上讲，它是指文明的一个方面，即人类在处理人与自然的关系中所达到的文明程度。从广义的角度理解，生态文明是人类社会继原始文明、农业文明、工业文明之后的一种新的文明形态，是人类迄今最高的文明形态。它既包含人类保护自然环境和生态安全的意识、法律、制度、政策，也包括维护生态平衡和可持续发展的科学技术、组织机构和实际行动。

在个人生活上，生态文明主张健康合理的生活方式，倡导绿色消费，推崇人类向内心探寻自身需求，减少对外在欲望的追逐，提高人类的生活质

量,减轻生态资源的供给压力。

(二)生态文明的历史意义

几千年来,人类从原始文明出发,经过农业文明、工业文明,当前正踩在生态文明时代的门槛上。在原始文明下,人类的物质生产活动是采集和狩猎,精神活动是原始宗教活动,把自然视为威力无穷的主宰,视为某种神秘的超自然力量的化身。当历史进入 20 世纪后,人们仍然在工业文明的逻辑下追寻更大的胜利,工业文明已然悄无声息地给自然造成了空前严重的伤害,使人类自己也面临着深刻的危机。当人们为了满足自己不断增长的欲望而对自然进行掠夺性开发和破坏性利用时,自然界则以自身的必然性,向人类施行了严厉的报复——全球性的生态失衡和人类生存环境恶化。"当我们的父母在为第二次浪潮从事改进各种生活条件的同时,也引起了极其严重的后果,一种未曾预见和预防的后果。

其中对地球生物圈的破坏也许是无可挽救的。由于工业现实观基于征服自然的原则,由于它的人口的增长,它的残忍无情的技术,和它为了发展而持续不断的需求,彻底地破坏了周围环境,超过了早先任何年代的浩劫。""人类好像在一夜之间突然发现自己正面临着史无前例的大量危机:人口危机、环境危机、粮食危机、能源危机、原料危机……这场全球性危机程度之深、克服之难,对迄今为止指引人类社会进步的若干基本观念提出了挑战。"

生态文明作为社会文明的一个新阶段,反映的是人类处理自身活动与自然界关系的进步程度,是人类认识过程的飞跃,同时也是价值观念的大转变。生态文明价值观超越了"膜拜自然"的价值观,承认人类改造自然的能力和必要性,但摒弃以往"把社会物质生产以人为中心"的价值取向,而是转到"人、社会、生态的协调发展"的价值取向上。人类的主观能动性服务于人类与自然的协调发展,表现在七个方面:一是人与自然的平等观;二是人与自然的友好和互补关系;三是尊重自然,师法自然;四是生态的修复观;五是回归自然观;六是节约观;七是保护生态和保护心灵纯洁的一致性(黄振中,2006)。由此可见,生态文明倡导生态理念,开发生态技术,创新生态制度,发展生态经济,有利于人类解决经济发展和生态破坏的两难困境,短期内指引人类解决当前面临的一系列危机,长远则为人类可持续发展和繁荣指明新的价值导向。作为一种新的正在崛起的文明阶段,生态文明在人类历史发展进程中具有重大意义。

(三)我国建设生态文明的必要性

以"高投入、高能耗、高消费"为主要特征的工业文明,既是这一全球各类危机的根源,也无法收拾自身所酿成的后果。人类社会若想走出困境,并取得新一轮的文明进步,必须得有新的文明形态来指引发展道路。40 年前,在瑞典的斯德哥尔摩召开了世界环境大会,之后在巴西里约热内卢召开了世界首脑峰会,提出了人类的发展模式,走可持续发展的道路。这是人类发展中的里程碑,人类从此进入了生态文明时代。

然而,意识到问题并不代表解决了问题,世界各国在全球气候峰会上因政治利益角逐而难以达成效果良好的意见,更是说明了这一本质问题。人类除了在理念上认识生态文明的重要性,更需在实际行动中创造和积累智慧,为生态文明理念的执行开道。

在发达国家已经开始反思工业文明所带来的罪恶问题时,我国还处于初步的工业文明阶段,为了解决长期贫穷落后的民族面貌,我国忽略生态环境在人类发展的重要性,在 30 多年前提倡以经济建设为中心,大力发展工业文明,这对于我国的繁荣富强确实必不可少。然而,一系列在发达国家发生的问题,在人家已开始反思的 30 多年后,我们竟然重蹈覆辙,并且有过之而无不及。近年来,高传染性疾病的涌现,地震、雪灾、旱灾、水灾等极端自然灾害现象的频繁发生,无不说明我们民族在摆脱贫穷落后之后正面临着新一轮的危机,只不过这个危机不再独属于我们民族,而是属于整个世界。

随着国际社会生态觉醒的影响,我国在生态战略发展上也奋起直追。1995 年 9 月党的十四届五中全会明确提出"必须把社会全面发展放在重要战略地位,实现经济与社会相互协调和可持续发展"。党的十六大报告把建设生态良好的文明社会列为全面建设小康社会的四大目标之一,这是可持续发展理论的延伸和提高。接着胡锦涛总书记提出了科学发展观和建设资源节约型社会、环境友好型社会、和谐社会和建设创新型国家等一系列的战略措施,把我国推向生态文明的轨道,燃起生态文明的火炬,生态文明的观念深入人心。

拥有生态文明理念这一宝贵财富,我们迈进了生态文明主导的 21 世纪门槛,作为拥有全球 1/4 人口、第三大经济体的世界工厂,我国对生态文明理念的贯彻和执行显得更具有世界意义。世界历史把人类社会进程的接力棒交到我们手上,我们应该深入战术和操作层面,从各个行业、各个领域作为切入点,积累经验,总结教训,把握发展规律,探索成功模式,推广运作智慧,切实展开新一轮的生态革命,开创生产发展、生活富裕和生态良好的文明发展道路,这既是我国克服新一轮危机实现真正的繁荣富强的必然要求,也是全人类夺取生态胜利的重要组成部分。

二、生态文明与新农村生态文明建设的沿革

长期以来,农业、农村和农民问题(即所谓"三农"问题)始终是影响中国改革开放和现代化进程的主要问题。以科学发展观为指导,树立自主创新的发展理念,从根本上改变农业生产方式和广大农民的生活方式,改善农民的居住环境,构建社会主义和谐社会意义重大。

具体而言,所谓"新农村"包括五个方面,即新房舍、新设施、新环境、新农民、新风尚。这五者缺一不可,共同构成"社会主义新农村"的范畴。通过改善住房条件、完善基础设施、整治环境,营造良好的生态环境、优美的生活环境,满足新时期我国建设资源节约型、环境友好型社会的要求。

回顾我国农村建设的发展,特别是改革开放以后三十多年的发展,农业生产条件大为改善;农村基础设施和社会事业发展明显加强;农民收入较快增长,农村居民生活水平和居住条件不断提高。

20 世纪 70 年代末 80 年代初,中国的改革开放最早从农村开始,中国经济步入高速增长的轨道。"交足国家的,留足集体的,剩下都是自己的",农民的生产积极性迸发出来,生产很快发展起来。

开展文明村建设活动,是广大农民物质生活水平提高以后,迫切要求精神生活也丰富起来的必然产物;是亿万农民在党的领导下的又一伟大创造。开展文明村建设活动,对全面落实党的十二大提出的战略任务,贯彻党在农村的各项方针、政策,实现两个文明一起抓,进一步巩固和发展已经开创的农业新局面,具有十分重要的意义。

中央提出建设社会主义新农村的重大历史任务,是要进一步提升"三农"工作在经济社会发展中的地位,加大各级政府和全社会解决"三农"问题的力度。同时,新农村建设作为"三农"工作的重要组成部分,是经济社会发展的需要,必将迎来一个新的发展阶段。

三、新农村生态文明建设模式

农村生态文明的建设应在生态系统承载能力的范围内,在生态系统自净能力上限之下,以改善人居环境为突破口,以提高农民素质和生活质量为出发点,努力实现人的全面发展和农村经济社会的全面进步。在创建过程中,主要以文明生态村的方式体现,但由于各地区资源条件、经济基础和文化习俗等各方面的差异,构成不同的建设模式。据笔者对其进行归纳总结,主要有政府推动型、市场拉动型和焦点诱发型三种建设模式。

（一）政府推动型文明生态村建设模式

政府推动型模式是指由政府主导，自上而下地推动农村生态文明建设的模式。其核心思想在于该地区最初的生态农村建设来源于政府的推动，并以此为动力，开展后续的建设活动。

实施政府推动型模式的地区（以下简称政府模式地区）一般位于距离市区较远的地方，交通不便。一方面，生态意识薄弱。经济基础相对薄弱是这些地区的一个共同特征，并与之相对应落后的文化素质，导致了人们生态意识薄弱，加剧该地区水土流失、地力下降，环境状况的逐渐恶化。严峻的经济文化现状是促使政府考虑外在政策及资金输入，改善该地区生活水平的动力之一。另一方面，政府模式地区一般拥有某一或多种资源优势，这些资源优势给政府创造了很好的着力点，使政府可以借助这些优势来进行相应的政策输入，实施生态农村的建设。政府可以考虑把农业资源开发利用与环境保护结合起来，将生态工程设计与农业产业结构调整结合起来，不仅能促进经济的发展、生态环境的保护与改善，而且还能促进与提高生态文明。因此，具有资源优势是实施政府推动型模式的一个基础条件。

政策环境是政府模式地区实施生态农村建设所特有的发展环境，也是政府这一动力源的明确表现。政策环境要求政府对相关地区有深入的了解，并在此基础上通过制定某一或多条关键性的政策，来推动及支持该地区的建设，从政策上拉动整个建设的进程。因此，政策环境是政府推动模式与市场拉动模式、焦点诱发模式最显著的不同。

我国政府早在 20 世纪 70 年代开始，就逐渐形成了经济建设、城乡建设、生态环境建设同步规划、同步实施、同步发展，实现经济、社会和人口资源环境效益相统一的指导方针，陆续采取了一系列有效的提倡环境保护及生态建设的措施。党的十六大报告把建设生态良好的文明社会列为全面建设小康社会的四大目标之一，这是可持续发展理论的延伸和提高。生态文明被写入党代会报告，是中国特色社会主义理论体系的创新，是对全面建设小康社会提出的更高要求。十七大以来，生态文明建设已引起了各级党委和政府的普遍重视，成为各界人士的共识。随着近几年中央对"三农"问题的高度关注以及在新的环境与历史条件下如何改变农村的现状措施的出台，农村经济的发展、农民收入的增加得到了更为有效的保障与促进。这是政府推动型生态农村建设的最基本的发展环境。

各政府模式地区生态农村建设的创建模式并不单一，事实上，并没有哪一种模式能够适合每一个地区的建设。但是各地区在建设生态农村的过程中，应该把握如下几个核心的关键：第一，坚持规划先行，把搞好科学规划作为创建工作的前提。为使农村生态文明建设活动步步深入地开展起来，各政府模式地区应该首先制定目标要求和科学规划，既提出总体安排，又提出分阶段的工作任务。用宏伟蓝图引领创建工作，做到既有分期分批的创建目标，又有落实目标的政策措施。第二，坚持因地制宜的原则。以龙骨村为例，该地区的农业资源丰富，同时面临着三大主要矛盾，即山上植树与植后难成材的矛盾；粮食种植面积大与经济作物种植面积小之间的矛盾；农民生活燃料与土地争肥之间的矛盾。针对这三大矛盾，政府制定了相关政策措施，利用该地区的资源优势，切实提高了当地的生态环境质量，改善了当地的经济发展状况，真正给人民带来了切身能够感受到的实施成果。第三，深入动员，广泛宣传，把充分发挥人民群众的积极性作为创建工作的基础。开展生态农村的建设，人民群众是主体。因此，政府部门从规划和方案的制订、资金的筹集和使用，到施工的招投标以及质量的监督等各环节，都要把权力交给群众，充分发挥群众的主观能动性，实行民主决策、民主监督、民主管理，积极推动建设活动的顺利开展。

成功的政府推动型生态农村建设模式一般能实现以下几大方面。

①基础设施建设良好。由于政府推动型模式的动力来自政府，因此，这种模式的建设特别关心人民生活质量的提高，而基础设施的建设就是与人民生活切实相关的一项建设活动。因此，该模式的创建会加强农村基础设施的建设，加大对农村道路、安全饮水、农村能源、改厨改厕等设施的投入，完善电力、广播、通信、电讯等配套设施建设，使农村基础设施不断改善和提高。居住环境的改变，有助于使人们身心愉悦，人与人之间的沟通更加文明和友好，人与人之间的关系也更加和谐友善。

②精神文明建设显著。随着基础设施建设的改善，一些文体活动场所建立了起来，这带动了各种形式的精神文明创建活动的开展，人们的精神面貌有了很大变化，讲文明、破陋习、树新风逐渐成为人们的自觉行动。

③经济发展速度较快。在农村生态文明建设的过程中，一项重要的内容就是发展农村生态经济，壮大农村生态产业。发展农村生态经济，既包括农业生产领域，也包括农村工业生产领域。通过科学知识在农村的推广，发展好生态农业，建立起低污染、低残留、低能耗、低水耗的农业生产经营模式。在工业生产领域，走新型工业化道路，政府在引进企业的时候，坚决制止那些高污染、高能耗、掠夺式利用自然资源的粗放式工业项目在农村地区的蔓延(韩凤朝，2006)。

美万新村位于海南省儋州市和庆镇，距儋州市区18km，离海榆西线5km，建设之前由一条简易泥路连通，居民住宅七零八落，缺乏规划，环境卫生差。水资源丰富，但水利设施比较缺乏和落后，季节性缺水严重。矿物能源缺乏,居民的生活能源主要靠薪柴,但太阳能、风能丰富;常年高温高湿,开发生物能源极具潜力。在建设前,全村的年总产值不到 40 万元,全村集体经济仅 3 个旧瓦窑、16.67hm² 香茅地、466.67hm² 桉树低产林,人均年收入仅 250 元。与薄弱的经济基础相对应的是该地区相对落后的文化素质。1990 年前,全村科技文化素质较低,在 103 名劳动力中,具有高中文化程度的仅 3 人。由于经济落后,文化素质低,使村民的环保意识薄弱,社会—经济—自然生态系统呈恶性循环。

美万新村原来名为"五四林场"。1979 年,罗便村有志青年黄业前担任林场党支部书记,下定决心要在这里落地生根,带领林场干部职工一步一步地使"五四林场"发展壮大起来。有经济基础后,从 1985 年开始,黄业前就着手村庄的规划和改造,建设优美的人居环境。1991 年 10 月 31 日,原国家农业部部长何康来林场调研,题词称"五四林场"为"海南生态农业建设之光",美万新村于是正式开始实施农业生态工程。

1995 年,华南热带农业大学和海南省农科院的专家来美万村考察生态环境,向海南省有关部门提交了关于美万村的生态应该得到保护的建议,并针对美万村的社会、经济和自然条件,设计了山顶林业生态子工程、山腰果业生态子工程、平地胶业生态子工程、水体养殖生态子工程以及庭院沼气生态子工程;同时增加了对生产废弃物的转化利用,生态建筑、生态村落的规划,加强了生态科技的普及和规章制度的制定等软件建设(王如松等,2004)。即新农村建设分为三个阶段:一是"高山造林、山腰种胶、平地种果、水面养鸭、水中养鱼",创造合理的生态生产模式;二是"洋楼、沼气、太阳能、美化、绿化、建家园",创建文明生态村;三是"集高科技农业开发、旅游、度假为一体",发展现代生态经济。

现在的美万新村已从一个偏僻落后的小山村发展成为一个文明富裕的现代生态新村。

首先,初步实现了"山顶种树、山腰种果、平地植胶、水养鱼鸭、家用沼气"的农业生态工程模式。全村拥有集体经济林 4500 亩、果树 350 亩、橡胶 3200 亩,全村 36 个山头全部披上了绿装,150 亩水面鱼鸭混养,全村修建沼气池 34 个,总容积 204m³;建成容积为 150m³ 的橡胶加工废水净化沼气工程。村集体经济收入 150 万元,人均纯收入 5 000 元。

其次,基础设施、计生、社会治安、基层党组织建设、新型农村合作医疗等各项工作均取得了显著成绩。原先随地放养的猪、羊、牛入了圈,妇女从砍柴烧灶中解放出来,村里的水源清洁了,污脏不堪的土路也改建成了光洁的水泥路;老百姓房前屋后的柴火堆、垃圾堆,已被新种植的花草树木所代替;家家户户还利用沼液、沼渣在庭院及自留地种植无公害瓜果蔬菜,发展庭院经济,大搞养殖。70%的农户住上了庭院式的生态小洋楼,户户有摩托车,有电视机。全村男女老少参加了社会养老保险,成立医疗合作社,做到小病不出村,学龄儿童入学率100%。同时,富裕起来的美万新村还致力于文明生态村建设,走和谐发展的路子。全村共筹集资金1000多万元,陆续建起了别墅18幢、二层住宅楼48套、小学教学楼、村委办公综合楼,并硬化了村道,绿化了村庄,建起篮球场、排球场、图书室、电教室、卡拉OK厅等活动场所,大大丰富了村民的文化生活。

(二)市场拉动型文明生态村建设模式

市场拉动型建设模式是指由该地区的某一产业主导,自下而上地拉动农村生态文明建设的模式。其核心思想在于该地区的建设需求来源于某一市场,为了配合这一市场发展的要求开展了后续的建设活动。

实施市场拉动型模式的地区(以下简称市场模式地区)一般在某一自然资源方面具有优势,拥有可以形成市场的潜力。如浙江安吉山青水绿,层层叠叠竹山、竹海,拥有竹林100万亩,有发展竹产业的潜力。这种资源优势符合生态农村建设的条件,是市场拉动型生态农村建设模式的基础条件,这主要体现在两个方面。

一方面,资源优势是这一地区以市场为出发点开展生态农村建设的必要条件,也是市场拉动型模式的特殊属性。若是没有这类优势,也就没有"市场"能够起到引导作用,"市场拉动"也就无从谈起。仍以浙江省安吉县为例,该地区在建设生态农村之前虽然经济正在渐渐好转,摘掉了"贫困县"的帽子,可是原先的这种发展模式带来的结果是生态环境的严重恶化。为了整治环境,安吉又花费了大量的资金。1998年,治理太湖的"零点行动"打响,安吉痛定思痛,决定进行生态文明建设。建设的过程中,其一直以来所具有的自然资源优势给安吉的生态农村建设带来了支柱,是其建设生态农村的基础条件。

另一方面,资源优势是这一地区以市场为出发点开展生态农村建设的诱导条件。诱导条件是指某些市场模式地区具有的资源优势是该地区进行生态农村建设的原因。例如,河南省南召县具有非常丰富的旅游资源,这一优势促使南召县的历届领导班子逐渐关注旅游开发工作,将其作为该地区经济发展的突破口。生态旅游业的开发带动了相关的生态农村建设工作,使旅游业所需的道路、通讯等基础设施逐渐完善,与生态农村的建设有机地融合到了一起。因此,实施市场拉动型生态农村建设模式的地区必须拥有某一自然资源优势,这是建设生态农村的基础条件。

供求机制带来的发展需求是市场拉动型模式的关键。生态文明不排斥发展生产,没有先进的生产力,人类也走不上可持续发展的道路。所以,不能因为环境问题而放弃我国城市化进程的脚步以及乡镇企业的发展。因此,市场模式地区通常拥有着某一市场潜力,这往往使得相关产业链对于该市场所生产的中间产品或最终产品具有一定的需求,创造了该市场发展的肥沃土壤。在市场这一"看不见的手"的作用下,该地的各种资源得到了优化,引导社会各方力量推动了优势资源市场的发展,并以此为基础进行后续建设。

我们也要看到,我国目前正面临着十分严峻的生态环境形势,以全球气候变暖、土地沙漠化、森林退化、臭氧层破坏、资源枯竭、环境污染泛滥等为特征的生态危机凸显。这里既有历史的原因,也与我们传统的工业化、现代化发展模式有关,特别是长期高投入、高消耗、高排放的粗放型增长方式,使生态环境保护成为我国经济社会可持续发展中的一个薄弱环节。树立科学发展观,转变发展观念,创新发展模式,提高发展质量,已经成为当前各级政府重中之重亟须解决的问题(薛晓源,2007),也成了市场拉动型模式发展的必要约束环境之一。

把生态文明建设同新的发展模式有机地结合起来,互相协调,整体推进,成为农村生态文明建设的一大重要趋势。而市场拉动型生态农村的建设模式正符合这一要求:以环境友好型的资源优势为主导,通过新型的经济发展模式,建立生态文明,推动经济增长,提高人们的生活质量。所以我国目前的环境非常适合市场拉动型模式的发展。

市场模式地区建设生态农村的实施措施丰富多样。以产业化为特色的地区主要的实施措施有改变生产方式、开发生态农业、形成生态产业链等;以生态旅游为特色的地区主要的实施措施有建设基础设施、开发绿色旅游、发展辅助产业等。

在我国工业化尚未完成,人口、资源、环境和经济社会发展的矛盾日益突出的状态下,走新型工业化道路成为生态文明建设的必经之路。新型工业化道路是指以信息化带动工业化,以工业化促进信息化,找出一种科技含量高、经济效益好、资源消耗低、环境污染少、人力资源优势得到充分发挥的发展方式。只有走新型工业化道路才能够保证经济持续快速增长,才能够全面建设小康社会,才能够真正提高人民的生活水平。

生态农村的建设离不开基础设施的改善,因为基础设施直接关系到人们的日常生活,直接影响着他们参与到生态农村建设过程中的积极性。因此,任何一种模式的发展都离不开基础设施。在市场拉动型模式的建设过程中,基础设施的特殊作用主要在于辅助生态旅游的发展,创造美好的生态环境,进一步吸引前来旅游的消费者,带动该地区的经济发展。

发展绿色旅游业的优势主要有以下几点：首先，旅游业对于环境的破坏小，一定程度上还会促进当地政府和人民采取积极的措施推动环境保护，支持旅游业的健康发展，因此属于环境友好型产业。其次，旅游业对于资源消耗的要求低。相比传统制造业，旅游业对资源的依赖性较低，符合可持续发展的长期战略要求。再次，旅游业的发展有助于推广当地文化和传统，提升当地形象，具有很好的宣传作用。因此，开发绿色旅游是市场拉动型模式建设过程的重要举措之一。

辅助产业是指支持优势产业发展的产业。这些产业本身也许并没有优势，因此不是市场拉动的目标范围，但是随着优势产业的发展，这些辅助产业出现了巨大的发展要求和潜力，例如，物流行业、餐饮行业、广告行业等。

成功的市场拉动型生态农村建设模式一般能实现以下几大结果：首先，优势资源的市场发展由于受到当地政府和人民的积极推动，发展势头良好，基本形成一定的规模，市场逐渐成熟；其次，随着优势产业的发展，配套产业逐渐完善，以此进一步推动着该地区的生态农村建设过程；再次，作为整个建设过程的结果，整个地区的生态农村建设正有条不紊地展开，人民的生活水平得到了进一步的改善。因此，随着优势产业的发展，这些辅助产业出现了巨大的发展要求和潜力，例如，物流行业、餐饮行业、广告行业等。

（三）焦点诱发型文明生态村建设模式

焦点诱发型生态农村建设模式是指由于某一事件或某一活动的发生而使某个地区受到了关注，并以此为契机，进行了生态农村建设的模式。这一模式也属于生态村建设，但由于其特殊性，本书将其作为另一类发展模式。

焦点诱发型生态农村建设模式最主要的基础条件为某一引人关注的事件，如震撼国内外的 5.12 汶川地震，促使国家在发生了地震之后，以生态农村建设为指导思想，开展了灾后重建工作。其发展环境受当地政府、人民以及国家对此事件的重视的影响，这是促使该地区以此为基础发展生态农村的一大支柱，只有高度的重视才能以此为动力开展某一地区的生态农村建设活动；其实施的措施模式不一，但都围绕关键事件展开，即农村基础设施的建设、经济建设、生态文化建设、民主制度建设等都必须在关键事件的指引下进行；其模式输出则大致相同，都是以促进经济发展为纲领，以建立生态农村为目标，以提高和改善人们的生活质量为宗旨。该模型的典型代表为海南省琼海市的博鳌镇。

四、新农村建设对农村生态文明的要求

(一)社会主义新农村建设的生态文明背景

当前,世界各族人民已经意识到了人类社会发展的瓶颈,认识到了生态文明的重要性。在人类历史坐标上,在生态文明时代大门正打开之际,我国一方面正在努力向繁荣富强中等发达国家的 2050 年远景目标奋进,信息化与工业化同步进行,实现跨越式发展;另一方面,我国 30 多年的快速发展,创造了世界经济发展的奇迹,成为世界经济大国,但并不能逃脱人类经济发展所面临的生态破坏的问题。中华传统文化是天人合一的文化,中华民族是勤劳智慧的民族,对生态文明时代到来的迎接,我们责无旁贷。党的十六大明确提出全面建设小康社会的新要求——建设生态文明,正是中华民族对自身所处坐标的迅速和负责任的反应,昭示着生态文明时代正大步走来,生态省建设、生态城市建设、生态乡镇建设、生态工业园区规划、生态社区建设等正以从点到线到面的阵地式地铺开。

在新一轮产业转移中,大量劳动密集型制造业从城市转移到农村,从东部沿海发达地区转移到内陆农村,农村逐渐地成为污染行业的接纳地,而全球气候问题也强烈需要低碳社会的到来,这为社会主义新农村建设提出一个全新课题。社会主义新农村建设不能忽略当前生态文明建设的背景。

健全农村生态文明制度是实现农村生态文明的根本保障。政治是研究群体间利益关系的学科,制度是政治平衡的产物,生态文明的建设对政治提出了新的要求,使利益博弈方在原有的人与人之间关系基础上引入了生态环境这一重要角色。无论是完善基础设施建设优化人居环境,还是发展生态经济实现可持续发展模式,除了需要农村居民生态意识的支撑外,还得需要生态政治作为制度保障,包括支持农村生态文明建设的财政保障制度、完善的政策法规、清晰的权责体制、村民的民主参与制度,甚至有能跳出普通利益关系而纯粹代表生态环保利益的政治诉求制度。这些都是农村生态文明建设中需要探索与实现的生态文明制度体系。

(二)社会主义新农村建设与农村生态文明建设的统一性

改革开放 30 年来,随着农村生产力的不断提高,其征服自然、把握自然的能力也在不断提高。然而,中国是一个人口密度高、资源贫乏的国家。传统粗放型生产方式体现了高消耗、低产出、高污染等特征,在把握人与自然的关系问题上出现了许多不和谐的现象,使得农村环境恶化,资源短缺,严重制约了中国农村社会经济的发展,相应地直接或间接导致了农民的生活

能源匮乏、生活方式落后。尤其是国家的一系列政策都有偏重工业、偏重城市的倾向，拉开了农村和城市发展的差距，三农问题成为我国实现 21 世纪远景目标的一个重要羁绊。针对这一问题，中央一号文件在 1982—1986 年连续五年围绕三农问题之后，时隔将近二十年，2004 年起重拾关注，连续七年继续强调三农问题。其间，党的十六届五中全会提出建设社会主义新农村。

第四节　建设新农村生态文明的价值意义

一、新农村生态文明建设的目标

我国的村庄分为自然村和行政村。自然村是由村民经过长时间聚居而自然形成的村落，它受地理条件、生活方式等的影响。例如，在山里头，可能几户居民在路边居住几代后就会形成一个小村落，有些地方习惯上将自然村称作"庄"或者"屯"，是乡村聚落最基本的组成部分。

行政村是指政府为了便于管理而确定的乡镇下边一级的管理机构所管辖的区域，通常是由一个大的自然村或者几个自然村联合组成一个行政村。生态村则是指那些通过努力发展生态农业并且建立起良好的生态系统和生态文明的新农村。

我国从 2006 年开始，原国家环境保护总局就制定下发了《国家级生态村创建标准（试行）》，在全国组织开展了生态村创建活动。在环境保护部倡导的由省（自治区、直辖市）到市、县、镇的生态示范创建工作中，生态村的创建是"细胞工程"，也是农村环境保护工作的具体表现形式。创建生态村不仅能够助推农村解决环境问题，还能够为当地政府、上级地方政府创建生态县、市，甚至创建生态省的工作打下坚实的基础。

至 2010 年 3 月为止，环境保护部已批准命名了两批共 107 个国家级生态村。

二、农村生态文明建设的具体价值意义

（一）生态村建设促进社会主义新农村建设的重要形式

生态村建设就是社会主义新农村建设的重要形式。生态村建设的目的与社会主义新农村建设的目的是一致的，都是追求社会、经济、文化与环境发展的和谐，而生态村建设则更为具体和明确地指明了新农村建设的一种

方法和途径。社会主义新农村是一个广泛的概念，没有一个具体的标准体系来衡量，而生态村建设已经有了《国家级生态创建标准(试行)》，全国目前已经有两批共 107 个国家级生态村获得环境保护部命名，并且逐步在全国形成了示范效应。

(二)生态村建设有助于在我国农村落实生态文明

李克强总理在全国农村环境保护工作电视电话会议上指出："不解决农村生态环境问题，就会动摇'三农'的基础，也会妨碍发展的步伐，甚至影响中华民族生存的根基。必须站在国家可持续发展的战略高度，全面加强农村环境保护，推进农村生态文明建设，维护国家生态安全。"

创建生态村的活动正是实现全面建设社会主义新农村目标的重要手段，是带动农村环境保护工作的重要载体，是在广大农村落实科学发展观的必然要求，是在广大农村建立新的生活方式、改善人居环境的一场革命。

(三)生态村建设有助于改善农民群众的生活质量

农民群众的生活质量改善有赖于农村环境的改善。如果农村的生态环境恶劣，农业用水被污染，农产品的品质因为污染而下降。污染导致的健康问题使得农村劳动力的素质下降，再怎么另辟蹊径发展农业经济都是纸上谈兵、空中楼阁。要改善广大农民群众的生活质量，就必须开展农村环境的综合整治，加强农业生态环境保护。

村容整洁、环境优美是农民生活质量不断改善的前提，为了全面实现村容整洁、空气清洁、饮水卫生、食品安全、环境宁谧的高质量生活目标，就必须不断加强农村环境保护工作，加大农村公共设施与环境设施的建设，大力减少工业污染和农业源污染对农村环境的危害，引导广大群众自觉地养成保护环境的良好习惯。

生态村建设是在充分考虑我国不同地区的农村、不同自然生态环境特点的前提下，科学地制定规划，因地制宜地创建符合其特点的一套农业生产方式，兼顾了农村环境的改善和农业经济的可持续发展，所以说生态村建设无疑是改善农民群众生活质量的有效途径。

(四)生态村建设有助于引导村民自觉摒弃那些不良传统习俗和生活习惯

我国广大农村地区千百年来流传下来的一些陈规陋习和不良习惯，会直接导致农村生态环境和农民生活环境质量的低劣。例如，随意倾倒垃圾、在收获季节露天焚烧农作物秸秆、任凭畜禽粪便直排到江河湖海等水体、乱砍滥伐、滥捕乱猎、滥用化肥、环境法制观念淡薄等。

生态村建设结合生态文明建设、社会主义新农村建设和农村精神文明建设，向广大农民群众宣传普及环境保护知识和环境保护法律常识，引导广大农民群众逐步地树立起科学发展观和保护农村环境的绿色理念，自觉地纠正和抵制了损害农村环境的陈规陋习，自觉地养成了珍惜爱护农村环境、保护农村环境的良好行为和风尚，从而可以使我国广大农村地区的环境面貌和农民群众的精神面貌得到根本性改观。

（五）生态村建设有助于引导村民自觉发展生态农业

生态农业是指在经济与环境协调发展的思想指导下，根据生态学的原理，应用现代科学技术方法建立起来的一种多层次、多结构、多功能的集约化经营管理的综合性农业生产体系。提倡发展生态农业，就是因为生态农业在发展农业生产的同时，重视农村生态环境的建设和改善，大力植树造林。积极防治水土流失和荒漠化，从而使农业生产可持续发展，形成良性循环的生态系统。

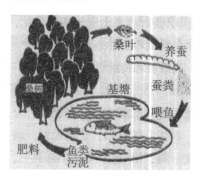

我国传统的"桑基鱼塘"

立体种植

立体养殖

水产立体养殖

图 1-1　生态农业的多种模式

分析生态农业的特点就不难发现,生态村建设注重生态农业发展,按照生态规律对生态农业进行总体设计。而生态农业模式类型的多样化使得生态村建设规划更加完善,不同村庄的自然资源特色各不相同。但是不论在选择发展哪一种生态农业模式时,村民们就会感觉"总有一款适合我们"。

(六)生态村建设有助于防治农业源污染

农业源污染泛指广大农村地区在农业生产和农民群众生活过程中产生的、未经合理处置的各种污染物对农村地区的水体、土壤和空气及农产品造成的污染。农业源污染是相对于农村工业、畜禽养殖场等有明确地点、位置、污染物排放与危害的数量、途径比较明显的点源污染而言的。

农业源污染主要来源于两个方面:一是农村居民在日常生活中所产生的生活垃圾、污水、烟尘等未经处理的废物;二是在农业生产过程中由于不合理使用而流失的农药、化肥、残留在农田中的农用薄膜和处置不当的农业畜禽粪便、恶臭气体以及不科学的水产养殖等产生的污染物等。

大量调查统计表明,农业源污染不仅使农村环境和农业生态环境受到了前所未有的影响及危害,而且直接影响了农业生产,引起了国家和社会的高度关注和重视。加大农业源污染的防治力度,成为建设社会主义新农村的一项重要的农村环境保护任务。

治理农业源污染,关键在于需要让广大农民群众都能够认识到,农业生产和日常生活中的不科学、不合适的行为对农村环境所造成的污染危害,并且从点滴细微处入手,自觉地避免和防治农业源污染。

结合我国的国情和广大农村地区的经济、技术状况,目前宜推行的防治农业源污染的方法主要有:科学施用化肥,积极使用农家肥和新型有机肥,尽量减少化肥对农村环境的不良影响及污染危害;科学施用农药,尽量使用生物农药或者高效、低毒、低残留农药,推广作物病虫草害综合防治和生物防治,减少农药污染危害;对农业塑料薄膜加大回收和综合利用,逐步推广使用可降解的农业塑料薄膜制品;不在田间地头露天焚烧农作物秸秆,加强对农作物秸秆的多渠道综合开发利用等。

对照《国家级生态村创建标准(试行)》,无论是基本条件还是具体考核指标,大多涉及农业源污染防治的内容。因此,在创建生态村的同时,也达到了防治农业源污染、有效促进农村环境保护的目的。

第二章 新农村建设规划概述

村庄是社会生产力发展到一定程度下的产物,是以农业劳动者为主的定居、生活场所。随着时代的发展,社会生产力得到极大的提升,这就极大地促进了村庄的发展,在此基础上,一些新的基础设施、布局规划等方式便会随之产生,以便和新时期的社会发展相适应。本章重点论述的就是新时期的新型农村建设规划方面的知识,主要包括生态文明视野下的新农村规划,基于生态文明的新农村建设规划策略,布局原则、编制内容、成果和编制程序三个方面的内容。

第一节 生态文明视野下的新农村规划

一、中国传统社会的农村建设特征

(一)旧中国的农村建设

中国的农村社会,在世代的繁衍发展过程之中,时有兴衰。早在 13 世纪时,曾经有一位波斯人就说过:中国的"大都小邑,富厚莫加,无一国可与中国相比拟。"这种高度的赞誉,在当时或许是当之无愧的。但是,因为封建势力在中国的长时期统治、帝国主义的无情侵入,形成了兵连祸结的状况,农村的经济也多次遭受到十分严重的破坏,很多地方的村舍都被焚烧殆尽,大批农民背井离乡,以致田园荒废,茫茫千里,鸡犬不闻。历史上也曾经有很多极为繁荣的小城镇,因为农村生态遭到严重的破坏、战争摧毁等。直到新中国成立前夕,中国广大的农民还仍然是衣不遮体,食不果腹,处在水深火热之中。

在旧中国,农村面临着破产,一大批的文人、学士也在当时发起了振兴农村的运动,致力于推动乡村建设的运动,并且还各有独立的宗旨,主要分为以下几种。

(1)以著名的教育家陶行知为代表的乡村生活改造。在 1927 年时,陶行知等人成立了"中华教育改进社",历经 3 年的时间,没有取得显著的成果。1932 年则又再次组织了乡村改造社,同样这次的努力也未取得成功。

（2）以平民教育家晏阳初为主要代表的平民教育派。1924年,他们在河北的保定市22个县开始推行平民教育,并在1926—1936年时在定县创办了平民教育实验室。尽管有着良好的愿望,但是仍然没有解决当时农民饥寒交迫的社会经济问题,最终也是无果告终。

（3）以梁漱溟为主要代表的乡村建设派。他们提出:"中国为乡村国家,应以村庄为根基,以乡村为主体,以乡村为本,以农业引发工业,而繁荣都市。""作农人是我们的口号,下农村是我们的呐喊。"1931年6月,在山东成立了乡村建设研究院,由梁漱溟任院长,并且以邹平县作为首个试验区,但是因为当时处于外患日迫的状况,最终愿望也没有实现。

除此之外,还有总数多达1000多个小团体也在不断对中国乡村建设问题进行研究,但是大多数都只限于空喊口号,并没有付诸实际行动。在这期间,研究社会问题的很多学者也相继开展了社会调查,乡村社会学也随之发展活跃起来,大量的调查文章得以发表。著名的社会学家费孝通曾经就写出了《江村经济》《乡土重建》《乡土中国》等大批比较著名的著作。

这些努力与主张的出现,或者因循于旧制,或者由于脱离社会的实践,或者由于主张不一、各有所求,或者是因为盲目抄袭外国的经验等,都没有得以实现,因而没有形成太大的成果。

（二）革命根据地的乡村建设

20世纪前半叶,中华民族处于空前的民族危难之际,社会矛盾异常激烈。在灾难寇祸的时代中,中国的乡村建设也遭到了极大程度的破坏。但是,在中国共产党的领导下,革命根据地的各历史时期的乡村建设却呈现出不同的发展特点。

在20纪30年代,国内革命战争期间,蒋介石对革命根据地发动了异常残酷的"围剿"与经济封锁。在这种艰苦卓绝的战争环境里,根据地的乡村建设也只能利用一些战斗之外的时间,帮助广大群众修复被战火破坏掉的住宅,但是也修建与改造了数量较大的学校、会堂,以此来适应组织群众、教育群众的需求。"七七"事变爆发之后,在日寇沦陷区的广大农村,人民生活变得更为悲惨,村镇的面貌也开始衰败不堪。在东北三省的农村中,汉族、满族、朝鲜族、鄂伦春族的农民大多还是住在茅草顶、土坯墙的小破屋中。多数农家甚至是三代人同睡一条炕,生活状况处于极度低劣的程度。华北、华东等一些地区的农村在日寇的铁蹄践踏下,遍地废墟,甚至出现了大片大片的无人区。面对日寇的保侵略与封锁,中国共产党领导根据地的广大官兵,一面与敌人展开斗争,一面尽力组织人民去恢复与发展生产,建设自己的家园。陕甘宁边区政府建立之后,边区的各项事业开始逐步找到了一个新的发展方向,根据地的生产生活也开始逐步得到发展、经济状况日益繁荣,出现了一大批新型的居民点。陕甘宁边区的人民还亲自动手,建筑了大量的土窑洞。为了最大限度地争取较好的朝向,窑洞通常都是建于向阳的坡地上,建造过程中也注意了饮水的便利以及山洪可能带来的影响。在布局方面也注意根据地形的等高线进行分层布置。从整体上来看,层层排列,十分壮观。

1945 年,日本战败投降之后,解放区的控制区也得到迅速扩大。在解放区与半解放区内,人民群众在共产党的带领下开展了大规模的土地改革运动。在一些解放比较早的地方,开始对集镇进行有计划的建设,极大地促使集镇贸易快速发展。

二、新中国成立以来的中国新农村规划建设特征

(一)新中国成立后的农村建设

新中国成立之后,从 1949—1957 年的 8 年时间内,中国迅速恢复了多年以来被战争严重破坏的国民经济。

1952 年 8 月,中央人民政府政务院公布了《关于受灾农户农业税减免办法》,结合兴修水利和救灾活动,帮助农民重建家园,一大批村庄也在这个时期建起了新房。在爱国卫生运动大发展的推动下,农村的环境形成了“千村万户大变样,卫生大路通全庄,沟沟相通无积水,村旁路边树成行,水井有栏又有盖,公共厕所在村旁,猪羊牛马有圈厩,鸡鸭有笼不散放,走到哪里都干净,人人欢乐心舒畅”的繁荣景象。

经过 8 年的经济快速恢复,随着农业合作化运动的进一步发展,在农业生产得到较快发展的同时,农村社会中也出现了一大批十分专业与兼营的手工业生产者,兴办了作坊与加工厂,使农村的各项事业逐渐走上有组织、有规划的历史阶段。农村的居民点建设在这个时期也得到了新的发展,农村的环境卫生得到进一步改善,兴建了一大批新房,大幅度改善了农民的生活居住环境。

1957 年,中共中央公布了《1956 年到 1967 年全国农村发展纲要(修正草案)》,基本提出了:“随着合作社生产的发展和社员收入的增加,农业合作社应当根据需要和可能,鼓励和协助社员在自愿、互助、节约开支和节省用地的原则下,有准备地、有计划地分期分批地修缮和新建家庭住宅,改善社员的居住条件。”根据这一要求,在很多地方逐渐进行了农村居民点建设的示范工作。

（二）人民公社化运动中的农村建设

在人民公社时期建造的住宅,初期主要是为了响应"组织军事化,行动战斗化,生活集体化"的号召,取消了每家每户的小厨房,住宅与集体宿舍差不多。统一出工,统一在公共的食堂内吃饭,统一在集体宿舍中居住。

从 1958 年 11 月开始,《中共中央关于人民公社若干问题的决议》公布之后,在农村住宅建设方面,尽管也同样重点强调要让房屋适宜于每一个家庭的男女老少团聚,使"生活集体化"在住宅的设计之中禁止设每户专用的厨房等一些不太合理的要求有所放松。所以,在南方的一些地区,逐渐出现了一楼一底供一家人使用的两层楼房建筑形式,它具有普通平房的优点;在北方,则大多是在"一明两暗"带小院的传统农村住宅上作了一些改进,同时也少量建造了一些楼房。这时的住宅,通常都注意了家庭之间团聚的需求,每家每户也都有自己的厨房。

在三年经济困难后期的时间内,中央又提出了"农业为基础,工业为主导""各行各业都要支援农业"的口号,各地的建筑工作者开始为农民进行了住宅设计方案。1963 年,在中国的建筑学会中组织了相关的专家、学者,重点讨论农村的住宅建设有关问题,提出了很多十分积极的建议。诸如应当加强居民点规划,以节约用地,居民点布置适当集中些。但是不要搬用一些城市的办法。旧居民点的改造过程中应该尽量不拆旧房,如原居民点的建筑密度通常都比较小,这就可以进行适当地插建房子;院落应该符合要求,不要搞得太大,应该预留出一定的发展用地;住宅设计方面,注意实用、安全、经济、卫生、美观,要重视立面与细部的做法,力求朴素大方。同时还进一步提出,要重视传统房屋住宅建筑的继承与革新,将中国农村建设得丰富多彩,富有特色。

3. 人民公社的公共福利设施

中共中央 1958 年关于在农村建立人民公社问题的决议中,还要求全国大办公共食堂、幼儿园、托儿所和幸福院等公共福利设施。于是各地农村也建了不少这一类建筑。公共食堂基本上是一个生产队一个,也有两三个生产队合办一个或一个生产队办几个食堂的,托儿所、幼儿园大都是因陋就简办起来的,只有少数富裕的生产队才新建了幼儿园和托儿所。敬老院(或称幸福院)大多数都利用原有房舍改建而成,也有少数是新建的。

（三）农业学大寨运动中的农村建设

大寨从 1953—1963 年的 10 年间,全体农民发扬艰苦奋斗精神,医治好了天灾所造成的重大创伤,修好了层层梯田,新修了一排排的青砖瓦房,一孔孔的青石窑洞。全大队的 83 户都住上新窑新房,铺设了水管、装上了电灯,建成了崭新的大寨新村。1964 年,毛泽东也向全国发出了"农业学大寨"的有力号召,全国范围内迅速掀起了一场广泛推广大寨经验的活动(包括新村建设)。不少地区都根据大寨的有关做法新修建了一大批的新村。

在"农业学大寨"期间,也有很多地方突破了大寨经验的框架,从本地的实际出发,采取了"自建公助"的方式,建起了一大批新村,不仅发挥出了集体建房的重大积极性,同时还进一步调动了社员个人建房的积极性,使农民群众的居住条件等都得到了较快的改善,受到农民群众的热烈欢迎。还有一些社员自筹资金、材料,根据自身需要建造起独门独户的住宅。

(四)改革开放以来的农村建设

改革开放以来,1978—2005 年,中国的村镇建设依据工作内容重点的不同,大体上可以分为三个主要的发展阶段。

第一阶段,主要是 1979—1986 年的农房建设阶段。主要引导一些已经首先富裕起来的农民有序的进行房屋建设,遏止一些农民在房屋建设过程中出现的乱占耕地等问题。

1979 年,全国的农民建房面积从 1 亿平方米提高到了 4 亿平方米,比上年的建筑面积猛增了 3 倍,随后的几年时间内,农民的住房建设量也始终都维持在每年 6 亿平方米之上。为了能够充分适应这种快速发展的需要,1979 年 12 月,国家建委设立农村房屋建设办公室,负责指导与协调全国农房的建设工作;1981 年 4 月和 12 月国务院相继对农村房屋建设做出了一系列指导工作,提出了"全面规划、正确引导、依靠群众、自力更生、因地制宜、逐步建设"的方针,明确要求各地用两三年的时间,分期分批把村镇规划搞出来。截止到 1986 年底,初步建立了一支热心于农村建设管理的专业队伍。

第二阶段是 1987—1993 年的村镇建设阶段。主要的标志是乡镇企业异军突起,农村建设的范围得到极大的扩展,管理方面也逐步走向规范化,村镇建设的规范化管理初步形成。这个时期把"抓好试点,分类指导,提高村镇建设总体水平"作为工作的重点来执行。在这一时期,建设部进一步加强了农村建设管理队伍建设和各个相关部门之间的协调,促成了大批政策措施的制定与出台。

第三阶段是 1994—2005 年的小城镇建设阶段。主要是在农村建设管理走向制度化的基础上,适应城镇化发展的要求,以小城镇建设为重点。

目前,在中国,尤其是在沿海一带比较发达的地区,星罗棋布的小城镇生气勃勃,如雨后春笋,迅速成长。

三、现阶段新农村规划建设中的主要问题

(一)现阶段我国村庄建设的现状

"十五"期间,随着我国城镇化迅速发展,由于城乡结构长时间以来都受到二元社会结构的深刻影响,重城轻乡的思想倾向一直都没有得到根本的改变,各级政府在履行村庄规划职能方面也远不能落实到位,公共财政的覆盖面也没有波及到村庄公共设施的建设和维护方面,绝大多数的乡村在村容村貌建设方面仍然十分落后,农村的人居环境质量与城市的生活质量相比都存在着相当大的差距。

(二)新农村规划建设存在的问题

1. 土地浪费严重

农村的传统生活方式仍然在严重地消耗本来就紧缺的土地资源。村庄的土地资源浪费的主要原因可以分为"一户多宅":一是按照国家的规定设计住宅标准,但是大部分的农户在住房建设方面都已经超占了面积;二是大多数的农村地区出现了"空心村"的现象;三是由于住宅建设缺乏一个整体有效的规划设计,村庄大多都属于粗放型的发展模式,以至于出现了大量的空闲地和荒地,土地资源的利用效率严重滞后。

2. 建筑更新周期短,资金浪费严重

根据对农民开展的调查结果可知,现在有半数以上的农民都是常年在外打工挣钱,其主要的目的都是要修缮房屋或者从新建设房屋,进而改善住房和生活条件。在一些经济状况相对较好的农村地区,有很多农民曾经在20年间翻建了多达3~5次的新房,使本来能用于生产投入和改善生活质量的资金被过度地占用到房屋修缮方面,造成了农民与社会财富的极大浪费。

3. 农民观念滞后,建筑质量隐患大

当前,仍然有相当大一部分的农民还仍然保持一种极为传统落后的思想观念和价值观念,缺乏一种全局思想和环境保护意识,人与人之间进行盲目的攀比,常常会导致千村一面的排排房现象产生;房屋建设施工过程中基本不设计图纸;同时,农村的泥瓦匠大多是没有经过专业培训的工匠,技术

工艺通常十分落后,特别是一些不懂房屋建设操作规范的员工,很可能会导致房屋的功能和房屋的质量极为低下,建筑的质量也存在比较多的隐患。

4. 土地的流转问题

在珠江三角洲、长江三角洲以及一些大中城市的郊区地带,农村的集体建设用地使用权,大多都是采用出让、转让、出租与抵押的形式进行自发地流转,这种行为的存在,在数量和规模方面都呈现出一个不断扩大的不良趋势。这种自发性的土地流转,虽然也有其一定的合理性,但是,其同样也为农村规划建设带来了诸多的问题:如随意改变建设的用途;用地的权属模糊,诱发纠纷等。

5. 农民增收乏力,规划建设受限

近年来,国家在惠农政策的实施方面做了很多工作,但是由于受到多种因素的严重制约,农民的人均收入依旧十分困难。

首先,种养业的增收比较困难。农业对市场风险与自然灾害的抵御能力比较弱,增收的不稳定性比较大。

其次,产业化带动比较困难。近几年的农业产业化发展有了一定的转机,但是农业的竞争力在总体上还较弱,农民进入市场的组织化程度还很低,带动农民的增收不是太明显。

再次,转移性增收比较困难。随着农村的劳动力转移到第二、三产业的比例在逐年增大,外出进行打工与就地转移的农村劳动力队伍也在逐渐变大,但是因为综合素质比较低,不能获得较高的劳动报酬,农民的工资性收入增长在这里受到极大的抑制。

最后,政策性的增收十分困难。虽然国家已经逐步取消了农业税及其附加税,但是农民依靠政策增收的空间也在逐渐缩小,没有更多的途径获取收入。

四、生态文明视野下的新农村规划内涵

(一)生态文明的内涵

生态文明主要是指人类在改造自然过程中,以造福自身而实现人和自然之间的和谐所做的所有努力与所取得的成果,它表征了人和自然之间相互关系的进步状态。建设生态文明同样是践行科学发展观的重要要义,也是实现经济、社会可持续发展的一条必由之路,同样也是构建社会主义和谐社会的关键内容。

从理念上来看,生态文明可以分为广义和狭义两种形式。从狭义上来看,它主要是指文明的一个方面,也就是人类在处理人和自然之间的关系中所达到的一种文明程度。它主要是相对于物质文明、精神文明以及政治文明来说的,以"人与自然的和谐"作为核心思想,是人类为了实现人和自然之间的和谐相处而付出的努力以及所获得的积极成果。从广义上来看,生态文明主要是人类社会继原始文明、农业文明、工业文明以后的一种全新的文明形式,是人类迄今为止最高的文明形态。它不但包含了人类对自然环境与生态安全保护的意识、法律、制度、政策,同样也包括了人们对维护生态平衡和生态可持续发展所需要的科学技术、组织机构和实际行动。

生态文明的科学内涵我们能够概括为:人类遵循人、自然、社会和谐发展这一客观规律而取得的物质、精神与制度等成果的总和;是以人和人、人和自然、人和社会之间和谐共生,良性循环,以可持续发展为基本宗旨的文明形态。在价值观方面,生态文明以生态价值作为基础,把生态价值和社会价值、经济价值统一起来。在个人的生活方面,生态文明主张健康合理的生活方式,倡导一种绿色的消费行为,推崇人类向内心探寻自身的需求,减少对外在欲望的追逐,提高人类的生活质量,减轻生态资源所供给的压力。

(二)新农村规划生态文明内涵

首先,优化农村的人居环境是农村生态文明建设的直接表现。在农村实现生态文明建设,就需要让农民摆脱过去相对落后的生活方式,优化人居的环境。对于不同发展水平的农村而言,优化人居的环境所应解决的问题也存在一定的差别,针对当前中国大部分的农村地区来说,可以通过"五化"去改变村容村貌,所谓"五化",即净化、绿化、亮化、硬化及沼气化。包括对垃圾实行分类回收、资源化利用,无害化处理,处理好生活污水,建设生态厕所等,彻底改善农村的卫生状况;大力栽种花草、植树造林,使村里村外形成绿树环抱、花团锦簇、鸟语花香的环境氛围;对主村道的路面进行硬化,将村内各家各户与主村道甚至村外的公路硬化相连接;安装主村道、干道路灯等;通过沼气池的大力推广,农村废物经过科学的处理之后,变成沼气用来做饭或者进行照明,使人畜粪便都能够得到比较有效的管理与利用。此外,根据农村的产业基础是工业、农业还是旅游业,可以适当地开发出类型不同的农村基础设施建设,完善水电能网的建设,推广文化及福利基础设施的有关建设。

其次,实现农村经济的可持续发展模式,是农村生态文明建设的核心任务。生态文明在很大程度上摆脱了过去工业文明时期的"高投入、高消耗、高污染"的发展模式。在农村经济发展过程中,应体现出对保护环境、维护生态平衡的重要精神,注重对资源、能源的保护和循环利用,推进绿色生产。

再次,培养农村居民的生态文明意识,也是农村生态文明建设的一个十分重要的任务。农民自身的生态意识强弱对农村生态文明建设起着至关重要的作用,所以要通过教育、宣传等多种形式,大力提倡生态消费模式,建立起资源节约型和环境友好型的社会观念。

最后,健全农村生态文明体质,是农村生态文明得以实现的根本保障。生态文明的建设同样对政治提出了一个更新的要求,使利益的博弈方在原有人和人之间的关系基础上引入了生态环境这个十分重要的角色。不管是对基础设施建设加以完善,还是对人居环境进行优化,甚至是生态经济实现可持续发展模式,除了农村居民的生态意识得到提高和支持之外,还需要将生态政治当做一种制度加以保障,这是农村生态文明建设过程中急需探索和实现的生态文明制度体系。

第二节　基于生态文明的新农村建设规划策略

一、调查策略:驻村体验

(一)调查是规划的"基石"

"调查是研究者有目的的认识研究对象的一种自觉活动,是对生活在特定地理、文化或行政区域内的人的事实进行系统的收集。"[1]"调查是通过对客观事物的考查、查核和计算、算度来了解客观事物真相的一种感性认识活动;而研究侧重点在于对感性材料进行审察、追究和理论分析,以求得认识社会现象本质及其发展规律的一种理性认识活动。调查是研究的基础,研究是调查的归属,没有理性认识作为指导的调查是盲目的、毫无意义的,没有感性认识作为基础的研究则是空洞的、不切合实际的。"[2]

城市规划的发展历史与社会实践经验已经能够充分表明:系统而科学的前期调查不仅是进行城市规划的一种基本行为,更是关系规划能否成功的重要基石。规划的调查不仅应该对现状进行合理、正确的描述与解释,同时还应该在分析事物和现象的基础上揭示出问题的本质,并寻求一种最适合解决有关问题的途径与方法。因此,规划调查并不是进行简单的资料搜

---

① ［英］邓肯-米切尔著;蔡振杨等译. 新社会学辞典[K]. 上海:上海译文出版社,1987
② 李和平,李浩. 城市规划社会调查方法[M]. 北京:中国建筑工业出版社,2006

集与社会认识活动的分析,而应该是按照一定的程序,采用一种特定的方法与途径,进行深入的调查与分析,进而很好地把握住事物发展的脉络、机制和规律,只有这样才可以进行科学的规划。

(二)村庄规划调查的特殊性

村庄的自然开放空间、自然尺度、自然地理形态及其联系、村庄的生态循环链、乡村生活与生产的混合等因素,对大多数热衷于城市建设的规划师和建筑师来讲是相对模糊的。另外,很多时候我们以"专家"自居,认为农民是愚昧落后的,与农民的对话、互动是不值得关注的环节;在"走马观花"拍摄调查、"文献数据"推演分析后,对村庄的发展进行理所当然的预设,将城市研究中得来的经验和理论不加区分地用到乡村中去,从而在村庄规划与指导建设中忽略了乡村转型中积极的价值取向,助长乡村建设热衷于变新、变洋的盲目性,忽视乡村传统文化资源与风貌,陷入生态、文化、环境破坏,特色丧失的误区。

乡村社会是复杂的,其结构和内在逻辑表现着强烈的系统性和隐秘性。我们应深入村庄规划的调查实践中,并将其作为一个实践的整体,来寻求其中的逻辑,并不断地允许再认知和再理解,不断地矫正过去研究中的不足,从而一步一步推进对村庄的真实认识。如果我们理解和表述出来的村庄,被切割为诸多碎片且离真实太远,又被学科与理念分割太多,这样的村庄调查成了理念的装饰品,形成的村庄规划成为一种新的意识形态手法。

村庄规划的调查需要从无灵魂的村庄材料中认识有灵魂的、生动的村庄机体,而要实现这点,就需规划学者进行深度的村庄调查,"进驻"村庄的内生世界。

(三)驻村体验——人文转向的深度调查策略

1."驻村体验"——技术交流壁垒的削减

驻村体验,其本质上来看并不仅仅是一种现状调查所需要的技术类型,更为重要的一点实际上就是一种研究分析的思想方法。规划并不纯粹是一种技术性工作,更多的是社会的工作形式,对于一个规划者而言,必须要能够充分融入自己即将设计的场所中去,才能够真切地感知与解读各项信息。

2."驻村体验"——情感培养的深入

情感的培养往往是影响社会调查和交流的一个重要因素,同时也是促进社会调查顺利完成的内在动力。要想让被调查者能够积极主动地配合调查的相关工作,需要规划者投入大量的情感,营造出一种十分融洽的调查氛围,才可以架设起调查双方之间沟通交流的重要桥梁。

驻村可以增加点对点的访谈,村民通常都很质朴与腼腆,往往会羞于发言。但是在驻村入户点对点进行访谈时,村民能够真正地释放说话的热情,最终才能掌握第一手资料,对不断变动的农村趋势做出一个合理科学的判断。

3.“驻村体验”——乡村社会伦理结构解读的“资助”

我们当前正在大力倡导的村庄规划调查,虽然只是源于一种体验感受,但是绝对不只是感受与体验这两个大的方面,而同时也是正力图走向一个系统、深层与相对比较独立的方面,在全面掌握了实态的运作过程中,充分理解其内在的规则和隐含的逻辑关系。村庄这个相对较为完整的生活单位,村民自始至终都能够保持一种世代累居的愿望,同时也有着十分强烈的拘泥于居住地的特征,而在村庄的人口分布方面,同样也存在着十分紧密的血缘关系、地缘关系、血缘和地缘关系之间的组合构成,这三种关系的主要特征表现为封闭性、稳定性、传统的承继性,可以认为“熟人社会”这个词语就将当前农村社会的伦理关系充分概括出来了。

二、具体实施策略

(一)化整为零,节约利用土地

土地是农民在生产生活中能够得以生存下去的重要物质基础,在对农村土地进行规划设计时,首先应该考虑其利用方式,最大限度地实现土地的节约,保护村庄原有的生态格局。

首先,在对房屋做出总体规划的过程中,必须要通过集约化布局、保护农业用地等多种设计方式,化整为零,最大限度地减少农村土地资源的浪费。通常情况下所使用的策略都需要参照上一级镇域的规划布局方案,划出农田重点的保护区、宅基地区域等,拆旧建新,并严格规划新建的房屋,不得占用原本应该属于耕地的区域。

其次,合理利用村庄中的空地,或已经被废弃的区域,对一些面积相对较大的地块则需要直接地划成宅基地建设用地;废弃的土地则应该规划为公共绿地,以此首先对村庄小气候的调节,提高村庄内居住的生活品质。

最后,对村庄的道路进行规划设计时必须要在维持村庄自然形态的基础上,充分考虑到保持其传统风貌特征、出行问题的相关需要,除了不能满足村民日常的生产、生活需求的道路之外,应尽量保持原有道路的现存状态,尽可能的少占或者不占耕地,减少建筑物拆迁量与投资等。

(二)推广节能,体现生态住宅理念

住宅也是农民在日常生活中的居住场所,在当前,建设生态节能型的新农村住宅建筑,不仅要尽量减少资源的浪费,而且还要保护好环境,同时还要做到能够为农民生活提供一个更加舒适的人居环境。如广西大部分地区都属于冬暖夏热的气候,建筑的节能主要以实现遮阳隔热、自然通风为建设的主要目标。进行房屋建设的时候也同样应该与广西当地的农村住宅特征以及村民的生产生活方式相关需要结合在一起,因地制宜,通过选择建筑物的朝向、组织通风、自然采光、庭院的绿化遮阳等多个比较适宜性的设计,推广其采用一些技术较低的节能设计策略,充分展现出农村生态住宅的人居理念。

(三)综合治理,保护农村生态环境

通过建立一种比较适宜的农村生态循环和生态修复结合在一起的系统工程,把农村的生活污水与垃圾加以无害化的处理,充分实现污染资源再利用以及污染物的少排放这一生态目标。

在农村中的一些经济条件比较差的地区,当前还比较难实行垃圾的集中收集和处理措施,因此,我们一般都会根据小规模生态化处理方式做出相应的处置,如将3~5户的居民垃圾加以集中堆放在某一个特定的堆放区域,而且还要在堆放区域的四周深植上2~3行的乔木树种,充分利用植物的发达根系对垃圾产生的渗滤液加以吸收和同化。通过宣传引导等多种方式大力提倡和引导村民们去实施绿色消费习惯,从源头上抓起努力对垃圾处理做减法,同时还应该尽可能地引导增强村民的环保意识与比较积极的参与意识,结合各村民对现有家庭的垃圾分类在收集整理过程中所反映出来的不同态度,引导村民们对生活垃圾做出合理的分类处理,为垃圾的资源化、无害化处理打下坚实的基础。

第三节　布局原则、编制内容、成果和编制程序

一、村庄规划布局的原则

(1)积极地引导发展第一产业职业,使农村的居民在村庄中集中居住,同时也应该大力鼓励农民从事第二、三产业。鼓励农村人口积极进城、进镇

居住,合理推动当前城镇化的发展进程。

(2)以当前一些建设规模比较大、区位条件比较好、基础设施配套相对比较完善的现有村庄进行整治、扩建为主,以新建的村庄作为重要的辅助。所有集中改建和新建的村庄都应该做到统一规划、分步实施。

(3)大力倡导对农村的生态环境进行保护,有力地促进农业的生产力发展,尽量提高农民的生活水平和质量。

(4)依据各地区经济社会的发展水平不同进行规划,做到实事求是、量力而行。

(5)尽可能地保护现有耕地,节约用地,充分利用当地的地形,如丘陵、缓坡以及其他非耕地进行建设。

(6)村庄的建设用地应该尽量避开山洪、风口、滑坡、泥石流、洪水淹没、地震断裂带等一些自然灾害频发的地段,并且也要尽量避开自然保护区、有开采价值的地下资源以及一些地下采空区。

(7)住宅建筑应该充分尊重当地的风俗习惯和生产生活习惯。

二、村庄规划编制的内容

村庄建设规划的主要内容,也可以按照当地的经济发展水平,参考集镇规划布局的编制内容进行设定,主要是对生活与生产配套设施做出一种具体的安排,具体包括下列几点。

(1)确定村庄各项用地的标准与规模。

(2)具体布置好住宅等各种类型的建筑物、构筑物。

(3)安排道路、绿化、供水、供电、环境卫生以及各项公共工程设施,进行整体规划。

(4)结合县(市)域的规划,尤其是县(市)域城镇体系规划所提出的一系列有关要求,确定乡(镇)的性质以及发展方向。

(5)依据对乡(镇)本身的发展优势、潜力和局限性的分析进行确定,评价其发展的相关条件,明确长远发展的重要目标。

(6)按照农业现代化建设的有关要求,提出调整村庄的布局等建议,原则上确定村镇发展体系的有关结构和布局。

(7)预测人口的相对规模和结构方面的变化,重点提出的是农业富余劳动力的空间转移速度水平。

(8)提出农村各项基础设施和主要的公共建筑相互配置的有关建议。

(9)原则上确定建设用地的有关标准和主要的用地指标,充分选择出建设发展的用地,提出镇区发展的规划范围、用地等方面的大体布局。

三、村庄规划的成果

对村庄进行规划所取得的主要成果包括规划说明书以及规划图纸两个组成部分。

(一)规划说明书

规模不同的村庄、建设类型不同的村庄都可根据以下规划成果要求对规划的相关内容做出适当的增减。

1.前言

主要是对规划工作的背景和过程进行简述,委托单位、规划范围和目标,规划组织。

2.概述

(1)规划依据。

(2)自然和经济社会发展的条件与现状。地理位置、人口和面积、和周围村镇以及城市之间存在的关系、地形地貌、工程地质以及水文地质、风景旅游资源、历史文化遗产和民俗风情、村庄的发展过程及现状、经济结构和发展的水平、村庄的组织情况、村庄的住宅建设等情况。

(3)主要问题。用地布局和功能分区、规划设计和建设管理、建筑的形式和村民的住宅、基础设施、公共设施、环境卫生及村容村貌、对外的交通联系等多个方面的有关问题。

3.规划内容

(1)遵循土地规划的基本原则

(2)村庄建设环境与场地分析

·分析村庄周边的自然环境条件、建设条件,确定好编制规划的主要制约因素,对有可能产生的一系列影响加以评估。

·村庄建设用地的有关评定。

·相关建设用地的选择。

(3)规划总则

·规划的目标。

·规划的范围。

·通常是以乡镇的总体规划、村庄布点的规划来确定村庄的规划建设用地范围作为基本的界限,主要是因为村庄建设需要实行规划控制的区域应该纳入规划的范围中去。

· 人口和用地的发展指标选择以及规模预测。

（4）规划布局

对于居住建筑用地、公共建筑用地、道路广场用地、绿化用地、公用工程设施用地等做出相对较为合理的布局。

（5）公共服务设施规划

根据《镇规划标准》（GB50188—2007）以及本省所实施的《村庄建设规划标准》相关规定、乡镇的总体规划有关方面的要求，确定公共服务设施的项目、规模以及用地等方面的安排。

（6）基础设施规划

道路交通：确定好交通道路系统，走向、红线宽度、断面形式等，控制点的交叉口的形式以及用地的范围；广场、停车场的位置与用地的范围。

给水排水：确定用水的有关指标，预测生产、生活用水量，确定水源、水质要求，配水设施位置、规模等，确定供水管线的走向、管径。

供电电信：确定好用电的基本指标，预测规划目标年的用电负荷水平，确定供电的电源点位置、主变容量、电压的等级以及供电的范围等。

广电：有线电视、广播网络主要是根据村庄的建设要求应尽可能地进行全面覆盖，有线广播电视的管线和村庄的通信管道应该做到统一的规划、联合建设。

防灾减灾：村庄内的主要建筑物、公共场所等都应该根据规范来设置消防通道、消防设施等；防洪设施的设计标准也应该做到二十年一遇以上，同时也需要安排各类防洪工程其他设施的辅助建设；提出有关地质灾害的应急预案和治理措施；提出地震的灾害防治规划和建设的基本措施。

（7）景观环境规划

· 建筑风貌的规划。

· 绿地系统的规划。

· 河道景观的规划。

· 村口景观的方案。

· 环境设施小品的方案。

（8）住宅、主要公共建筑的标准

新建与改建整治的住宅类型；户型标准、户型比。

（9）工程量与投资估算

对规划所需要的工程规模、投资额的大小加以估算，对资金的来源进行分析。主要的公共建筑与绿化或者广场的工程等进行的投资应该单独列出来。

（二）规划图纸

1.村庄位置图

标明村庄在县（市）域以及乡镇域的位置，同周围各个地区之间的关系，比例尺也应该依据县（市）域以及乡镇域的范围大小而定。

2.现状图

图纸的比例是 1/1000～1/2000，标明地形地貌、道路、绿化、工程管线以及各类用地与建筑的范围、性质、层数、质量等等。

3.规划总平面图

比例尺和上述的一样，标明需要规划的建筑、绿地、道路、广场、停车场、河湖水面等的相关的位置与范围。

4.道路交通规划图

比例尺和上述的一样，需要标明道路的走向、红线的位置、横断面、道路交叉点的坐标、标高，车站、停车场等多个交通设施用地的界限。

5.景观环境规划设计图

比例尺也与上述的一样，标明绿地的位置以及用地的界限、植物配景、小品等，景观设计的意向。

6.竖向规划图

坡地村庄应该绘制出竖向的规划图，标明道路之间的交叉点、变坡点控制标高，室外的地坪规划标高，比例尺同样与上述比例尺保持一致。

7.工程管网规划图

比例尺与上述保持一样，标明各类市政公用基础设施、环境卫生设施以及管线的大致走向、管径、主要的控制点标高，包括有关基本设施与构筑物的位置、规模等。

（三）村庄规划参考图例

R 居住建筑用地（表 2-1）。

表 2-1　R 居住建筑用地

字母代码	项目	单色		彩色	
		现状	规划	现状	规划
	居住建筑用地			51	50
R1	村民住宅用地	加注代码 R1		加注代码 R1	
R2	居民住宅用地	加注代码 R2		加注代码 R2	
R3	其他居住用地	加注代码 R3		加注代码 R3	

C 公共建筑用地(表 2-2)。

表 2-2　C 公共建筑用地

字母代码	项目	单色		彩色	
		现状	规划	现状	规划
C	公共建筑用地			11	10
C1	行政管理用地	C 加注符号		C 加注符号	
	政府 居委会村委会				
	邮电局(所)				
C2	教育机构用地			31	30
	托儿所、幼儿园				
	小学				
	中学				
	大、中专、技校				

字母代码	项　目	单　色		彩　色	
		现状	规划	现状	规划
C3	文体科技用地	C 加注符号		C 加注符号	
	文化馆(室)	文	文	文	文
	影剧院	影	影	影	影
	体育场 按实际比例给出	⬭	⬭	⬭ 61	⬭ 60
C4	医疗保健用地	C 加注符号		C 加注符号	
	卫生院(所)	⊕	✚	⊕	✚
	敬老院	老	老	老	老
C5	商业金融用地	▤	▤	▥ 211	▥ 210
C6	集贸设施用地	C 加注符号	C 加注符号	C 加注符号	C 加注符号

四、村庄规划编制程序

(一)现状调查

对村庄的基本情况进行充分的调查了解,主要包括人口、经济、产业、用地布局、配套设施、历史文化等相关的内容。同时还要去进行现场的实地勘察,也可以采取专题座谈、人户访谈、发放问卷等一些具体的调查方式,充分和村庄的规划内容结合起来。

(二)问题分析

以问题为其主要的导向,分析农村当前最需要解决的发展矛盾,注意与当地的经济社会现实状况结合在一起,重点则需要放在产业的发展、配套公共服务设施以及市政的基础设施、用地布局等多个方面。

(三)规划构想

在对农村的现状调查与分析以后,提出解决问题的大致想法,和当地的干部群众以及有关的政府部门进行意见的交换,听取来自各方的意见,对规划方案进行修改完善。

（四）规划编制

第一，村庄的规划应该主要以行政村为其基本单位编制，范围主要包括整个村域，如果根据村庄体系进行规划过程中，需要合村并点的进行多村规划，其规划的范围也应该包括合并之后的全部村域。

第二，村庄的规划应该在新城规划、乡镇域规划、土地利用规划等多种有关规划的指导之下，对村庄发展的有关产业发展、用地布局、道路市政基础设施、公共配套服务等做出综合性规划，规划编制应该做到因地制宜，有利于生产生活，进行合理安排，继而改善村庄的生产、生活方式和生活环境，同时应该兼顾长远和近期发展，充分考虑到当地的经济发展水平。

第三，统筹用地的布局，积极推动用地整合。村庄规划的人口规模增加应该是以自然增长为主，人口的机械增长不能当作核定规划建设用地的有关依据。用地的布局主要应该以节约与集约发展作为主要的指导思想，村庄的建设用地同时也应该尽可能地利用现状来建设用地、弃置地、坑洼地等，远期规划农村人均综合建设用地应该控制在 $150m^2$ 之内。

第四，村庄的规划应该重点规划好公共服务基本设施、道路交通设施规划、市政的基础设施规划、环境卫生设施规划等有关内容。

第五，合理对当地资源进行保护与利用，尊重当地的风俗文化与人文传统，充分体现出"四节"的原则，大力推广节能发展新技术。

第六，在村庄的规划编制过程中做好沟通与协调。村庄的规划应该根据《要求》进行编制。在规划编制的过程中，应该自始至终都要充分尊重农民的意愿，充分学习与吸取当地的干部、群众有关于经济发展、村庄建设、风俗习惯的有益做法与相关经验。根据有关的工作计划，分阶段对村、镇、区各级政府做出汇报、听取群众的意见，并且要由区政府有关主管部门组织和其他相关专业部门的沟通和协调，综合各方的意见加以修改和完善。

（五）村庄规划的公示

首先，在规划方案完成之后，规划编制单位应该以简单明了的表达方式把村庄的规划向村民做出公示，建议以展板的形式，主要的内容则集中在 2～3 块展板上，内容做到通俗易懂，听取村民的意见，便于村民理解。

其次，村庄的规划最终所取得的成果需要根据大多数的村民合理的意见加以修改完善，并最终取得村民代表大会的最终同意。最终上报规划成果时也一定要附有加盖村集体公章的书面意见。

第三章　新型农村生态社区建设规划

新型农村生态社区建设规划必须充分认识农村发展的多样性、复杂性，在规划方法上除了考虑传统意义上的空间因素，还应该对生态结构功能予以充分考虑。为此，本章将详细探讨基于生态文明的新农村社区建设规划原则，新农村生态社区的规划设计，以及功能结构规划三个方面的内容。

第一节　基于生态文明的新农村社区建设规划原则

一、生态文明建设与生态规划

（一）生态文明建设

生态文明是指人类遵循人、自然、社会和谐发展这一客观规律而取得的物质与精神成果的总和，是指人与自然、人与人、人与社会和谐共生、良性循环、全面发展、持续繁荣为基本宗旨的文化伦理形态。

对生态文明概念的理解，将进一步带来以下几方面的共识。

（1）生态文明强调人类对于自己生存与发展的最基本条件——生态环境的责任意识。这种责任即通常所说的绿色责任，来自于以往文明的教训。人类以往文明的发展表明，人类文明越发展，人类所赖以生存的生态环境就越是遭到破坏，这种破坏有时反过来对该文明构成威胁，有的甚至消灭了该文明本身。

（2）生态文明强调保护生态环境的生产力，即现有生产不得以损害环境的自然生产力为前提，要求人类的生产是可持续的。

（3）生态文明要求尊重物种的多样性，保护物种，反对狭隘的人类中心主义，意识到其他物种生命的内在价值，呼吁尊重物种的多样性与多物种之间的共生共存与共同发展。

（4）生态文明要求人类对自然资源的利用要合理、平等并有节制，反对由少数国家和人群垄断自然资源的做法。

（5）生态文明要求经济是可以循环的经济，提倡绿色工业、绿色农业、绿色观光旅游、绿色消费。

（6）生态文明还要求人类科学发展，反对无限制的经济增长方式，反对把经济增长作为少数人攫取高额利润的途径，而把社会经济发展建立在满足人类共同需要的基础上。

生态文明是文化的内在，是文化的一部分，需要表达形式来表达自己，生态文明建设呼唤着生态设计的到来。尽管生态文明建设已经被大家所共识，人们也都十分欢迎生态文明，但要建设好生态文明，任重而道远，最关键的问题是当前生态文明还缺少一种强而有力的表达方式。以往的生态文明建设总是依靠国家的帮助，可是一味地依靠国家的政策来建设这种文明，收获是很有限的，这种建设只能孕育出一种畸形的发展。

（1）生态设计可以充当生态文明建设的有力宣传者。首先，生态文明建设强调保护环境、节约资源，而生态设计完全可以表达这样的信息，可以极度地节约资源，不让资源被大生产所浪费；其次，生态设计崇尚与高科技结合，这样就可以利用高科技的手段制造出绿色材料，并且可以节约能源与资源。因此，生态设计有其他宣传手段不能比拟的优势。

（2）生态设计与生态文明建设可以相互促进。生态设计与生态文明建设不但相互需要，而且还可以起到相互促进的作用。生态设计可以促进生态文明建设的发展，而生态文明建设反过来也会促进生态设计的前进。

（3）生态设计与生态文明的精神相融合，取得绝大多数人的认可。当今，保护环境、节约资源是全世界人们关心的主题，生态设计在生态文明建设时代发挥着独特的优势。

（二）生态规划

生态规划最早是由美国区域规划专家 Ian L. McHarg 提出的，他认为：生态规划是有利于利用全部或多数生态因子的有机集合，在没有任何有害或多数无害的条件下，确定最适合地区的土地利用规划。可以说，"生态规划的基本目的是在区域规划的基础上，通过对某一区域生态环境和自然资源条件的全面调查、分析与评价，以环境容量和承载力为依据，把区域内生态建设、环境保护、自然资源的合理利用，以及区域社会经济发展与城乡规划建设有机结合起来，培育天蓝、水清、地绿、景美的生态景观，诱导整体、协同、自生、开放的生态文明，孵化经济高效、环境和谐、社会适用生态产业，确定社会、经济、环境协调发展的最佳生态位，建设人与自然和谐共处的殷实、健康、文明向上的生态区，建立自然资源可循环利用体系和低投入、高产业、低污染、高循环、高效运行的生产调控系统，最终实现区域经济效益、社会效益和生产效益的高度统一的可持续发展"。

过去，城乡规划即使城市规划也只有环境保护规划，没有生态规划。现在,"城乡规划"越来越热门,也开始越来越重视生态规划了。特别是强调生态规划的思想与理念应该贯穿和体现在包括小城镇规划的城乡规划的各项规划中已成为规划界的共识。

城乡规划建设以科学发展观统领,包括城乡统筹与可持续发展都与生态规划思想密切相关。生态意识在城乡规划中至关重要,其强调以生态循环系统的方式全面思考问题。生态环境与城乡规划建设在许多方面尚会产生相互影响,城乡规划建设要考虑生态评价与生态环境目标预测,要考虑生态的安全格局,城乡规划中的空间管制,规划区哪些范围适宜建设、可以建设,哪些范围不宜建设、不可建设,都与用地生态适宜性评价直接相关。

城乡规划的产业布局如果忽略工业发展和环境之间的关系,用地开发超越生态资源承载能力,就会导致所谓的"生态危机"。特别是对于那些强调保护的生态濒危地区、生态敏感区更需在城乡规划、生态规划中深入研究。

二、具体建设规划原则

小城镇生态规划原则见表 3-1。

表 3-1　小城镇生态规划原则

序号	项　　目	内　　容
1	与总体规划相协调	小城镇生态环境与小城镇规划建设在许多方面会相互影响,小城镇总体规划中的空间管制,规划区哪些范围适宜建设、可以建设,哪些范围不宜建设、不可建设与用地生态适宜性评价直接相关,生态规划应与总体规划相协调,总体规划要强调和贯穿生态规划的思想与理念
2	整体优化原则	生态规划以区域生态环境、社会、经济的整体最佳效益为目标。生态规划的思想与理念应该贯穿和体现在小城镇规划的各项规划中,各项规划都要考虑生态环境影响和综合效益。强调生态规划的整体性和综合性是从生态系统原理考虑的基本规划原则
3	生态平衡原则	生态规划应遵循生态平衡原则,重视人口、资源、环境等各要素的综合平衡,优化产业结构与布局,合理划分生态功能区划,构建可持续发展的区域性生态系统

序号	项　目	内　容
4	保护多样性原则	生物多样性保护是生态规划的基本原则之一，生态系统中的物种、群落、生境和人类文化的多样性影响区域的结构、功能及它的可持续发展。生态规划应避免一切可以避免的对自然系统的破坏，特别是自然保护区和特殊生态环境条件（如干、湿以及贫营养等生态环境）的保护，同时还应保护人类文化的多样性，保存历史文脉的延续性
5	区域分异原则	区域分异也是生态规划的基本原则之一。在充分研究区域和小城镇生态要素的功能现状、问题及发展趋势的基础上，综合考虑区域规划、小城镇总体规划的要求以及小城镇规划区现状，充分利用环境容量，划分生态功能分区，实现社会、经济、生态效益的高度统一
6	以环境容量、自然资源承载力和生态适宜性以及生态安全度和生态可持续性为规划依据，充分发挥生态系统潜力的原则	以环境容量、自然资源承载力、生态适宜性、生态安全度和生态可持续性为依据，有利生态功能合理分区，改善城镇生态环境质量，寻求最佳的城镇生态位，不断开拓和占领空余生态位，充分发挥生态系统的潜力，促进城镇生态建设和生态系统的良性循环，保持人与自然、人与环境关系的可持续发展和协调共生
7	以人为本、生态优先、可持续发展原则	以人为本、生态优先，可持续发展原则是小城镇生态规划的基本原则之一。这一原则也即要求按生态学和社会、经济学原理，确立优化生态环境的可持续发展的资源观念，改变粗放的经济发展模式，并按与生态协同的小城镇发展目标和发展途径，建设生态化小城镇

表 3-1 中涉及的概念及其释义如下。

（1）城镇生态环境容量。指的是在不损害生态系统的条件下，城域单位面积上所能承受的资源最大消耗率和废物最大排放量。城镇生态环境容量涉及土地、大气空间、水域和各种资源、能源等诸多因素。

（2）城镇环境容量。指的是在不损害生态系统的条件下，城镇地域单位面积所能承受的污染物排放量。

（3）城镇资源承载力。指的是城镇地区的土地、水等各种资源所能承载人类活动作用的阈值，也即承载人类活动作用的负荷能力。

（4）城镇环境承载力。指的是城镇一定时空条件下环境所能承受人类活动作用的阈值大小。

（5）城镇土地利用的生态适宜性。指的是城镇规划用地的生态适宜性，也即从保护和加强生态环境系统对土地使用进行评价的用地适宜性。

（6）城镇土地利用的生态合理性。指的是从减少土地开发利用与生态系统冲突考虑和分析的城镇土地利用的合理性。城镇土地利用的生态合理性可基于城镇土地利用的生态适宜性评价，对城镇的土地利用现状和规划布局进行冲突分析，确定城镇的土地利用现状和规划。

第二节　新农村生态社区的规划设计

一、新农村生态社区的总体规划布局

（一）村庄的发展与总体规划布局

在进行村庄总体规划布局时，不仅要确定村庄在规划期内的布局，还必须研究村庄未来的发展方向和发展方式。这其中包括生产区、住宅区、休息区、公共中心以及交通运输系统等的发展方式。有些村庄，尤其是某些资源、交通运输等诸方面的社会经济和建设条件较好的村庄发展十分迅速，往往在规划期满以前就达到了规划规模，不得不重新制定布局方案。在很多情况下，开始布局时，对村庄发展考虑不足，要解决发展过程中存在的上述问题就会十分困难。不少村庄在开始阶段组织得比较合理，但在发展过程中，这种合理性又逐渐丧失，甚至出现混乱。概括起来，村庄发展过程中经常出现以下问题。

（1）生产用地和居住用地发展不平衡，使居住区条件恶化。或者发展方向相反，增加客流时间的消耗。

（2）各种用地功能不清、相互穿插，既不方便生产，也不便于生活。

（3）对发展用地预留不足或对发展用地的占用控制不力，妨碍了村庄的进一步发展。

（4）绿化、街道和公共建筑分布不成系统，按原规划形成的村庄中心，在村庄发展后转移到了新的建成区的边缘，因而不得不重新组织新的村庄公共中心,分散了建设资金,影响了村庄的正常建设发展。

这些问题产生的主要原因,是对村庄远期发展水平的预测重视不够,对客观发展趋势估计不足,或者是对促进村庄发展的社会经济条件等分析不够、根据不足,因而出现评价和规划决策失误。

为了能够正确地把握村庄的发展问题,科学地规划乡(镇)域至关重要,它能为村庄发展提供比较可靠的经济数据,也有可能确定村庄发展的总方向和主要发展阶段。但是,实践证明,村庄在发展过程中也会出现一些难以预见的变化,甚至于出现村庄性质改变这样重大的变化,这就要求总体规划布局应该具有适应这种变化的能力,在考虑村庄的发展方式和布局形态时进行认真的、深入细致的研究。

(二)村庄的用地布局形态

村庄的形成与发展,受政治、经济、文化、社会及自然因素所制约,有其自身的、内在的客观规律。村庄在其形成与发展中,由于内部结构的不断变化,从而逐步导致其外部形态的差异,形成一定的结构形态。结构通过形态来表现,形态则由结构而产生,结构和形态二者是互有联系、互有影响、不可分割的整体。而常言的布局形态含有结构与布局的内容,所以又称之为布局形态。研究村庄布局形态的目的,就是希望根据村庄形成和发展的客观规律,找出村庄内部各组成部分之间的内在联系和外部关系,求得村庄各类用地具有协调的、动态的关系,以构成村庄的良好空间环境,促进村庄合理发展。

村庄形态构成要素为:公共中心系统、交通干道系统及村庄各项功能活动。公共中心系统是村庄中各项活动的主导,是交通系统的枢纽和目标,它同样影响着村庄各项功能活动的分布。而村庄各项功能活动也给公共中心系统以相应的反馈。二者通过交通系统,使村庄成为一个相互协调的、有生命力的有机整体。因此,村庄形态的这三种主要的构成要素,相互依存,相互制约,相互促进,构成了村庄平面几何形态的基本特征。

对于村庄的布局形态,从村庄结构层次来看可以分为三圈:第一圈是商业服务中心,一般兼有文化活动中心或行政中心;第二圈是生活居住中心,有些尚有部分生产活动内容;第三圈是生产活动中心,也有部分生活居住的内容。这种结构层次所表现出来的形态大体有圆块状(图3-1)、弧条状(图3-2)、星指状(图3-3)三种。

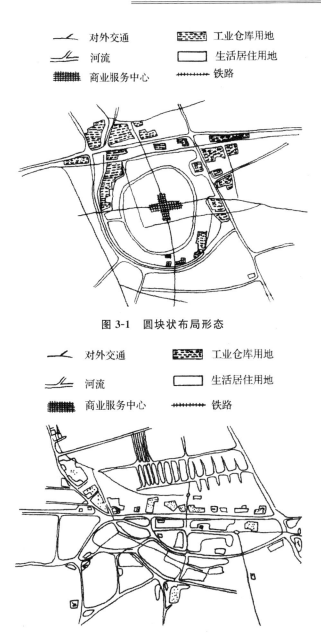

图 3-1　圆块状布局形态

图 3-2　弧条状布局形态

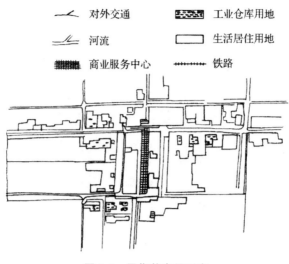

图 3-3　星指状布局形态

1.圆块状布局形态

生产用地与生活用地之间的相互关系比较好,商业和文化服务中心的位置较为适中。

2.弧条状布局形态

这种村庄用地布局往往受到自然地形限制而形成,或者是由于交通条件如沿河、沿公路的吸引而形成,它的矛盾是纵向交通组织以及用地功能的组织,要加强纵向道路的布局,至少要有两条贯穿城区的纵向道路,并把过境交通引向外围通过。

在用地的发展方向上,应尽量防止再向纵向延伸,最好在横向利用一些坡地作适当发展。用地组织方面,尽量按照生产—生活结合的原则,将纵向狭长用地分为若干段(片),建立一定规模的公共中心。

3.星指状布局形态

该种形态一般都是由内而外的发展,并向不同方向延伸而形成。在发展过程中要注意各类用地的合理功能分区,不要形成相互包围的局面。这种布局的特点是村庄发展具有较好的弹性,内外关系比较合理。

（三）村庄的发展方式

1.由分散向集中发展,联成一体

在几个邻近的居民点之间,如果劳动联系和生产联系比较紧密,经常会形成行政联合。

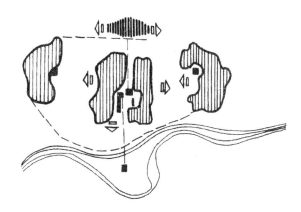

图 3-4　分散向集中发展方式

2.集中紧凑连片发展

连片发展是集中式布局的发展方式。集中式布局是在自然条件允许、村庄企业生产符合环境保护的情况下,将村庄的各类主要用地,如生产、居住、公建、绿地集中连片布置(图 3-5)。

3.成组成团分片发展

同集中式的布局相反,有一部分村庄呈现出分散的布局形态(图 3-6)。

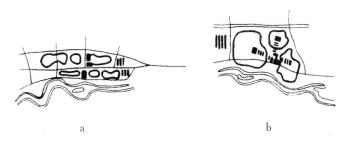

a　　　　　　　　　　　　　　b

图 3-5　集中紧凑连片发展方式

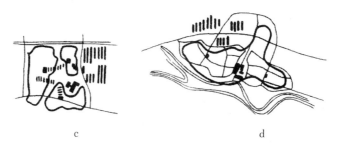

c   d

图 3-5 集中紧凑连片发展方式(续)

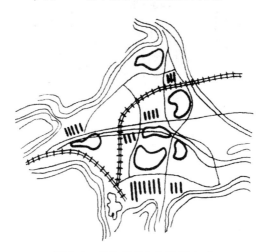

图 3-6 成组成团分片发展方式

(1)要使各组团的劳动场所和居民区成比例地发展。

(2)各组团要构成相对独立、能供应居民基本生活需要的公共福利中心。

(3)解决好各组团之间的交通联系。

(4)解决好村庄建筑和规划的统一性问题,克服由于用地零散而引起的困难。

4.集中与分散相结合的综合式发展

在多数情况下,以遵循综合式发展的途径比较合理。这是因为在村庄用地扩大和各功能区发展的初期,为了充分利用旧区原有设施,尽快形成村庄面貌,规划布局以连片式为宜。但发展到一定阶段,或者是村庄企业发展方向有较大的改变,某些工业不宜布置在旧区,或者是受地形条件限制,发展备用地已经用尽,则应着手进行开拓新区的准备工作,以便当村庄进一步发展时建立新区,构成以旧村区为中心,由一个或若干个组团式居民点组成的村庄群(图 3-7)。

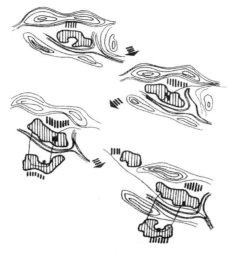

图 3-7　集中与分散相结合的综合式发展方式

二、新农村生态社区空间规划要点

新农村生态社区空间的规划,要体现其特点才能具有生命力,才能形成社区个性。其考量的方向主要在自然环境、历史文化环境、历史文化传统、建筑风貌和经济结构等方面。而总体的出发宗旨就是坚持以人为本,尊重历史,尊重自然,创造优美的新村社区景观。

例如,安徽宏村是表现和加强其形体环境的自然地理特征的佳例。这个经风水师勘察和经营布局的村落,不仅选择了依山面水的优越自然环境,而且在村落内布置了层层空间,创造了人工水体——在村口及村的核心建设了开阔的水面,又以象征着牛肠的小溪,贯穿全村和村内外的水面(图 3-8)。

图 3-8　宏村

例如,在长江中下游地区,地形平坦、河网密布。在此处新村社区规划设计中要对其区域自然地理环境加以尊重,形成江南水乡村镇的特色。而在山地新村社区设计中,要强调新村社区与山体的关系,对相对平坦的土地集约利用,形成完全不同于江南水乡新村社区的形象(图3-9)。

图 3-9　湖北东湖社区

另外,在进行新农村生态社区规划时,还要尊重传统村庄布局,要能体现地域文化特色(图3-10)。

图 3-10　延续传统村落格局的八达岭镇新村社区总平面图

图 3-11　与长城建筑风格相协调的住宅设计

第三节　功能结构规划

一、生态结构规划理论基础

（一）生态系统服务功能

生态系统服务功能是指生态系统与生态过程所形成和维持的人类赖以生存的自然环境条件与效用。它不仅为人类提供食品、医药及其他生产生活原料，而且创造并维持地球生命保障系统，形成人类生存所必需的环境条件。

生态系统的服务功能受本国社会、经济发展水平的影响很大，但总体上体现了以生态系统的可持续性为原则，反映了生态环境系统的容纳力。

（二）景观生态类型的划分

景观生态类型图是景观生态特征的一种直观表示法，就是将组成景观的诸要素（斑块）的空间分布规律、特征和成因形象地表示出来，用来反映景观生态系统的类型、结构、分布等生态学特征。

景观生态分类的依据主要包括遥感信息、地面调查及其他相关图件。

景观生态分类的原则包括以下几项。

（1）综合性原则：空间形态、异质组合、发生过程、生态功能的综合考虑。

（2）主导因子原则：如地貌形态、植被覆盖。

（3）实用性原则：根据研究目的进行分类。

（4）等级性原则：分类层次的体现。

（5）其他原则：如发生上有密切联系、功能上相互关联、空间上相互邻接等。

（三）生态适宜度

对小城镇用地进行生态适宜度评价的目的在于寻求小城镇最佳土地利用方式，使其各种用地符合生态要求，合理地利用环境容量，以最少的费用创造一个清洁、舒适、安静、优美的环境。

二、小城镇生态功能区划操作

（一）生态功能区划的依据

1. 工作区自然环境的客观属性

占据地表一定空间范围的自然综合体的各项自然属性即是进行生态功能区划的首要依据。自然环境的客观属性是由地貌、气候、水文、土壤以及动植物群落等构成的，其属性特征主要通过表 3-2 的环境要素特征得到反映。

表 3-2　自然环境客观属性的要素特征

序号	项目	内　　容
1	地貌类型	工作区的地貌特征及空间分异
2	土壤类型	工作区的土壤属性特征及空间分布
3	气候条件	工作区的气候特点及区内分异
4	水文特征	工作区的流域分布和水文特征
5	动植物资源	工作区的动植物资源特征及空间分布规律

2. 社会经济特征及发展要求

生态功能区划的制定应充分重视当地社会经济状况及其发展需求，这是区划科学性、合理性的体现。社会经济特征及需求的要素特征，见表 3-3。

表 3-3　社会经济特征及需求的要素特征

序号	项目	内　容
1	交通区位	工作区所处的地理区位及其在背景区域中的战略地位
2	土地利用	工作区现状土地资源利用的结构及空间分异
3	经济发展水平	工作区现状经济发展水平及地区差异
4	人口结构	工作区人口、劳动力组成与地区差异
5	产业特征	工作区产业结构、空间分布及调整走向等特征

3.相关规划或区域

(1)已有的相关区划主要包括《行政区划》《综合自然资源区划》《综合农业区划》《植被区划》《土壤区划》《地貌区划》《气候区划》《水资源和水环境区划》等。

(2)已有的相关规划主要包括《城镇总体发展规划》《城镇土地利用规划》《自然保护区建设规划》《交通道路规划》《绿地系统规划》等。

(3)还应参考其他已有的国家及地方有关调查资料、规划、标准和技术规范等,如《环境空气质量标准》《地表水环境质量标准》《城市区域环境噪声标准》《城市区域环境噪声适用区划分技术范围》及区域地质调查资料等。

(二)生态功能区划的基本原则

1.可持续发展原则

生态功能区划应考虑城镇远期发展与生态潜在功能的开发,统筹兼顾、综合部署,增强社会经济发展的生态环境支撑力,促进地区的可持续发展。地方经济的发展是实现生态保护目标的根本保证,为此,功能分区应充分体现地方社会经济发展的需求,考虑到小城镇的长远规划及潜在功能的开发,同时注意它的环境承载力,尽量提高生态环境功能级别,使其环境质量不断得到改善。

2.以人为本、与自然和谐的原则

生态功能区划应把人居环境和自然生态保护放在首要位置,坚持以人为本、与自然和谐的原则。

3.功能合理组合与功能类型划分相结合的原则

在将功能合理地段组合成为完整区域的同时,结合考虑生态服务功能类型,既照顾不同地段的差异性,又兼顾各地段间的连接性和相对一致性。

4.生态功能相似性和环境容量的原则

生态功能区划应考虑生态功能相似性原则,同时也应考虑环境容量的原则,避免因盲目的资源开发而造成生态环境的破坏。

5.区划指标选择应强调可操作性的原则

区划的指标应具有简明、准确、通俗的特性,应在同类型地区中寻求具有可比意义并具有普遍代表性的指标,同时应尽量采用国家统计部门规定的数据,以利于今后加强信息交流和扩大应用领域。

(三)小城镇生态功能区划方法

1.定性区划方法

(1)地图重叠法。在地理信息系统(GIS)的支撑下,将各种不同专题地图的内容叠加生成新的数据平面,完成生态功能的定性区划。

(2)专家咨询方法。专家咨询法的步骤如下。

①准备人口密度图、土地利用现状图、资源消耗分配图、环境质量评价图等各类工作底图。

②以管理、科研和规划部门为主进行初步划分。

③将初步结果进行图形叠加,确认基本相同部分,对差异部分进行讨论。

④进行再一轮划分,直至结果基本一致。

(3)生态因子组合法。生态因子组合法分为层次和非层次组合法。

①层次组合法。先用一组组合因子判断土地适宜度等级,然后将这组因子作为一个单独的新因子与其他因子组合判断土地适宜度。

②非层次组合法。将所有因子组合判断土地的适宜度等级。

无论是层次组合法还是非层次组合法,其关键在于建立一套较完整的组合因子判断准则。

2.定量区划方法

(1)多目标数模系统分析法。小城镇生态功能区划涉及的指标体系繁多,一般采取一组环境质量约束条件下,求多目标函数优化得一组区划变量的满意解,同时通过计算机数字模型,对相对独立、不同主导层次、众多指标构成的复杂系统进行分析,最后做出评价和区划。

(2)多元统计分析法。在定性分区的基础上,采用多元统计分析中的主成分分析、聚类分析和多元逐步进行分析求解。

(3)灰色系统分析法。采用灰色控制系统分析法对某一区域进行分析,将随机数据处理为有序的生成数据,然后通过建立灰色模型,并将运算结果还原得到预测值。

第四章 生态文明建设下的新农村公共服务设施规划

新农村建设是一个体系化的工程,在新农村建设过程中,其基础设施也需要共同推进进行,只有这些配套的基础设施能够完善起来,才能够最终让新农村建设落到实处,才能惠及普通百姓。生态文明建设下的新农村公共服务设施建设,需要有一个合理的规划,本章则重点论述了有关方面的问题。

第一节 道路交通规划

一、新农村交通的特点

第一,中国大多数地区的小城镇规模都比较小,同时还都是沿交通主干线逐渐发展而来的,公路不仅是交通运输的重要通道,同时还是镇区街道以及农贸市场,小城镇的过境交通通常能够占到总交通 60% 以上。

第二,机动车和非机动车穿插混杂行驶的现象十分普遍。过境交通通常都是以货运交通为主,主要的交通工具也多是卡车、拖挂车、客车、小汽车等等;在一些镇区内,交通则是以本地的居民为主,因为出行的距离通常都比较短,主要的交通工具除了小汽车、摩托车、拖拉机之外,还有自行车、马车等一些非机动车。因为交通存在混杂现象,相互之间的干扰比较大,这就造成各类交通车辆的通行十分困难,严重影响到了小城镇的居民生活生产。各种各样的交通方式比例如表 4-1 所示。

表 4-1　小城镇出行交通方式所占比例

出行方式	步行	自行车	摩托车	公共交通
比例	50% 以上	25%~35%	10%~20%	10% 以下

第三,交通的流向与流量在时间和空间上呈现一种非平衡的状态分布。

第四,道路交通基础设施比较差,道路的性质十分不明确、道路的断面功能不分、技术标准比较低、人行道狭窄或者被不当占用,导致人车混行,缺乏一些专用的交通车站和停车场所,道路违章停车行为比较多。在道路的分布过程中,丁字路口、斜交路口以及多条道路的交叉现象也十分常见。

第五,交通的管理与交通设施比较落后,道路上普遍缺乏交通标志、交通指挥信号等基础设施,以致交通混乱、出行受阻。

二、村庄道路的规划

村庄和村庄、村庄和集镇之间在政治、经济、文化、科技等多个方面进行交流的情况也在日趋增多,以致产生了大量的客流与物流,使得村庄道路的功能和重要性也在日益显现。村庄道路之间能够分成村庄内的道路系统以及农田之间的道路系统两个组成部分。

(一)村庄道路的分级

道路的规划应该依据村庄之间的联系以及村庄各项用地的功能、交通流量等,结合自然条件和现状的特点,确定道路的系统,并且要确保有利于建筑布置与管线的敷设,同时还应该满足救灾避难与日照通风的要求。村庄所辖地域范围内的道路按照其主要的功能与使用特征,应该划分成村庄内道路和农田道路两类。

1. 村庄内道路

村庄内道路是村庄连接主要的中心镇以及村庄中各个组成部分的联系网络,也是道路系统的主要骨架和"动脉"。村庄内的道路可根据国家建设部办法的《村庄规划标准》的规定进行规划。按照村庄的层次和规模,按照使用的任务、性质以及交通量的大小分成了三级,如表4-2所示。

表 4-2 村庄道路规划技术指标表

规划技术指标	村镇道路级别		
	主干道	干道	支路
计算行车速度(km/h)	40	30	20
道路红线宽度(m)	24～40	16～24	10～14
车行道宽度(m)	14～24	10～24	6～7
每侧人行道宽度(m)	4～6	3～5	0～3
道路间距(m)	≥500	250～500	120～300

2.农田道路

农田道路是连接了村庄和农田以及农田和农田之间的道路,能够极大地满足农产品的运输、农业机械下田作业以及农民进入田间从事生产劳动的要求,主要分为机耕道与生产路。生产路只供人、畜下田进行作业时候使用。其规划的等级和技术指标如表 4-3 所示。

表 4-3 农田道路规划技术指标

规划技术指标	农田道路级别		
	机耕道		生产路
	干道	支道	
道路红线宽度(m)	6～8	4～6	2～4
车行道宽度(m)	4～5	3～4	1～2
道路间距(m)	≥1000	150～250	150～250

对村庄内部的道路系统进行规划,需要结合新农村中心村建设和改造以及农田规划而进行,按照村庄的层次和规模、当地的经济发展特点、交通运输的有关特点等进行综合考虑。个别中、远期能够升格的村庄,在进行道路的规划时,应该注意远近结合、留有一定的余地,如果因为资金不充足等有关的问题也可以进行分期实施,如先修建半幅路面等。通常情况下都是根据表 4-4 的有关要求而设置不同级别的道路。

表 4-4 村庄道路系统组成

村庄层次	规划规模分级	村镇道路级别			农田道路级别		
		主干道	干道	支路	机耕干道	机耕支道	生产路
一般镇	大型	●	●	●	—	—	—
	中型	○	●	●	—	—	—
	小型	—	●	●	—	—	—
村庄	大型	—	○	●	●	●	●
	中型	—	○	●	●	●	●
	小型	—	—	●	○	●	●

注:表中的●—应设的级别;○—可设的级别

(二)村庄道路系统规划

村庄道路系统是以村庄现状、发展规模、用地规划及交通流量为基础，并结合地形、地物、河流走向、村庄环境保护、景观布局、地面水的排除、原有道路走向、各种工程管线布置，以及铁路和其他各种人工构筑物等的关系，因地制宜规划布置。规划道路系统时，应使所有道路主次分明、分工明确，并有一定的机动性，以组成一个高效、合理的交通系统，达到安全、方便、迅速、经济的要求，并应符合下列规定。

1.满足安全、交通量的最大要求

道路连接了工厂、仓库、车站、码头等货运为主的则不应该穿越村庄公共中心的地段；汽车专用的公路与普通的公路中二、三级公路不应该从村中心的内部穿过，对已经在公路两旁而形成的村庄，规划时应该做出调整，建筑物应该距公路两旁不少于 30m 的距离；位于文化娱乐、商业服务等一些大型的公共建筑之前的路段，应该设置一些必要的人流集散场地、绿地以及停车场所。停车场的面积应该根据汽车的大小，每个停车位宜在 $25\sim30m^2$ 之间；摩托车的每一个停车位都应该在 $2.5\sim2.7m^2$；自行车的每一个停车位也应该在 $1.5\sim1.8m^2$ 之间进行设置。

2.结合地形、地质和水文规划道路网走向

河网地区的道路应该平行或者垂直于河道进行布置，对跨越了通航河道的桥梁，应该尽量满足桥下的通航净空需求，并且也要做到和滨河路的交叉口相协调；山区村庄的主要道路应该做到平行等高线而进行设置，并且也应该考虑到防洪的要求。在地形起伏比较大的村庄内，主干道的走向应该和等高线走向类似，接近于平行布置，避开接近垂直切割等高线布置，并视地面的自然坡度大小，对道路的横断面组合进行一种比较经济合理的安排。主干道设在谷地或者坡地上，双向交通的道路应该分别设置于不同的标高上；如果在地形高差相对比较大的地区，应该设置人、车分开的两套道路系统；为了避免行人在之字形的支路上盘旋行走，通常在垂直等高线上修建人行的梯道。

在进行道路网的规划布置时，应该尽量绕过不良的工程地质与水文工程地质，并且也要避免穿过地形的破碎地段。虽然这样的设置增加了弯路与长度，但是可以节省大量的土石方与建设资金的投入，缩短了工程建设的周期，同时也让道路的纵坡变得平缓，便于交通运输。

确定道路的标高时，需要考虑水文地质对道路产生的有关影响，尤其是

地下水对路基路面的破坏。

3.因地制宜、科学合理地构建道路网

道路网节点上相交的道路条数有一定的限制,不能超过 5 条;道路的垂直相交最小夹角也应该大于 45°,并且应该尽可能避免错位的 T 字形路口。道路网形式通常采取方格式、自由式、放射式与混合式的布置形式。

(1)方格式

方格式也称为棋盘式,如图 4-1 所示,道路呈直线,大多都是垂直相交的。这种道路布局的最大特征就是方格网所划分的街坊十分整齐,有利于进行建筑物的布置,用地十分经济、紧凑,有利于建筑物的布置以及方向的识别;从交通方面来看,交通组织十分简单而便利,道路的定线十分方便,不会形成一些比较复杂的交叉口,车流能够十分均匀地分布在所有的街道上;交通的机动性比较好,当某条街道受阻车辆绕道行驶时,其路线也不会增加,行程的时间同样也不会增加。这种布局适用在一些平原地区。这种道路系统也有着十分明显的缺点,它的交通相对比较分散,道路的主次功能不太明确,交叉口的数量过多,影响行车的畅通。

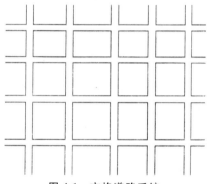

图 4-1　方格道路系统

(2)放射式

放射环式道路系统主要由两部分组成,即放射道路与环形道路。放射道路担负了对外交通联系的重要任务,而环形道路则担负了各个区域之间的运输任务,并且连接放射道路,分散部分过境的交通。这种道路系统主要是以公共中心为中心,由中心引出放射形道路,并在其外围地带敷设了一条或者几条环形的道路,像蜘蛛网一样构成了整个村庄的道路交通系统。环形道路有周环,也可以为群环或者多边折线式;放射道路有的是从中心内环进行放射,有的则是从二环或者三环进行放射,也能够和环形道路呈切向放射。这种形式的道路交通系统的优点主要是让公共中心区与各功能区存在

直接通畅的交通联系,同时环形道路也能够把交通均匀地分散至各个区域。路线有曲有直,比较容易结合自然地形和现状。

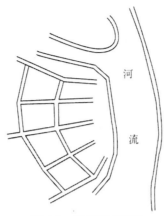

图 4-2　放射环式道路

放射式道路的一个十分明显的缺点就是比较容易造成中心的交通拥挤,行人和车辆十分集中,有一些地区的联系则需要绕行,其交通的灵活性没有方格网式的好。如在小范围内采用这种布局的形式,道路交叉则能够形成很多的锐角,出现很多不规则的小区或者街坊,不利于进行建筑物的布置,另外,由于道路十分曲折也不利于方向的辨别,以致交通不便。放射环式道路系统通常适合在一些规模较大的村庄中布置,对一般的村庄来说则很少采用。

(3)自由式

自由式道路交通系统(图 4-3)主要是以结合地形起伏、道路迁就地形而形成的一种布局形式,道路的弯曲自然,没有一定的几何图形。这种形式的优点是可以比较好地结合自然的地形,道路就能够自然顺适,生动活泼,能够最大限度地减少土方的工程量,丰富村庄的景观,节省工程的造价费用。自由式大多都是用在山区、丘陵地带或者地形多变的区域。其缺点就是道路多为弯曲、方向多变,比较紊乱,曲度系数比较大。因为道路曲折,所以就会形成很多不太规则的街坊,影响了建筑物的布置以及管线工程的施工布置。同时,因为建筑太过分散,居民的出入也十分不便。

(4)混合式

混合式道路系统(图 4-4),主要是结合了村庄的自然条件与现状,力求吸收前三种基本形式的优点,适应性比较强,避免了自身的缺点,因地制宜地对村庄道路系统进行了规划布置。

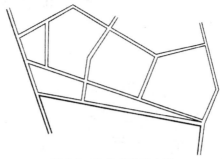

图 4-3　自由式道路交通

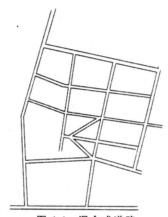

图 4-4　混合式道路

上述的四种交通系统类型,各有优缺点,在实际的规划过程中,应该根据村庄的自然地理条件、现状特征、经济状况、未来发展的趋势以及民族传统习俗多方面进行综合性考虑,做出一个比较合理的选择与运用,不可以机械地单纯追求某一种形式,绝对不可以生搬硬套搞形式主义,应该做到扬长避短,科学、合理地对道路系统进行规划布置。

(5)满足村庄环境的需要

村庄道路网的走向应该有利于村庄内的通风。北方地区的冬季寒流风向主要为西北风,寒冷通常也会伴随着风沙、大雪。所以,主干道的布置应该和西北向形成一个垂直或者成一定偏斜角度的样式,以避免大风雪与风沙对村庄的直接侵袭;对南方村庄道路的走向应该与夏季的主导风向平行,以便能够创造良好的通风条件;对海滨、江边、河边的道路应该做到临水避开,并且布置一些垂直于岸线的街道。

道路的走向还应该是两侧建筑布置创造良好的日照条件,通常南北向的道路要比东西向的更好,最好是由东向北偏转一定的角度。

现代社会,机动车的噪声与尾气污染变得日益严重,一定要能够引起人们足够的重视。通常采取的措施主要有:合理地确定村庄的道路网密度;在街道宽度方面,应该考虑必要的防护绿地去吸收部分噪音、二氧化碳,同时放出新鲜的空气等。

(6)满足村庄景观的要求

村庄道路不仅用作交通运输,而且对村庄景观的形成造成了很大的影响。道路景观可以通过线形的柔顺、曲折起伏、两侧建筑物的进退、高低错落、丰富的造型和色彩、多样的绿化,并可以在适当的地点布置广场与绿地,配置建筑小品等,以此协调道路的平面与空间的组合;与此同时,通过道路将自然景色、历史古迹、现代建筑贯通起来,形成一个具有十分鲜明景观特色的长廊,对体现整洁、舒适、美观、绿色、环保、丰富多彩的现代化村庄面貌可以起到极为重要的作用。

对山区的村庄而言,道路的竖曲线主要是以凹形曲线的赏心悦目为佳,而凸形的曲线则会给人以街景凌空中断的感觉。这种情况下,通常可以在凸形的顶点开辟广场,布置好建筑物或者树木,使人远眺前方的景色,有一种新鲜不断、层出不穷之感。

需要指出的一点是,不可以为了片面地追求街景的变化,将主干道规划设置成错位交叉、迂回曲折的形式,这样会导致交通不畅。

(7)有利于地面水的排除

村庄的中心线纵坡也需要尽量与两侧的建筑线纵坡方向相互一致,街道的标高也需要稍微比两侧的地面标高稍低,以便于汇集地面的水和地面水的排除,对村庄的排水与埋设排水管十分有益。

(8)满足多种工程布置的需求

随着村庄的快速发展,各类公用事业与市政工程管线也会变的越来越多,通常都是埋在地下,沿主干道进行敷设的。但是各种管线的用途却是不同的,其技术要求也要求不同。所以,在村庄的道路规划设计过程中,一定要弄清道路上需要埋设什么类型的管线,考虑给予一种足够的用地,而且给予合理的安排布置。

(9)满足其他的相关需要

村庄道路系统的规划除了应该满足以上的基本要求之外,还应该满足下列需要。

①村庄道路应该做到方便居民和农机通往田间劳动,需要统一考虑和农田道路之间的相互衔接。农田道路通常都是采用方格式的布置形式(图4-5),丘陵山区则可依梯田的位置进行合理的布置。

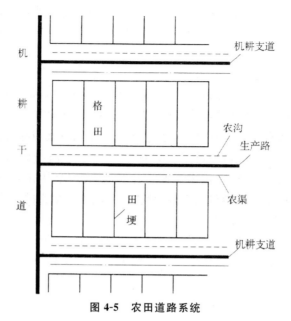

图 4-5 农田道路系统

②道路系统规划设计,应该遵循少占田地,少拆房屋,不损坏重要历史文物的原则。同时也应该本着从实际出发,贯彻以近期为主,远、近期相互结合的设计方针,有计划、有步骤地进行分期发展、组合实施。

(三)道路绿化

道路绿化主要是在道路的两旁种植一行或者几行类型不同的乔木、灌木等,以此达到美化与保护道路的主要目的。按照道路绿化的作用,我们能够将其分成行道树、风景林、护路林三种主要的类型。行道树主要是指在道路的两旁或者一旁栽植单行的乔木,用来美化道路的树;风景林主要是指在道路的两旁栽种两行及以上的乔木或者灌木,用来改善道路的环境;护路林主要是指在道路的两旁或者一旁空旷的地带,密植上多行乔木、灌木,以此来阻挡风沙、积雪或者洪水等自然灾害的侵害,保护道路的林带。进行道路绿化主要有以下作用。

1.保护道路

道路绿化能够利用树木的根系交织分布,防止路基被水冲刷,同时防止由于出现湿软塌沉而影响交通。利用茂密的枝叶来隐蔽路面,减轻了路面软化和老化的程度,延长了道路的使用寿命;石料路面与土路能够对水分进行调节,使路面可以保持一定的湿度,减少尘土飞扬以及避免由于暴晒干燥而引起路面的破坏。护路林还能够使路面的保护层料不被风吹走,也能够防止大量的飞沙、积雪堆积在路面上,保证车辆的正常通行。同时也有利于道路两边的作物生长,起到农田防护林的作用(图 4-6)。

图 4-6　道路两侧的树保护道路

2. 美化道路

在道路两旁栽植上树木,可以利用树木的林密,形成林荫夹道,像一条绿色的长廊,不仅美化了路容,而且还利用枝叶散发出来的水分增加了空气中的湿度,同时,还能增强行路人的舒适与安全感(图 4-7)。

图 4-7　树木对道路的美化

3. 增加收入

公路绿化还能够为国家增加大量的木材,缓解我国木材使用紧张的问题。将我国现在的公路全部进行绿化,可以极大地为国家增加收入,补充公路建设的管理经费。

第二节　教育设施规划

一、中小学教育设施规划

中小学建筑设施主要是由教学以及办公用房所组成的;此外,应有室外运动场地以及必要的体育设施:条件好的中小学还应该有礼堂、健身房等。教学及行政用房建筑面积,小学约为 $2.5m^2$/生,中学约为 $4m^2$/生。

(一)中小学校基本用房规划

1.教室

教室的大小与学生的桌椅排列方式有很大关系。为了保护学生的视力,第一排书桌的前沿距黑板应该不低于 $2m$,而最后排的书桌后沿距离黑板应该小于 $8.5m$。同时,为了避免两边的座位太偏,横排的座位数应该不超过 8 个。所以,小学教室需要根据座位以及走道的尺寸要求,进深应该大于 $6m$,教室的每一个开间应该也不小于 $2.7m$。一个教室通常占到 3 个开间,因此,小学教室的轴线尺寸往往不应小于 $8.4m×6m$。由于中学生的课桌尺寸都比较大,教室的轴线尺寸往往不宜小于 $9m×6.3m$。上述尺寸的教室,每班可以容纳学生 54 个左右。教室的层高:小学可以为 $3.0～3.3m$,中学则为 $3.3～3.6m$。音乐教室的大小也要和普通的教室相同。教室座位的布置如图 4-8 所示。

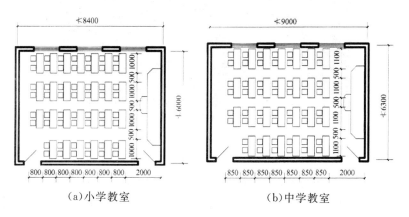

(a)小学教室　　　　　(b)中学教室

图 4-8　教室座位布置图

为了方便应急疏散,教室的前后应该各设一门,门宽应该大于 0.9m。窗的采光面积多是 1/4～1/6 地板面积。窗下部应该设一个固定窗扇或者中悬窗扇,并且需要用磨砂玻璃,以免室外的活动分散学生们上课时的注意力。走廊一侧的墙面上也应该开设高窗以便于通风。北方的寒冷地区外墙采光窗上也可以开设小气窗,以方面换气,小气窗面积是地板面积的 1/50 左右。

教室的黑板通常长为 3～4m,高是 1～1.1 m,下边距讲台 0.8～1.0m。简易黑板主要是用水泥砂浆抹成的,表面刷黑板漆。为了避免黑板的反光,可以使用磨砂玻璃制成的黑板。讲台高为 0.2m,宽 0.5～1.0m,讲台长应该要比黑板的每边长 0.2～0.3m。黑板的构造如图 4-9 所示。

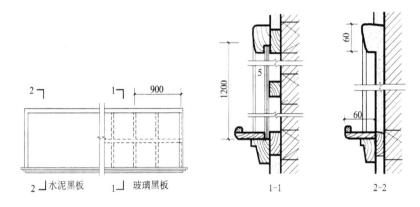

图 4-9　黑板的构造

2.实验室

中学的物理、化学、生物课都需要在实验室中进行实验教学,规模小一些的学校也可以把化学、生物合并成生化实验室。小学则有自然教室,实验室的面积通常是 70～90m²,实验准备室多为 30～50m²。为了简化设计与施工,实验室以及准备室的进深要和教室保持一致。

实验室与准备室内需设置实验台、准备桌及一些仪器药品柜等。通常设备的形式、尺寸以及实验室、准备室的布置如图 4-10、图 4-11 所示。

3.厕所

厕所所需要的面积不等,一般男厕所可以根据每大便池 4m²,女厕所每大便池 3m² 计算。卫生器具的数量可以参考表 4-5 进行确定。

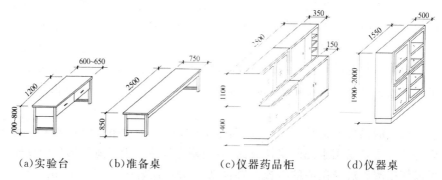

（a）实验台　　　（b）准备桌　　　（c）仪器药品柜　　　（d）仪器桌

图 4-10　实验室设备

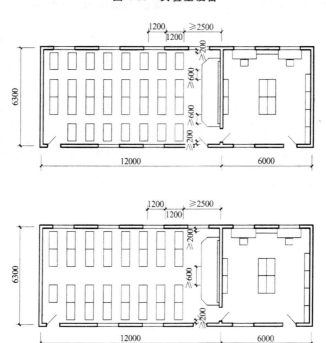

图 4-11　实验室、准备室规划

表 4-5　中学生厕所卫生器具数量

项　目	男　厕	女　厕	附　注
大便池的数量	每 40 人一个	每 25 人一个	或每 20 人 0.5 m 长小便池，或每 80 人 0.7m 长洗手槽
小便斗的数量	每 20 人一个	—	
洗手盆	每 90 人一个	每 90 人一个	
污水池	每间一个	每间一个	

男女学生的人数可以根据 1：1 的比例加以考虑。男女生厕所中可以增加一间教师用厕所，也可以把教师用的厕所与行政人员用的厕所合在一起设置。

学生厕所的布置和使用的人数存在一定的关系。每层的人数不多时，可以各设一间男女厕所，进行集中布置。每层的人数比较多时，可以把男女厕所分别布置于教学楼的两端，在垂直方向上把男女厕所进行交错布置，以方便使用。

大便池主要分为蹲式、坐式两种。小学生与女生在使用大便池时可以考虑蹲式、坐式各半。小学厕所中大便池的隔断中不设门。小学生所用的卫生器具，在间距与高度上的尺度可以比普通的尺度小约 100mm。学校的厕所设备以及布置示例如图 4-12 所示。

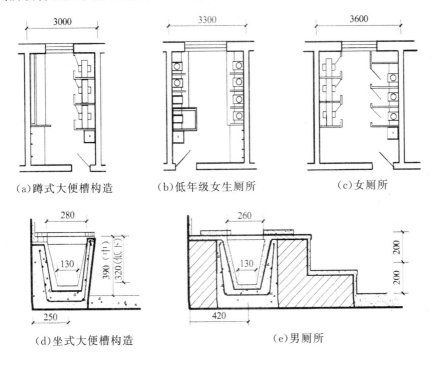

（a）蹲式大便槽构造　　（b）低年级女生厕所　　　　（c）女厕所

（d）坐式大便槽构造　　　　　（e）男厕所

图 4-12　厕所规划

4. 图书阅览室

阅览室的面积和学校的规模大小以及阅览的方式有很大关系：中等规模的学校通常按 50 个座位进行设计，每座的面积大小：中学是 1.4～1.5m²，小学为 0.8～1.0m²。阅览室的宽度尺寸应该和教室保持一致，如过房间太长，空间的比例失调也可能会分为两间使用，大间作为普通的阅览室,小间则可以作为报刊或者教师专用阅览室,阅览室的层高和教室一样。阅览室的规划如图 4-13 所示。

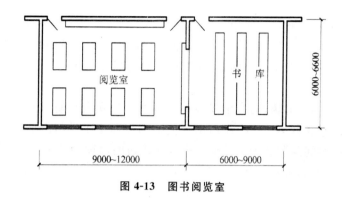

图 4-13　图书阅览室

(二)中小学小体育运动场规划

1.田径运动场

田径运动场根据场地的条件不同,跑道的周长可以设为 200m、250m、300m、350m、400m。小学应该有一个 200~300m 跑道的运动场,中学宜有一个 400m 跑道的标准运动场。运动场长轴宜南北向,弯道多为半圆式。

2.各类球场的规划

(1)足球场

足球场通常设在田径运动场内。大型足球场一般为长×宽是(90~120)m×(45~90)m,而小型的则是(50~80)m ×(35~60)m,如图 4-14 所示。

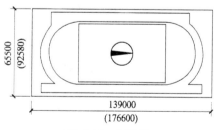

图 4-14　足球场

(2)篮球场

标准的篮球场地是 28~15 m,长度也可以增减 2m,宽度则可以相应地增减 1m。场地上空 7m 之内不应设置障碍物。球场的长轴按照南北方向进行布置(其他的球场也采用这种方向)。篮球场以及篮球架的尺寸如图4-15所示。

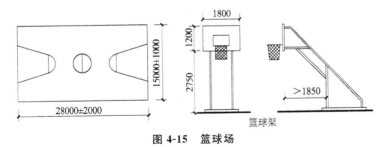

图 4-15 篮球场

(3)乒乓球场

球桌的尺寸是 2.740m×1.525m,场地通常是 12m×6m(国际标准则是 14m×7m)。乒乓球自比赛时仅限于室内进行,地面应该采用木地板,深暗色,没有反光。球桌和球网的尺寸如图 4-16 所示。

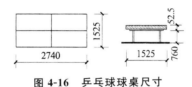

图 4-16 乒乓球球桌尺寸

中小学的球场设置种类与数量可以按照学校的具体情况进行确定。球场的周围也能够设置一些比较简易的看台,如图 4-17 所示。

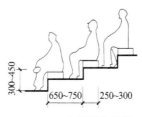

图 4-17 球场看台设置

(三)平面组合形式

学校建筑的平面组合主要是对教室、实验室、办公三部分进行的一个相对合理的布置(小学则不需要考虑实验室的规划)。教室是学校建筑的主体,教室的设置数量应该根据学制、班级数来确定。办公部分则包括行政、教学办公两个组成部分。办公室的开间进深通常都比较小。实验室的面积往往比教室稍大,而且要有准备室、仓库等一些辅助性的房间。教室、实验室、办公室的房间既可以根据外廊式进行排列,也可以根据内廊式进行排列。学校的平面形式可以是对称的或者不对称的(图 4-18)。

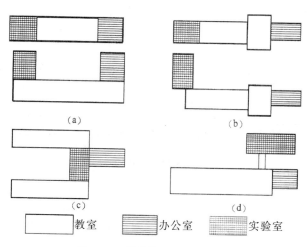

图 4-18　学校的平面规划形式

二、托幼建筑设计

(一)托儿所、幼儿园的类型

根据不同的年龄段,如婴幼儿的生理发育、生活特征进行分类,如表 4-6 所示。

表 4-6　托儿所、幼儿园的分类

类　别		特　　点		
按年龄分	托儿所	收托 3 周岁以下的乳、婴儿	哺乳班	初生—10 个月
			小班	11 个月—18 个月
			中班	19 个月—2 岁
			大班	2—3 岁以下
	幼儿园	收托 3—6 周岁的幼儿	小班	3—4 岁以下
			中班	4—5 岁以下
			大班	5—6 岁

根据管理方式的不同进行划分,如表 4-7 所示。

表 4-7　托儿所、幼儿园根据管理方式划分

按管理方式分	全日(日托)	幼儿白天在园(所)生活
	寄宿制(全托保育院)	幼儿昼夜均在园(所)生活
	混合制	以日托班为主,也收托部分全托班

(二)托儿所、幼儿园的基地选择及总平面规划设计

1.基地选择

4 个班以上的托儿所、幼儿园需要进行独立的建筑基地设计,通常都是位于居住小区的中心。

(1)托儿所、幼儿园的服务半径通常不能超过 500m,方便家长们接送孩子,避免了交通的干扰。

(2)日照条件比较充足、通风性良好、场地干燥、环境优美或者接近城市的绿化带,有利于利用这些有利的条件与设施开展儿童室外活动。

(3)应该远离污染源,并且还应该符合有关卫生防护标准的相关要求。

(4)应该准备比较充足的供水、供电以及排除雨水、污水的相关条件,力求做到管线短捷。

(5)能给建筑功能进行分区、出入口、室外游戏场地布置等提供一些必要的条件。

2.总平面设计

托儿所、幼儿园应该按照设计任务书的有关要求对建筑物、室外的游戏场地、绿化用地以及杂物院等做出总体的规划布置,做到功能分区合理、方便管理、朝向适宜、游戏场地日照充足,创造一个符合幼儿的生理、心理活动特点的环境空间。

(1)出入口规划

出入口的设置需要结合周围的道路以及儿童入园的人流方向,设于方便家长接送儿童的路线旁边。通常杂务院出入口和主要的出入口分级,小型托、幼机构则可以设在一个出入口处,但是一定要让儿童的路线与工作的路线分开。

主要的出入口则应该面临街道,而且位置十分明显并容易识别。次要的出入口应该布置的相对隐蔽些,不一定要面临主要的街道设置。

按照基地条件不同的情况,一般的出入口布置方式主要有:主、次出入

口并设;主、次出入口面临着同一街道进行分设;主次出入口面临两条街道进行布置。

（2）建筑物的布置

建筑朝向。应该保证儿童的生活用房可以获得一个比较好的日照条件:冬季时可以获得比较多的直射阳光,夏季的时候则要避免灼热的西晒。通常情况下,在我国的北方寒冷区,儿童的生活用房应该避免朝北设置;南方炎热的地带需要尽可能朝南,以方便通风。

卫生间距。需要考虑日照、防火等有关的因素,必要时还需要考虑通风的有关因素。

建筑的层数。幼儿园的建筑层数通常不能多于 3 层,托儿所则不应该多于 2 层。比较方便解决幼儿的室外活动,使孩子能够充分享受到大自然的阳光、空气,以利于幼儿体质的增强。

（3）室外活动场地

必须设置各班专用的室外游戏场地。每班的游戏场地面积不应小于 60m²,各游戏场地之间宜采取分隔措施。

全园共用的室外游戏场地,其设计的面积应该大于下列公式计算值:室外共用的游戏场地面积（m²）＝180＋20（N－1）,其中 180、20 都是常数,N 是班数（乳儿班不计算在内）。托儿所、幼儿园在进行合建时,其面积则需要合并进行计算。场内除了设计普通的游戏器具之外,还应该布置 30m 的跑道、沙坑、洗手池与贮水深度不超过 0.3m 的戏水池等,如图 4-19 所示。

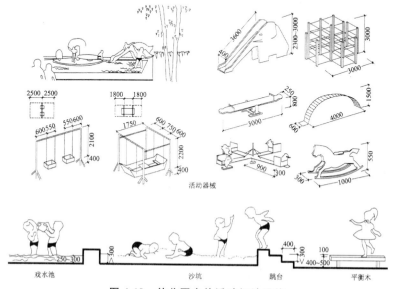

图 4-19　幼儿园室外活动场地设施

（三）托儿所、幼儿园建筑的平面组合设计

幼儿园应能满足儿童正常的生活要求,各种用房的功能关系如图 4-20 所示。根据功能分区的不同,幼儿园能够分成两个大的部分:儿童活动区与办公后勤区。儿童活动区同样也包括了儿童的活动单元、公共室外活动的场地、公共音体教室;办公后勤区则主要包括了行政办公室、值班室、厨房、洗衣房、杂物院等。幼儿园的人流路线应该保证有两条,使幼儿出入园的路线与杂物或者垃圾的路线是分开的。

其基本的要求主要是:(1)各种类型的房间功能关系应该做到合理。(2)应该注意朝向、采光以及通风,以便于创造一个相对较好的室内环境条件。(3)注意对儿童进行安全防护与卫生保健。在平面组合过程中,也需要防止儿童擅自外出活动,防止他们走近洗衣房、厨房等。(4)要具有比较鲜明的儿童建筑性格特点。通过各个建筑之间的空间组合、形式处理、色彩的运用等手法的处理,让建筑的室内外空间形象变得十分活泼、简洁明快。

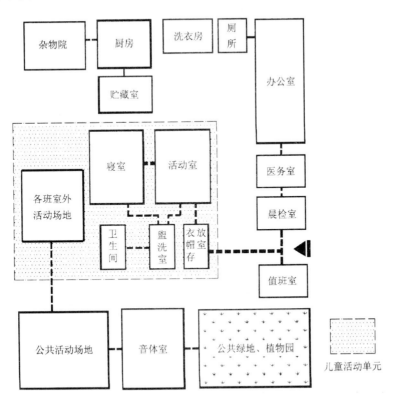

图 4-20 托儿所、幼儿园平面空间组合

（四）儿童房间规划设计

1.幼儿园生活用房

（1）活动室设计

活动室主要是供幼儿进行室内游戏、进餐、上课等一些日常生活的场所，最好是朝南，以便于能够保证良好的日照、采光与通风条件。地面的材料应该采用一些暖性、弹性的地面，墙面则应该在所有的转角处做圆角，有采暖设备的地方应该加设扶栏，做好充分的防护措施。

（2）寝室设计

寝室是专门供幼儿进行休息睡眠的场所，托儿小班往往不另外设立寝室。

寝室应该布置在朝向比较好的位置，温暖地区与炎热地区都需要避免西晒或者设立遮阳设施，并且要和卫生间相邻近。幼儿床的设计需要适应儿童的尺度，制作也应该使用一些比较坚固省料、安全、清洁的材料。床的设计不仅要方便保教人员的巡视照顾，同时也应该使每个床位有一长边靠近走道，靠窗与靠外墙的床也应该留出一定的距离。其平面的形式如图4-21所示。

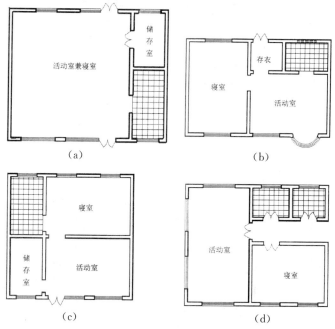

(a)活动室、寝室和厕所并排南北朝向；(b)活动室和寝室并排；

(c)活动室朝南寝室朝北；(d)由内走廊连接单元各部分

图4-21　儿童活动单元的平面

（3）卫生间

托幼建筑中的卫生间，一定要设置为每班一个，它同时也是幼儿活动单元之中一个不可缺少的组成部分。卫生间主要包括了盥洗、浴室、更衣、厕所等多个部分。

卫生间应该紧邻活动室与寝室，厕所与盥洗应该分间或者分隔，并且也应该有直接的自然通风。每班卫生间的卫生设备数量不应少于规范规定。卫生间的地面要做到易清洗、不渗水、防滑，卫生洁具的尺度也应该适合幼儿的使用。

（4）音体活动室

音体活动室是幼儿在室内进行音乐、体育、游戏、节目娱乐等一系列活动的场所。它主要是供全园的幼儿公用的房间，不应该包括在儿童活动单元之内。这种活动室的布置应该邻近生活用房，不应该与服务、供应用房等混合在一起。可以进行单独的设置，此时则宜用连廊和主体建筑进行连通，也能够与大厅结合在一起，或和某班的活动室结合起来使用。音体室地面应该设置暖、弹性等材料，墙面则应该设置软弹性护墙以防止幼儿发生碰撞。

2. 托儿所生活用房

托儿所可以分成乳儿班与托儿班。乳儿班的房间设置与最小的使用面积应该根据有关的规定设计。托儿班的生活用房面积以及有关规定和幼儿园是相同的。乳儿班与托儿班的生活用房都应该设计成每班独立使用的单元。乳儿班则不需要活动室，它主要可以分为乳儿室、喂奶间、盥洗配奶以及观察室等场所。

3. 供应用房

供应用房主要包括幼儿厨房、消毒室、烧水间、洗衣房以及库房等。厨房应该处在建筑群的下风向，以免排出的油烟影响到活动室与卧室。厨房门也不应该直接开向儿童公共活动的部分。如果托儿所、幼儿园是楼房时，应该设置一些小型垂直提升的食梯。烘干室的附设也应设置在厨房旁边，要有相对较好的隔离。洗衣房可以和烘干室连接在一起。

第三节　医疗设施规划

一、村镇医院的分类与规模

按照我国村镇的现实状况,医疗机构可以根据村镇人口的规模加以分类:中心集镇处可以设立中心卫生院;普通的集镇可以设立乡镇卫生院;而中心村则设立村卫生服务站。

中心卫生院主要是村镇三级医疗机制的加强机构。因为目前各县区域的管辖范围都比较大,自然村的居民点也分布相对较为零散,交通不是太便利,这样县级医院的负担以及解决全县医疗需求方面的实际能力,就会显得太过紧迫了。所以,在中心集镇原有的卫生院基础上,予以加强,变成集镇中心卫生院,以此来分担一些县级医院的职责,担当县级医院的助手。它的规模通常要比县医院的小一些,但是通常要比普通的卫生院大很多,往往放置 50~100 张病床,门诊基本上要保证接待 200~400 人次/日的工作量,如表 4-8 所示。

表 4-8　村镇各类医院规模

序　号	名　称	病床数(张)	门诊人次数(人次/日)
1	中心卫生院	50~100	200~400
2	卫生院	20~50	100~250
3	卫生站	1~2 张观察床	50 左右

卫生站主要属于村镇三级医疗机制的基层机构,它主要承担的是本村卫生的宣传、计划生育等多方面的工作,将医疗卫生的工作落实到基层。卫生站的规模不是很大,通常每天的门诊人数大概是 50 人左右,附带有设置 1~2 张观察床。村镇医院建设的用地指标和建筑面积指标可以参考表 4-9。

表 4-9　村镇医院用地面积与建筑面积指标参考

床位数(张)	用地面积(m²/床)	建筑面积(m²)
100	150~180	1800~2300
80	180~200	1400~1800

床位数(张)	用地面积(m²/床)	建筑面积(m²)
60	200~220	1000~1300
40	200~240	800~1000
20	280~300	400~600

二、建筑的组成与总平面布置

村镇医院建筑的组成通常能够分成四个组成部分:(1)医疗部分。主要包括了门诊部、辅助医疗部、住院部等多个组成部分;(2)总务供应部分。主要包括营养厨房、洗衣房、中草药制剂室等其他组成部分;(3)行政管理用房。主要包括了各种办公室等;(4)职工生活部分。在一些规模比较大的医院中应该设职工生活区。

(一)总平面布局形式

1. 分散布局

分散布局医疗与服务性用房,基本上都采用的是分幢建造的方式,其主要的优点是功能分区十分合理、医院的各个建筑物隔离的比较好、有利于组织朝向与通风、方便结合地形与分期建造。其主要的缺点则是交通路线比较长,各部分之间的联系不方便,增加了医护人员的往返路程;布置相对松散,占地面积也比较大,管线较长。

2. 集中式布局

这种布局往往是将医院各部分用房安排于一幢建筑物之中,其优点主要是保证了内部的联系方便、设备集中、便于管理,有利于进行综合治理、占地面积比较少,极大地节约了投资;其缺点则是各部之间相互干扰,但是在村镇卫生院中仍然被大量采用。

(二)医院建筑主要部分的规划要点

1. 门诊部的规划要点

(1)门诊部的组成
村镇卫生院的门诊部科室,其情况与房间的组成如下。

①诊室。主要包括了内科、外科、儿科、中医科等。

②辅助治疗。主要包括了注射科、换药科、药房、手术室等。

③公共部分。主要包括了挂号室、收费室、候诊室以及门厅等。

④行政办公室和生活辅助用房等。

各科室的面积确定可以参考表4-10。

表 4-10　村镇医院的门诊部科室面积参考（m²）

房　间　名　称		病　床　数　（张）				
门厅及候诊		70	60	50	35	28
挂号收费		20	13	13	8	
诊室分科与房间数量	内科	26	13	13	13	13
	外科	13	13	13	13	13
	中医科	26	26	26	13	13
	妇产科	26	21	13	13	13
	儿科	13	13	13		
	五官科	13	13	13	13	
	计划生育科	13	13	13	13	13
	房间数	10	9	8	6	5
	使用面积小计	130	111	104	78	65
注射室		13	13	13	13	13
急诊室		13	13			
换药处		13	13			
使用面积总计		259	223	193	147	106

(2)门诊部设计的要求

①门诊部的建筑层数大多都是1～2层，如果是两层时，应该把患者就诊不方便的科室或者就诊人次比较多的科室布置在底层。如外科、儿科、急诊室等。

②合理地组织各个科室之间的交通路线，防止出现拥挤。在一些规模相对比较大的中心卫生院中，因为门诊量比较大，有必要把门诊入口和住院的入口进行分开设置。

③要保证足够的候诊面积。候诊室和各个科室以及辅助治疗室之间需要保持密切的联系，路线也要最大限度的缩短。

（3）诊室的设计要点

诊室是门诊部的一个重要组成部分,其设计是否合理,可以直接影响到门诊部的使用功能及其经济效益。诊室的形状、面积以及诊室的家具布置、医生的诊察活动等都有着直接的关系。

当前,村镇卫生院的诊室通常采用的轴线尺寸是:开间是 3.0m,3.3m,3.6m,3.9m;进深为 3.0m,3.6m,4.2m,4.5m,4.8m;层高是 3.0m,3.3m,3.6m。如图 4-22 所示,是几种比较典型的诊室平面布置图。

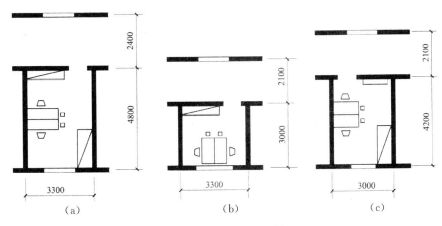

图 4-22　诊室平面规划

2.住院部设计要点

（1）住院部的组成

住院部主要是由院处、病房、卫生室以及护士办公室等多个部分组成。病房是住院部中的一个最主要的部分。

（2）病房的设计要点

病房应该具备良好的朝向、充足的阳光、良好的通风与比较好的隔音效果。

病房设计的大小和尺寸,都和每一间病房的床位数多少存在紧密的关系。目前村镇医院的病房大多都是采用四人一间以及六人一间的设计方式。随着经济的发展以及社会条件的进一步改善,可以多采用三人一间甚至是两人一间的病房加以布置。除此之外,为了进一步提高治病的效果以及不让患者之间相互干扰,对一些垂危的患者、特护患者则应该另设单人病房。

病房的床位数以及日常比较常用的开间、进深尺寸可以参考表 4-11。

表 4-11　病房尺寸参考表

病房规模	上限尺寸(m)	下限尺寸(m)
三人病房	3.3×6.0	3.3×5.1
六人病房	6.0×6.0	6.0×5.1

（3）病房床位布局

患者的床位布局最好是摆放在平行于外墙的地方。这对于患者而言，既能够避免太阳光的直射，同时也能够观望室外的景观，舒展患者的心情。如果床位是垂直于外墙进行布局，当阳光直射时，很可能会给患者带来不适。因此，比较科学的一种床位摆法就是要让床位平行于外墙，如图 4-23 所示就是几种不同的病房床位的摆放方式。

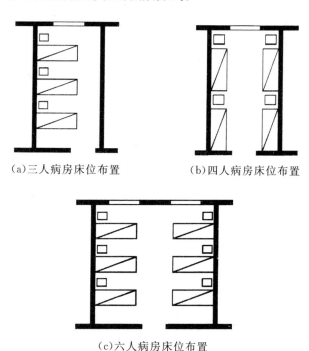

（a）三人病房床位布置　　　　（b）四人病房床位布置

（c）六人病房床位布置

图 4-23　几种病房床位摆放方式

卫生院的建筑平面形式，如果是以走廊和房间之间的相对位置来划分，有内廊式和外廊式平面；如果是以建筑的平面形式来划分，则可以分为一字形、L 形、工字形等多种平面类型。如图 4-24 所示是村镇中心卫生院的设计参考方案。

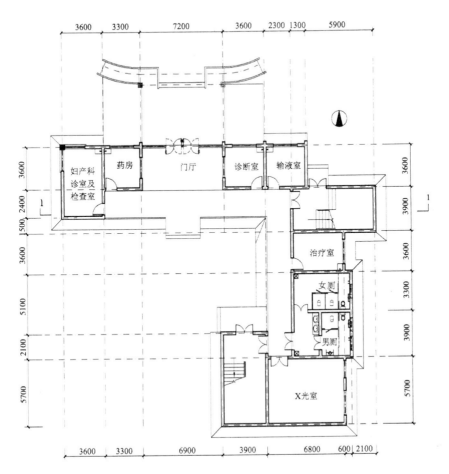

图 4-24 村镇中心卫生院设计参考方案

第四节 商业设施规划

一、村镇商业设施的基本类型

村镇商业建筑大体上能够分成以下三种类型。

(一)村镇供销社建筑

村镇供销社主要的功能是向农民销售商品,再从农村收购农民向国家交纳的农副产品,因此,它属于供销、收购的综合形式。供销社的组成主要是供生活、生产使用的商品与农副产品仓库,包括各种类型的门市部、行政办公室、职工生活用房以及车库、货场等。

供销社的门市部按照商品的品种不同能够分成以下几种形式:针织百货部、食杂果品部、五金交电部、文化用品部、生活煤炭部、肉食水产部等。农副产品的收购部有的可以设在相关的部门中,但是如果条件允许的话,也可以单独设立收购站(图4-25)。

图 4-25　瓦房供销社

(二)集贸市场建筑

集贸市场是近年来迅速发展起来的一种市场交易形式。它通常属于个体性质,根据商品的品种不同大体上可以分成两大类:其一为农贸市场,农贸市场中的商品大都是农民的自产品,如蔬菜、水产、肉食、蛋禽等;其二则是小商品市场,小商品市场中除了有一些是从城市中购销的商品外,如服装、鞋帽等,还有很大一部分都是地方的民间工艺品。集贸市场同时还是对村镇供销社一种有效的补充,由于它十分灵活、方便、营业时间比较长,所以深受居民们的欢迎,所以也具有十分广阔的发展前景(图4-26)。

图 4-26　集贸市场

（三）小型超市建筑

在乡镇或者一些连村的地段、要道口，常常会有一些小型的超市开设。超市的货物通常比较齐全，主要包括家居的日常用品、烟酒副食等（图4-27）。

图 4-27　农家小型超市

二、小商场设计

商场一般由入口、广场、营业厅、库房及行政办公用房等组成，其功能关系如图 4-28 所示。

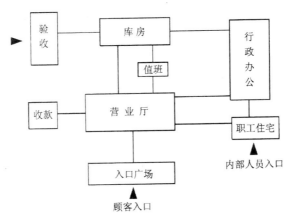

图 4-28　小商场功能关系图

（一）营业厅设计

营业厅为商场的主要使用空间，在进行设计的时候，需要对各种设施进行合理的安排，并且还应该处理好空间的分布，创造出一种比较好的商业环境。对于销售量比较大、挑选性比较弱的商品而言，如食品、日用小百货等等，应该分别布置于营业厅的底层并且靠近入口，以方便顾客们进行购买；

对挑选性比较强与贵重的商品应该设在人流量比较少的地方。体积大而且比较重的商品则应该布置于底层。对有连带营业习惯的一些商品应该进行相邻设置。营业厅和库房之间,也应该尽可能地缩短距离,以便于管理。营业厅的交通流线要设计合理,避免人流出现拥挤,特别是顾客的流线不要和商品的运输流线产生交叉。如果营业厅和其他的用房如宿舍合建在一幢建筑中,则营业厅和其他的用房之间需要采取一定的措施分割开来,以便于保证营业厅的安全。小商店通常不设置室内厕所,营业厅的地面装饰材料往往要选用一些耐磨、不易起尘、防滑、防潮以及装饰性比较强的材料。营业厅也应有比较好的采光与通风。

营业厅不应该太过狭长,以避免营业高峰期间中段滞留太多的顾客。营业厅的开间通常采用3.6~4.2m。如果楼上设了办公室或者宿舍,底层的营业厅中则应该设立柱子,此时柱子的柱网尺寸不仅应该符合结构受力的有关要求,而且还应该要有利于营业厅中柜台的摆放,营业厅的层高通常都在3.6~4.2m。

营业厅中柜台的布局是一个十分关键的环节。营业员在柜台中的活动宽度,通常都不应该小于2m,其中,柜台的宽度应该是600mm,而营业员的走道则应该为800mm,货架或者货柜的宽度应该是600mm;顾客活动的宽度通常都应该大于3m,这两个参数是进行营业厅柜台布局的基本数据。柜台的布局通常都有下列几种情况。

(1)单面布局柜台。柜台往往是靠一侧的外墙,另外一侧则是顾客的活动范围,如图4-29所示。

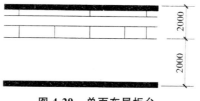

图4-29 单面布局柜台

(2)双面布局柜台。柜台靠两侧的外墙进行布局,顾客的走道位于中间。这种布局的方式应该考虑好采光窗和货柜之间的相互关系,如图4-30所示。

(3)中间或者岛式布局柜台。柜台的布置往往位于中间,可以很好地利用室内的空间以及自然光线,柜台的布局也比较灵活,十分适合当前的村镇,如图4-31所示。

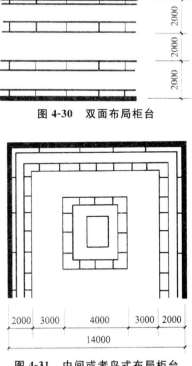

图 4-30　双面布局柜台

图 4-31　中间或者岛式布局柜台

（二）橱窗的设计要点

橱窗是一种商业建筑的特有标志,它主要是供陈列商品所用的,数量应做到适当。橱窗的大小,需要依据商店的性质、规模、位置以及建筑的构造等多种情况确定。因为安全的需要,橱窗的玻璃不应该做得过大。橱窗的朝向主要是以南、东为宜,为了避免西晒与眩光,可以适当地考虑遮阳的有关措施,以避免让陈列品受到损伤。橱窗内墙应该密闭,不开窗,只设一扇小门进入橱窗内。小门的尺寸可以采用 700mm×1800mm,小门最好应设于橱窗端侧。

橱窗通常有以下几种剖面类型。

（1）外凸式橱窗。也就是橱窗的内墙和主体建筑的外纵墙重合。其主要优点是橱窗不占有室内的面积,但是其结构十分复杂,而且橱窗的顶部应该设有防水处理,如图 4-32 所示。

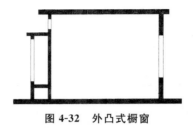

图 4-32 外凸式橱窗

（2）内凹式橱窗。主要是指橱窗完全设在室内。其主要的优点就是做法十分简单，但是占据了室内有效的面积，如图 4-33 所示。

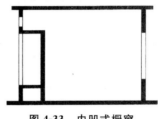

图 4-33 内凹式橱窗

（3）半凸半凹窗式橱窗。主要是指橱窗设在主体建筑外墙中，而且向室内外凸出，这也是村镇商业建筑中采用较多的一种橱窗设计类型，如图 4-34 所示。

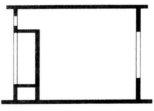

图 4-34 半凸半凹窗式橱窗

（三）库房的设计

库房的面积大小通常应该根据所经营的商品种类加以确定，库房和营业厅之间保持了十分密切的联系，以便于能够随时补充商品。库房的大门也需要进行合理的设置，避免出现交通面积过大的现象，同时应该提高库房的面积使用率以及空间利用率。库房同时要做好防潮、隔热、防火、防虫、防鼠等安全措施。库房和营业厅之间的相对位置，往往有如下布置方式。

（1）分散式布置。这种布置在使用过程中十分方便，可以随时对商品进行补充，但是库房不可以进行相互调节，如图 4-35 所示。

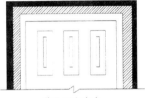

图 4-35 分散式布置

（2）集中式布置。这种布置方式的管理过程十分方便，各种类型的商品存放位置可以进行相互调节，而且货运和人流之间完全不交叉，如图 4-36 所示。

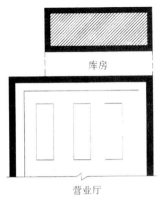

图 4-36 集中式布置

（3）混合式布置。这种布置方式的显著特点是，可以分散存放的商品就进行分散存放，而不能分散存放的商品则主要进行集中存放，如图 4-37 所示。

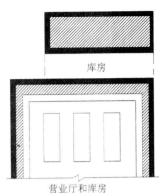

图 4-37 混合式布置

三、农贸市场设计要点

(一)集贸市场的组成

集贸市场主要包括了农贸市场和小商品市场两大类型。

农贸市场通常是由下列几个部分所组成的。

(1)摊位。主要包括了各类摊位,如肉类、蛋类、蔬菜类、水产类等,是农贸市场的主要组成部分。

(2)市场管理办公室。

(3)入口广场。主要包括自行车、板车以及其他交通工具停放地。

(4)垃圾处理站。

各部分功能之间的关系如图 4-38 所示。

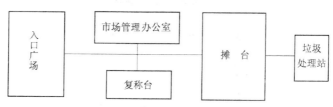

图 4-38 农贸市场功能关系图

(二)农贸市场布局的基本要求

1. 规模与摊位

农贸市场的规模通常都需要根据村镇的人口而定,根据其占地的面积大小,往往可以分为 1500～3000m² 。

摊位设计通常是农贸市场设计的关键所在,在设计时,需要很好地安排内部的货流和人流的路线,利用摊台的布置作为人流的导向,人流的路线应该做到便捷、畅通,通道则需要有足够的宽度,应该满足携带物品的人流边走边看的需要,并且为顾客停下挑选货物留下充足的空间,通常情况下可以按照 3000mm 进行设计。如果需要修建棚架时,高度则应该大于 4000mm。摊位的布置方式一般如下所述。

(1)两边布置摊位,中间布置通道,如图 4-39 所示。

(2)中间布置摊位,两边布置通道,如图 4-40 所示。

图 4-39　两边布置摊位　　　　　图 4-40　中间布置摊位

对于成片状布置的农贸市场而言,其摊位的布置方式,主要采用的是上述两种方式进行组合的,而对于摊位的长度来说,通常都是每隔 10m 设置一个横向的通道,以便于顾客对商品的挑选。

对于不同的农副产品来说,主要应该做的是分类布置摊位,如对于蛋禽类,宜将禽类布置在尽端或者人流量相对较少的地方;对于水产类而言,为了防止废水的影响,应该把水产类布置于两边或者尽端,并做好给水和排水设计。

2.环境设计

在采光通风方面,对建造有棚架或者建筑的农贸市场,则需要利用侧窗、高侧窗以及天窗进行采光和通风。同时,还应该要处理好它和周边道路、顾客的流向、附近建筑之间的关系。

3.垃圾站

农贸市场每天都有大量的废物垃圾排出,所以,在农贸市场的附近需要设置一个垃圾站或者垃圾场,其位置应该在摊台的下风向,并且要设置独立的出入口。

四、小型超市建筑

村镇小型超市通常都是以出售食品与小百货为主的,它属于一种综合性的自选形式的商店。

小型超市的商品布置与陈列应该充分考虑顾客可以均等地环视所有的商品。营业厅的入口也应该设在客流量较大的一侧,通常入口都相对较宽,而出口则相应设计的窄一些。根据出入口的设置情况来看,设计顾客的流动方向,主要是以保持通道的畅通为佳。图 4-41 所示的是小型超市平面设计。

营业厅中的食品和非食品的布局,往往都是在入口附近布置一些生活的必需品、视频,以吸引顾客购买;而如果是一个非食品为主的小型超市,顺序则恰好相反,应该重点突出主要的商品。

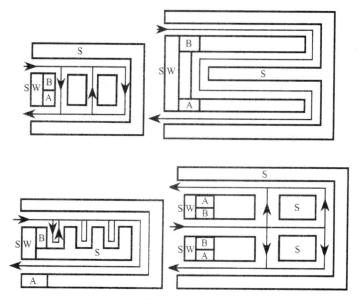

S—开架柜台;SW—存包架;B—存包、租篮、租车;A—收款台

图 4-41　小型超市平面布局

小型超市的出入口一定要分开,通道的宽度通常都应该大于 1.5m,出入口的服务范围通常都在 500m² 以内。在一些有条件的营业厅出口位置设立自动收银机,每小时 500~600 人设一台。在入口处也应该放置篮筐以及小推车供顾客使用,其数量通常是为入店顾客数的 1/10~3/10。

第五节　文化娱乐设施规划

一、村镇娱乐设施的规划特点

村镇文化娱乐设施是党和政府向广大农民群众进行宣传教育、普及科技知识、开展综合性文化娱乐活动的主要场所,也是两个文明建设的重要部分。文化娱乐设施的设计通常都有下列几个基本特征。

首先,知识性与娱乐性。村镇文化娱乐设施主要是向村镇居民们进行普及知识、组织文化娱乐活动以及推广实用技术的重要场所,如文化站、图书馆、影剧院等。文化站组织学习和学校不同,不像学校如此正规,而更多的是采用一种比较灵活、自由的学习方式。从它的娱乐性方面来看,文化站主要设有多种文体活动,可以最大限度地满足不同年龄、不同层次、不同爱好者的学习需求,例如,棋室、舞厅、阅览室、表演厅等。

其次,艺术性和地方性。文化站的建筑不但要求建筑的功能布局要十分合理,而且要求造型比较活泼新颖、立面的处理美观大方,具有鲜明的地方性特色。

最后,综合性和社会性。文化站举办的活动丰富多彩,并且是向全社会开放的。村镇文化娱乐设施的组成和功能关系如图 4-42 所示。

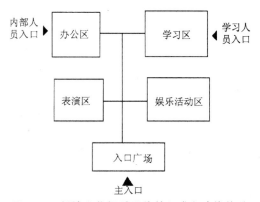

图 4-42 村镇文化娱乐设施的组成和功能关系

二、表演用房设计要点

影剧院主要是对电影院、剧院的统称,属于表演用房,这里主要是论述它的组成以及设计的基本要点。

(一)影剧院的组成及规模

影剧院建筑的主要组成,按照其不同的使用功能可以划分成下列几个部分。

(1)观众用房。主要包括有观众厅、休息厅或者休息廊等。

(2)舞台部分。主要包括了舞台、侧台以及化妆室等。

(3)放映部分。主要包括了放映室、倒片室、配电室等。

(4)管理部分。主要包括了管理办公室以及宣传栏等。

附设于文化站中的影剧院,其规模通常都不会太大,按照观众厅所能容纳观众的多少,其规模主要能够划分成 500 座、600 座、800 座、1000 座等多个档次。

(二)观众厅的设计

1.观众厅设计的基本要求

观众厅不但要满足普通的放映电影和小型文艺演出的有关需要,同时还应该让观众能够看得到听得清,具体的要求主要有以下几种。

(1)视觉设计的有关要求。要让观众厅中的每一位观众都可以看得到,观众厅就一定要设计有一定的地面坡度,而且让座位的排列需要符合一定的技术需要。

(2)音质的设计要求。音质的好坏主要取决于观众厅的平面形式、容积以及大厅的装饰材料的声学性能。

(3)安全疏散要求。观众厅要具有一定数量的出入口,以此来保证在正常使用过程中以及发生意外事故发生时,观众可以畅通无阻、迅速、安全撤离。

(4)通风换气要求。为了能够保证大厅中的空气新鲜,一定要设置通风换气的相关装置。

(5)电气的照明要求。特别是舞台的电器照明,一定要符合艺术效果。

2.观众厅的设计及平面形状

村镇影剧院的观众厅通常都是单层的,标准十分低、造价极为低廉、受力相对比较合理、构造十分简单、施工比较方便。

观众厅的大小可以根据平均每座 $0.6 \sim 0.7 \ m^2$ 进行计算,体积可以按照平均每座 $3.5 \sim 5 m^2$ 进行计算,观众厅的平面宽度和长度之比应该在 $1 : 1.5 \sim 1 : 1.8$。

观众厅的平面形状一般分为矩形平面、梯形平面以及钟形平面等,如图4-43 所示。村镇中采用比较多的就是矩形平面,这种平面的形式体形十分简单、施工比较方便、声音分布相对均匀,适合在中小型影剧院中使用。

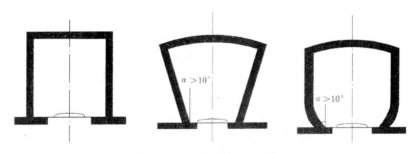

图 4-43 观众厅的平面形状

3.观众厅的剖面形式

村镇影剧院的观众厅通常都不会设挑台楼座,因此吊顶棚不应该过高,以免造成浪费。严格地控制住每座位的建筑体积指标,以免出现混响时间过长而造成声音的不清晰。村镇影剧院的观众厅顶棚通常在 3.5~8m 十分合适。吊顶剖面可以按照声线的反射原理,做成折线形式或者曲线形式。同时,为了进一步加强观众厅的声响效果,常常在台口附近做成一种反射斜面的吊顶,如图 4-44 所示。

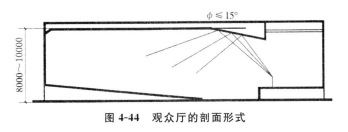

图 4-44 观众厅的剖面形式

4.舞台的设计

通常情况下,我们比较常用的舞台形式都为箱形,由基本台、侧台、台唇、舞台上空设备以及台仓等部分组成。舞台的主要尺寸如下所述。

(1)台口的高宽比可以采用 1:1.5,高度则可以采用 5~8m,宽度也可以采用 8~12m。

(2)台深通常是台口宽度的 1.5 倍,可以采用 8~12m。

(3)台宽通常都是台口宽度的 2 倍,可以采用 10~16m。

(4)台唇的宽度也可以采用 1~2m。

舞台通常都具有双侧台和单侧台的区分,如图 4-45、图 4-46 所示。

图 4-45 双侧台   图 4-46 单侧台

5.观众厅的疏散和出入口

依据防火规范的有关要求,村镇影剧院的安全出入口数目应该多于两个。当观众厅的容纳人数低于 2000 人时,每一个安全出口的平均疏散人数则不应超过 250 人。观众厅疏散通道的宽度,应该按照共通过人数每 100 人不小于 0.6m 进行计算,但是最小的宽度则应大于 1m,在布局疏散的走道时,横向的走道之间座位的排数不应该超过 20 排。纵向的走道之间座位数则每排不应该超过 18 个。还应要求横向走道正对疏散的出口,如图 4-47 所示。

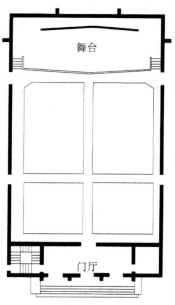

图 4-47 观众厅的疏散和出入口

观众厅的入场门、太平门都不应该设置门槛,门净宽要大于 1.4m,紧靠门口的地方则不应设踏步,太平门一定是朝外开启的,并且还要设置自动门闩。

6.观众厅的音质设计

观众厅内部应该让每一位听众都可以听得见和听得清,并且还应该让声音保持原有的特色。观众厅的音质设计主要包括音响度、清晰度以及丰满度等多个方面的问题。声音的音响度可以用电声系统去保证每一位观众都可以听得到,但是声音的清晰度和丰满度则应该创造出最佳的混响时间来进行保证。

三、文化站平面布局形式

一般情况下,比较常见的文化站平面布局形式主要有两种。

集中式布置。也就是把表演用房、娱乐活动用房、学习用房等多种用房布置到一幢建筑中,如图 4-48 所示。这种布局功能十分紧凑,在北方则有利于节约常规的能源,空间也比较富于变化,建筑的造型丰富多变,但是相互之间则有一定的干扰性,特别是应该注意观众厅、舞厅等对其他用房产生的影响。

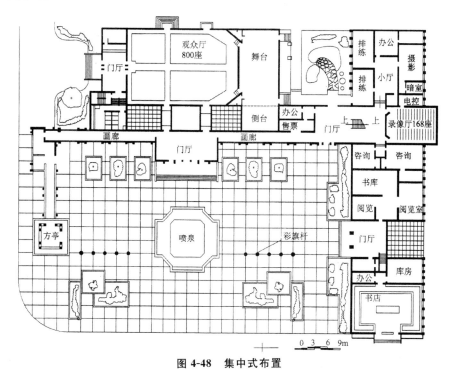

图 4-48　集中式布置

分散式布置。也就是把表演用房、舞厅等一些十分吵闹的部分单独进行设置,如图 4-49 所示。这种布局的方式可以尽量减少各部分之间的相互影响,可以根据经济情况进行分期建设,但是联系和管理十分不便。

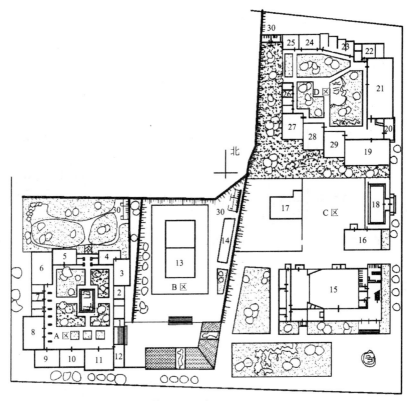

图 4-49 分散式布置

1—门卫；2—辅导；3—生物；4—标本；5—美术；6—歌咏；7—乐器；8—舞蹈；
9—展室；10—无线电；11—航模；12—库房；13—灯光球场（旱冰场）；14—管理用房；
15—电影院；16—库房；17—锅炉房；18—书店；19—电视、录像、讲座；20—门厅；
21—展览、排练、画室；22—摄影；23—画廊；24—服务；25—咨询；26—办公；
27—棋类；28—乒乓；29—电子游艺；30—厕所
A 区—学习区；B 区—球场；C 区—影视区；D 区—游戏区

第五章 生态化的新农村基础服务设施规划

生态化的新农村规划需要多方面的配合,它不仅要求给水排水设施、供电设施的完善,还要求充分利用太阳能、生物智能(沼气、秸秆造气)等可再生能源,从而保护生态环境,加强绿化和农村环境卫生建设。本章将对生态化的新农村基础服务设施规划展开论述。

第一节 给水排水设施规划

一、给水设施规划

(一)给水工程规划内容与范围

1.给水工程规划内容

对于小城镇集中式给水工程规划的内容主要体现在以下几个方面。

(1)对规划地区农村的用水量进行预测。

(2)要分析水资源与用水量供需是否平衡。

(3)对于水源的选择,应根据实际情况制定水资源保护要求及措施。

(4)水厂的位置、用地要结合实际情况而确定,并提出相关的给水系统布局框架。

(5)结合当地的实际情况设置给水管网和输水管道。

(6)农村居民整体用水量通常约等于生活用水量。

(7)要注意农业用水量的规划,如庄稼的灌溉、牲畜的用水、水产养殖和农场用水量等。

2.给水工程规划范围

对于小城镇给水工程规划范围与小城镇总体规划范围一致,如遇到水源地在所规划区的范围外时,水源地和输水管线要注意加入规划区给水工程规划范围内。

（二）农村给水类型与水系统组成

1.农村用水类型及用水量预测

不同规模的农村用水类型是有差别的，如对水量、水质和水压其要求各不相同，这里以村镇为例。各供村镇用水类型概括起来通常有以下几类。

（1）居民的日常生活用水及用水量预测

这类用水主要包含了居民的饮用水、做饭、洗衣、洗澡、如厕等日常生活用水。对于居民的生活用水对水质要求较高，要按照国家《生活饮用水卫生标准》（GB 5749—2006）来执行。需要注意的是，居民的日常生活用水水压要能满足普通用户的用水需求，如果水压太高了，则会造成费电，浪费资源；如果水压太低了，就满足不了普通用户的需求了。

预测时可以根据国家现行的相关标准《建筑气候区划标准》（GB 50178—93）的所在区域，按表 5-1 所示进行预算。

表 5-1　村镇居住建筑的生活用水量指标　（L／人·d）

建筑气候规划	镇区	村庄
Ⅲ、Ⅳ、Ⅴ	100～200	80～160
Ⅰ、Ⅱ	80～160	60～120
Ⅵ、Ⅶ	70～140	50～100

（2）公共建筑用水及用水量预测

公共建筑用水是指不同类型的公共建筑用水。

公共建筑用水量要按照《建筑给水排水设计规范》（GB 50015—2010）的相关规定实行，还可以依据生活用水量的 8％～25％ 进行估值，其中村庄为 5％～10％、集镇为 10％～15％、建制镇为 10％～25％；无学校的村庄通常不涉及此项。

（3）工业用水及用水量预测

这类用水主要是村镇工业生产用水，对于不同企业其要求的水质也不相同，对水中所含的矿物质及有机物杂质的允许值也是有很大差别的，应尽量满足。如果一些企业有特殊水质要求的，可以采用企业后处理的方法解决。

工业用水量要依据国民经济发展规划、工业类别和规模、生产工艺要求,结合相关资料分析确定。如遇缺乏相关用水资料时,可按表 5-2 预算。[①]

表 5-2 各类乡镇工业生产用水定额

工业类别	用水定额 m³/t	工业类别	用水定额
榨油	6～15	制砖	7～12 m³/万块
豆制品加工	5～15	屠宰	0.3～1.5m³/头
制糖	15～30	制革	0.3～1.5m³/张
罐头加工	10～40	制茶	0.2～0.5m³/担
酿酒	20～50		

(4)畜禽饲养用水及用水量预测

畜禽饲养用水主要是指村镇养鸡、鸭、鱼、猪等畜禽用水。畜禽饲养用水预测如表 5-3 所示。[②]

表 5-3 畜禽饲养用水定额 （L/头·d）

畜禽工业类别	用水定额	畜禽类别	用水定额
马、驴、骡	40～50	育肥猪	30～40
育成牛	50～60	鸡(只)	0.5～1.0
奶牛	70～120	羊(只)	5～10
母猪	60～90	鸭(只)	1.～2.0

(5)特殊情况用水及用水量预测

这类用水主要是指管网漏水量及未预见水量等。管网漏失水量和未预见水量之和,可依据每天最高的用水量 15%～25% 进行计算。通常情况下,村庄取相对较低的值,规模较大的镇区要取较高值。

---

① 工业用水量应根据以下要求确定:(1)工业用水量应根据企业类型、规模、生产工艺、用水现状、近期发展计划和当地的生产用水定额标准确定。(2)企业内部工作人员的生活用水量,应根据车间性质确定,无淋浴的可为20～35 L/人·班;有淋浴的可根据具体情况确定。淋浴用水定额可为 40～60 L/人·班。(3)对耗水量大、水质要求低或远离居民区的企业,是否将其列入供水范围应根据水源充沛程度、经济比较和水资源管理要求等确定。

② 集体或专业户饲养畜禽最高日用水量,应根据畜禽饲养方式、种类、数量、用水现状和近期发展计划确定。(1)放养畜禽时,应根据用水现状对按定额计算的用水量适当折减;(2)有独立水源的饲养场可不考虑此项。

（6）消防用水及用水量预测

这类用水主要是发生火灾时灭火时用的水，属于突发情况用水。其对水压、水量有一定的要求，设计时必须按照消防规范要求执行。消防用水量应按照《建筑设计防火规范》（GB 50016—2014）的有关规定执行，还可以依据生活用水量的 8％～25％计算。

2. 农村给水系统组成

农村给水系统的组成通常来说要比城市给水系统简单很多，它通常由三部分组成，即取水、净水、输配水，如图 5-1 所示。

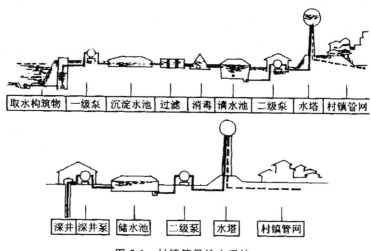

图 5-1　村镇简易给水系统

（1）取水工程

取水工程是指将需要用的水量从水源处摄取。通常由取水构筑物和取水泵房构成。

（2）净水工程

将从水源取来的水经过一些消毒和净化处理，使水质符合使用规定。通常由污水净化构筑物及消毒设备构成。

（3）输配水工程

将净化处理后的水按照规定的压力，通过管道系统输送到不同需求地。通常由清水栗房、输配水管道和调节构筑物构成。

给水工程的组成不是固定不变的，不同地区其设计时也应结合当地的实际情况进行组合和改进，以降低成本、节约资源为原则。如以地下水为水源，水质要符合《生活饮用水水质标准》的要求，则节省去水处理构筑物，只需加氯消毒或直接饮用,节约水处理费用;如以优质泉水为水源,可采用重力流供水,节省加压泵房和加压电费。

(三)供水水源要求

供水水源主要可分为地表水和地下水两种。地表水水源主要包括小溪和河流、池塘和湖泊、泉水、雨水等。地表水易污染,水质不能保证,而地下水的水质则较好,一年四季都能提供。因此,在农村地区,通常是先选择地下水作为水源。需要注意的是,给水水源必须设置卫生防护带,其范围和防护措施有较详细的规定。

1.地表水源卫生保护要求

(1)供水生产区要注意卫生,要注重绿化,周围最低 10m 的范围内,禁止有居民住宅生活区、农场、渗厕所、渗水坑;禁止设立垃圾厂、污水池、污水渠道等污染源。

(2)供水点要标明明确范围内标志和严禁事项的告示牌,且周围半径100m 的水域内禁止游泳、捕捞、停靠船只和从事任何可能污染水源的活动。

(3)对于河流供水点上游 1000m 范围内、下游 100m 范围内的水域,禁止排入工业废水和生活污水;其沿岸防护范围内禁止堆放垃圾等污染物、禁止设置有害化学物品的仓库、堆栈或装卸垃圾、粪便和有毒物品的码头;禁止使用工业废水或生活污水灌溉及施用有持久性毒性或剧毒的农药,禁止从事一切可能污染该段水域水质的活动。

2.地下水源卫生保护要求

(1)在单井或井群影响半径范围内,禁止使用工业废水或生活污水灌溉和施用有持久性毒性或剧毒的农药,禁止修建渗水厕所、渗水坑、堆放废渣或铺设污水渠道,禁止从事破坏深层土层的活动。如取水层在水井影响半径内不露出地面或取水层与地面水没有互相补充关系时,可根据具体情况设置较小的防护范围。

(2)在地下水水厂生产区范围内,应按地面水水厂生产区要求执行。

(四)取水构筑物及施工要点

1.地下水取水构筑物及施工要点

农村地下水取水构筑物以管井和大口井最为常见。管井主要由井壁管、过滤器、沉淀管、人工填砾、井口封闭组成,其结构如图 5-2 所示。

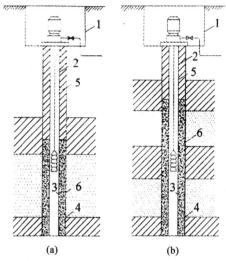

(a)单层过滤器管井;(b)双层过滤器管井

1.井室;2.井壁管;3.过滤器;4.沉淀管;5.黏土封闭;6.规格填砾

图 5-2　管井的一般构造

管井施工通常是运用专业的钻凿工具在地层中钻孔,然后安装滤水器和井管。在松散岩层、深度在 30m 以内的深井使用机械钻孔较多。

管井施工要点如下。

①泥浆护壁时泥浆面不能低于地面 0.5m,成井后必须尽快洗井,以免含水层被泥浆封死。

②清水水压护壁适用于结构稳定的黏性土及含水量不大的松散地层,且具有充足水源的凿井施工。

③如果井管本身的重量太重,下管时要相对应的采取措施来尽量减轻井管自身重量所形成的影响因素。

④回填砾石的颗粒大小通常为含水砂层颗粒有效直径的 8～10 倍。

⑤洗井必须在下管、填砾、封井后立即进行,否则将会形成孔壁泥皮固结,造成洗井困难。

大口井一般由井筒和进水结构组成,井深一般不大于 15 m,井径一般为 4～8m,其结构如图 5-3 所示。

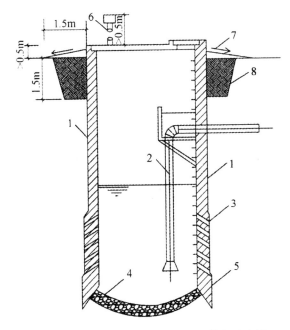

1. 井筒;2. 吸水管;3. 井壁透水孔;4. 井底反滤层;
5. 刃脚;6. 通风管;7. 排水坡;8. 黏土层

图 5-3 大口井的构造

大口井的施工方法主要有基坑开挖和沉井施工两种,井深较浅的可以采用基坑开挖,一般多采用沉井施工。

大口井施工要点如下。

①采用基坑开挖法施工的大口井,井筒下沉到位后要恢复井壁周围已破坏的透水地层。

②当井底超挖时应回填,并填至井底设计高程。井底进水的大口井,可采用与基底相同的砂砾料或与基底相邻的滤料回填;封底的大口井,宜采用粗砂、砾石或卵石等粗颗粒材料回填。

③大口井应设置相应的防止污染水质的措施:检查孔应采用密封的盖板,高出地面不得小于 0.5m;井口周围应设不透水的散水坡,其宽度一般为1.5 m;在渗透土壤中,散水坡下面还应填厚度不小于 1.5m 的黏土层。

④井筒下沉就位后应按设计要求整修井底,并经检验合格后方可进行下一工序。

⑤大口井周围散水下填黏土层时,黏土应呈松散状态,不得含有大于5cm 的硬土块,且不含有卵石、木块等杂物;不得使用冻土;要分层铺设并压实;黏土要与井壁贴紧,且不漏夯。

2.地表水取水构筑物及施工要点

(1)小溪和河流的取水口

小溪和河流的取水方式有：修建在河边附近的渗水井（图 5-4）；水泵直接吸水式取水口（图 5-5）；重力流取水口（图 5-6）。

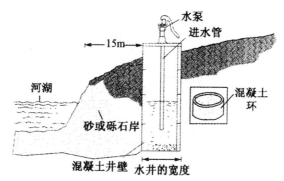

图 5-4 修建在河边附近的渗水井

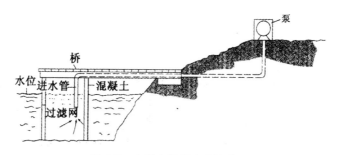

图 5-5 水泵直接吸水式取水口

①渗水井施工要点

1）在井边 $2m^2$ 大小的范围内铺上 5cm 厚的砾石，在砾石上面按砂和水泥 4：1 的比例抹上混凝土，确保表面光滑平整。

2）在井口应设置防护圈，防止井边塌陷。

3）每挖进 1m 须校正，防止偏差。

②水泵直接吸水式取水口施工要点

1）取水管应放置在直径为 1.5m，高度为 1m 的钢筋混凝土管内，钢筋混凝土管应沉入河床下 0.3～0.5m，确保其稳定在河床中。

2）取水管可以采用软塑料或镀锌钢管，最低点要高于河床 0.3m，以免大颗粒和沉淀物进入给水管内。

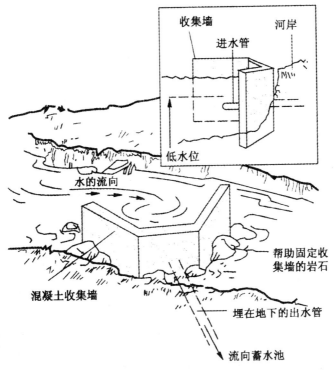

图 5-6　重力流取水口

③重力流取水口施工要点

1)浇筑混凝土收集墙时要捣实,防止混凝土内含有空隙或气泡。

2)混凝土硬化 7d 后方可拆除模具。

3)混凝土收集墙的外侧要堆放大块岩石,防止水流冲击混凝土收集墙。

(2)池塘和湖泊的取水口

池塘和湖泊的取水方式有浮动式取水口和固定式取水口。图 5-7 为固定式取水口。

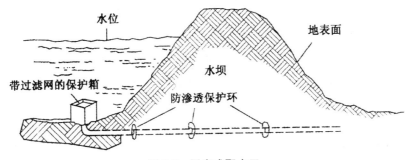

图 5-7　固定式取水口

固定式取水口施工要点：

①引水管应铺在坝下 0.45m 处。

②堤坝下的管线，每隔 7m 要设置 1 个防渗环。

③护箱的尺寸为 1m×1m×0.6m，壁厚 0.1m。

（3）泉水的取水构筑物

泉水的取水方式有泉水箱法、水平井法和渗水池法，常用的是泉水箱。图 5-8 所示为侧面开口泉水箱示意图。

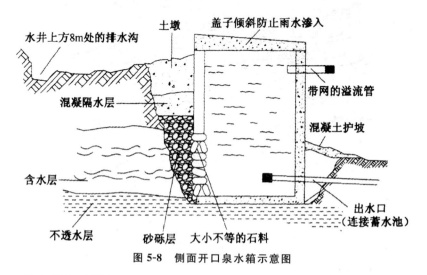

图 5-8　侧面开口泉水箱示意图

泉水箱施工要点：

①在泉水以上大约 8m 处挖掘引水渠，排走地面径流。

②使用混凝土对泉水箱与地面接触的地方进行密封，防止水从泉水箱底部渗出。

③泉水流入泉水箱前应采用砂砾过滤。

④在泉水箱上安装溢流管和出水管。

⑤泉水箱使用前应进行消毒。

（五）给水管网及管道施工要点

配水管网有环状网和树状网两种，环状网供水可靠性高。村庄可布置成树状网，规模较大的镇，有条件时，宜布置成环状或环、树结合的管网。

1. 管道材料

农村常用的给水管是塑料管。目前常用塑料管材包括聚乙烯管（PE）、聚丙烯管（PP-R、PP-B）、硬聚氯乙烯管（PVC-U）、丙烯酸共聚聚氯乙烯管

（AGR）等。在泵房内、洼地及穿越河流有时使用钢管。

2. 给水管道施工要点

（1）塑料管的安装要点

①塑料管的接口主要选用套筒式或承插式，它需要人力来进行布管，且需要在沟槽内进行连接；如果沟槽的深度＞3m 或管外径＞400m 的管道，建议用非金属绳索兜住管节下管，禁止对管节翻滚放入沟槽内；如果选用电熔、热熔接口时，需要注意在沟槽边上将管道分段连接后以弹性铺管法转入沟槽内；转入沟槽内时，管道表面禁止出现较为明显的划痕。

②管道连接时需要对一些配件进行清理，如连接部位、密封件、套筒等，套筒（带或套）连接、法兰连接、卡箍连接用的钢制套筒、法兰、卡箍、螺栓等金属制品需要依据现场土质并参照相关标准采取防腐措施。

③承插式柔性接口连接宜在当日温度较高时进行，插口端不宜插到承口底部。应留出不小于 10mm 的伸缩空隙，插入前应在插口端外壁做出插入深度标记。

④电熔连接、热熔连接、套筒（带或套）连接、法兰连接、卡箍连接应在当日温度较低或接近最低时进行，接头处应有沿管节圆周平滑对称的外翻边，内翻边应铲平。

⑤安装完的管道中心线及高程调整合格后，即将管底有效支撑角范围用中粗砂回填密实。

（2）钢管的安装要点

①管节组对焊接时应先修口、清根，管端端面的坡口角度、钝边、间隙应符合设计要求，设计无要求时应符合相关规定；不得在对口间隙夹焊、帮条或用加热法缩小间隙施焊。

②对口时应使内壁齐平，错口的允许偏差应为壁厚的 20%，且不得大于 2mm。

③不同壁厚的管节对口时，管壁厚度相差不宜大于 3mm。不同管径的管节相连时，两管径相差大于小管管径的 15% 时，可用渐缩管连接。渐缩管的长度不应小于两管径差值的 2 倍，且不应小于 200mm。

④直线管段不宜采用长度小于 800mm 的短节拼接。

⑤组合钢管固定口焊接及两管段间的闭合焊接，应在无阳光直照和气温较低时施焊；采用柔性接口代替闭合焊接时，应协商确定。

⑥在寒冷或恶劣环境下焊接应清除管道上的冰、雪、霜等；当工作环境的风力大于 5 级、雪天或相对湿度大于 90% 时，应采取保护措施；焊接时，应使焊缝可自由伸缩，并应使焊口缓慢降温；冬期焊接时，应根据环境温度

进行预热处理。

⑦管径大于 800mm 时，应采用双面焊。

⑧钢管采用螺纹连接时，管节的切口断面应平整，偏差不得超过一扣；丝扣应光洁，不得有毛刺、乱扣、断扣，缺扣总长不得超过丝扣全长的 10%；接口紧固后宜露出 2～3 扣螺纹。

二、排水设施规划

（一）排水工程规划内容及范围

1. 排水工程规划内容

以小城镇为例，其排水工程规划内容主要有确定小城镇排水范围，预测小城镇排水量，确定排水体制、排放标准、排水系统布置、污水处理方式和综合利用途径。

2. 排水工程规划

小城镇排水工程规划范围应与小城镇总体规划范围一致；当小城镇污水处理厂或污水排出口设在小城镇规划区范围以外时，应将污水处理厂或污水排出口及其连接的排水管渠纳入小城镇排水工程规划范围。

（二）排水类型及排水量计算

1. 雨水排水

雨水（包括雪水、冰雹）指地面上流泄的雨水和冰雪融化水，一般比较清洁，但初期雨水径流却比较脏，尤其是流经有污染物的工厂地面含有更多的有害物质。其特点是时间集中，水量集中，如不及时排出，轻者会影响交通，重者会造成水灾。平时冲洗街道用水所产生的污水和火灾时的消防用水，其性质与雨水相似，所以可视为雨水之列。通常雨、雪水不需要进行处理，但当水中泥沙或漂浮物较多时，可设预沉、拦沙或拦污装置，处理后可以直接排入附近水体。

村镇雨水排水量计算根据降雨强度、汇水面积、径流系数计算，常用的经验公式为：

$$Q = \varphi F q$$

式中，Q——雨水设计流量（L/S）；

F——汇水面积,按管段的实际汇水面积计算(m^2);

q——设计降雨强度[$L/(S \cdot hm^2)$];

φ——径流系数。

降水强度 q 指单位时间内的降水量。设计降水强度和设计重现期、设计降水历时有关。设计降水强度和设计重现期为若干年出现一次最大降水的期限。设计重现期长则设计降水强度就大;重现期短则设计降水强度小。正确选择重现期是雨水管道设计中的一个重要问题。设计重现期一般应根据地区的性质(如广场、干道、工厂、居住区等)、地形特点、汇水面积大小、降水强度公式和地面短期积水所引起的损失大小等因素来考虑。通常低洼地区采用的设计重现期的数值比高地大;工厂区采用的设计重现期 P 值就比居住区采用的大;雨水干管采用的设计重现期比雨水支管所采用的要大;市区采用的重现期比郊区采用的大。重现期的选用范围为 0.33~2.0 年。通常重现如表 5-4 所示。设计降水强度按《镇规划标准》(GB 50188)的规定根据邻近城市的标准计算。

表 5-4 设计重现期(年)

L/(S·hm²) 地区性质 / 汇水面积(hm²)	100 以下			101~150			151~200		
	居住区		工厂广场干道	居住区		工厂广场干道	居住区		工厂广场干道
	平坦地形	沿溪各线		平坦地形	沿溪各线		平坦地形	沿溪各线	
20 及 20 以下	0.33	0.33	0.5	0.33	0.33	0.5	0.33	1	
21~50	0.33	0.33	0.5	0.33	0.5	1	1	2	
51~100	0.33	0.5	1	0.5	1	2	2	2	

注:①平坦地形系指地面坡度小于 0.003。当坡度大于 0.003 时,设计重现期可以提高一级选用。②在丘陵地区、盆地、主要干道和短期积水能引起严重损失的地区(如重要工厂区、主要仓库等),根据实际情况,可适当提高设计重现期。

设计降水强度还和降雨历时有关。降雨历时为排水管道中达到排水最大降雨持续的时间。雨水降落到地面以后要经过一段距离汇入集水口,需消耗一定的时间,同时经过一段管道后,也消耗一定的时间,所以设计降雨历时应包括汇水面积内的积水时间和渠内流行时间组成,其计算公式如下:

$$t_1 = t + mt_2$$

式中,t——设计降水历时;

t_1——地面集水时间(min),视距离长短、地形坡度和地表覆盖情况而定,一般采用 $5\sim15$min;

m——延缓系数,管道 $m=2$,明渠 $m=1.2$;

t_2——管渠内水的流行时间。

根据设计重现期、设计降水历时,再根据各地多年积累的气象资料,可以得出各地计算设计降水强度的经验公式,各村镇因气象资料不足时,常可按邻近城市的标准进行计算。

2. 生活污水

生活污水是人们日常生活中使用过的水,这些污水来自住宅、医院、机关、学校、商店、公共建筑及厕所,厨房、浴室、盥洗室、洗衣房、食堂以及舍饲圈养的家禽牲畜粪便水等。生活污水中含有大量的有机物和细菌,有机物易腐烂而产生恶臭,所含的细菌中有大量病源菌,所以生活污水必须经过适当处理,使其水质得到一定的改善之后才能排入江、河等水体,才能灌溉农田或者再利用。

生活污水量设计流量按每人每日平均排出的污水量、使用管道的设计人数和总数变化系数计算。计算公式为:

$$Q = \frac{qNK_s}{T \times 3600}$$

式中,Q——居住区生活污水的设计流量(L/S);

q——居住区生活污水的排污标准[L/(人·d)];

N——使用管道的设计人数;

T——时间(h),建议用 12h;

K_s——排水量总变化系数。

在选用生活污水量排放标准时,应根据当地的具体情况确定,一般与同一地区给水设计所采用的标准相协调,可按生活用水量的 $75\%\sim85\%$ 进行计算。设计人数,一般指污水排出系统设计期限终期的人口数。公式中所使用的排污标准是平均值,实际排入管道的污水是变化的,其生活污水总变化系数详见表 5-5 所示。

表 5-5　生活污水总变化系数表

污水平均日流量(L/S)	5	15	40	70	100	200	500	≥1000
总变化系数 K_s	2.5	2.2	1.9	1.8	1.6	1.5	1.4	1.3

村镇工厂生活污水,来自生产区厕所、浴室和食堂。其流量不大,通常不计算。管道可采用最小管径(150mm)。如果流量较大需要计算,可按下式进行计算:

$$Q=\frac{25\times3.0A_1+35\times2.5A_2}{8\times3600}+\frac{40A_3+60A_4}{3600}$$

式中,Q——工厂生产区的生活污水设计流量(L/S);

A_1——一般车间最大班的职工总人数(一个或几个冷车间的总人数);

A_2——热车间最大班的职工总人数(一个或几个热车间的总人数);

A_3——三、四级车间最大班使用淋浴的职工人数(一个或几个车间的总人数);

A_4——一、二级车间最大班使用淋浴的职工总人数(一个或几个车间的总人数);

2535——一般车间和热车间生活污水量标准[L/(人·d)];

4060——三、四级和一、二级车间淋浴用水量标准[L/(人·d)],淋浴污水在班后 1h 内均匀排出;

3.0,2.5——一般车间和热车间的污水量是变化系数。

3. 生产废水

生产废水是指人们在从事生产活动中所产生的废水,主要来自车间或厂矿。由于各行业生产的性质和过程不同,所以废水的组成和复杂程度也千差万别,一部分生产废水污染轻微或未被污染,可以不经处理直接排放或回收重复利用,如冷却水;另一部分受到严重污染,有的含有强碱、强酸,有的含有酚、氰、铬、铝、汞、砷等有毒物质,有的甚至含有放射性元素或致癌物质,这类废水必须经过适当处理达标后才能排放。

生产污水的设计流量一般是按工厂或车间的每日产量和单位产品的污水量来计算的,有时也可以按生产设备的数量和每一生产设备的每日污水量进行计算。以日产量和单产污水量为基础的计算公式为:

$$Q=\frac{mM\times1000}{T\times3600}K_s$$

式中,Q——生产污水设计流量(L/S);

m——生产每单位产品的平均污水量(m^3);

M——产品的平均日产量;

T——每日生产时数;

K_s——总变化系数。

生产每单位产品的平均污水量差异较大,生产污水量及变化系数可按产品种类、生产工艺特点及用水量确定,也可以参考生产每单位产品的用水量75%～90%来进行估算。水的重复利用率高的村镇取下限。在规划工作中,也可以按性质相同、规模相近工厂的排水量作为估算的依据。

(三)农村排水系统的平面布置形式

农村排水系统的平面布置形式主要有以下几种。

1.集中式排水系统

集中式排水系统主要适合村镇,它是在全镇只设置了一个污水处理厂与出水口。当地形平坦、坡度方向一致时可采用此方式,如图5-9所示。

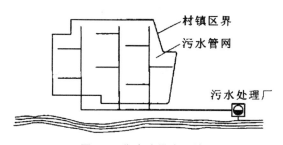

图5-9 集中式排水系统

2.分区式排水系统

分区式排水系统通常在大、中城市常运用较为广泛,而村镇如果受地形条件的影响,通常会划分成几个独立的排水区域,不同区域有着独立的管道系统、污水处理厂和出水口,如图5-10、图5-11所示。

图 5-10　平坦、狭长的村镇可采用的分区式排水系统

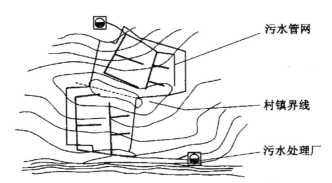

图 5-11　因地形条件采用的分区式排水系统

3.区域排水系统

区域排水系统是我国今后村镇排水发展的方向,特别适合于经济发达、村镇密集的地区。具体是指相隔较近的一些村镇,可将污水集中排放至一个大型的地区污水处理厂。这种排水系统不仅可以扩大污水处理厂的规模,还可以降低污水处理费用,能以更高的技术、更有效的措施防止污染扩散。①

(四)排水管道及施工要求要点

排水管道系统采用重力流排水,管网布置为树状网。雨水管道系统布置遵循就近就地排放的原则,减少管道长度,同时要尽量顺坡埋设,减小埋深。

---

① (1)有条件且位于城镇污水处理厂服务范围内的村庄,应建设和完善污水收集系统,将污水纳入城镇污水处理厂集中处理;位于城镇污水处理厂服务范围外的村庄,应联村或单村建设污水处理站。(2)无条件的村庄,可采用分散式排水方式,结合现状排水,疏通整治排水沟渠,并应符合下列规定:①雨水可就近排入水系或坑塘,不应出现雨水倒灌农民住宅和重要建筑物的现象;②采用人工湿地等污水处理设施的村庄,生活污水可与雨水合流排放,但应经常清理排水沟渠,防止污水中有机物腐烂,影响村庄的环境卫生。

1.排水管道(渠)的断面形式和材料

排水管道的断面形式多为圆形。排水沟渠的断面形式可以采用矩形、弧形流槽的矩形、带低流槽的矩形和梯形等。如图 5-12 所示。

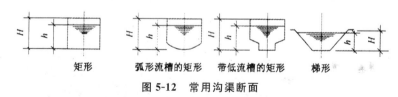

图 5-12 常用沟渠断面

排水管道主要有混凝土管、钢筋混凝土管、塑料排水管和陶土管等。塑料排水管应用越来越广泛,常用品种包括硬聚氯乙烯(PVC-U)排水管、高密度聚乙烯(HDPE)排水管。排水沟渠可以采用砖、石头(条石、方石、毛石)、混凝土板砌筑。

2.排水管道(渠)的施工要点

(1)钢筋混凝土管施工安装要点

①一般采用"四合一"安管法,即将平基、安管、管座、抹带四道工序合在一起,一气呵成。具体步骤是:安装模板、下管、浇筑平基、安管、注管座、接口抹带。

②水泥砂浆抹带接口的水泥砂浆应选用粒径 0.5～1.5mm,含泥量不大于 3% 的洁净砂,水泥砂浆配比为水泥:砂:1:2.5。抹第一层砂浆时注意管带与管缝对中,厚度为带厚的 1/3。待第一层砂浆初凝后抹第二层。抹带完成后应立即用吸水性强的材料覆盖,3～4h 后洒水养护。

③钢丝网水泥砂浆抹带接口选用网格 10mm×10mm、丝径为 20 号的钢丝网。钢丝网端头应在浇筑混凝土管座时插入混凝土内,在混凝土初凝前,分层抹压钢丝网水泥砂浆抹带;抹带完成后应立即用吸水性强的材料覆盖,3～4h 后洒水养护。

④胶圈接口应将承口内工作面、插口外工作面清洗干净;套在插口上的橡胶圈应平直、无扭曲,应正确就位;橡胶圈表面和承口工作面应涂刷无腐蚀性的润滑剂;冬期施工不得使用冻硬的橡胶圈。

(2)塑料排水管施工要点

①塑料管粘接时不可在具有水分的塑料管上涂刷胶黏剂(不可在雨雪中施工);管材、管件、胶黏剂在使用前至少在施工环境温度下搁置 1h;最好使用管材、管件生产厂提供和推荐的胶黏剂,一些通用的胶黏剂必须经过严格的检验,合格后方可使用。

②塑料管与法兰阀门、装置、容器连接时,应采用法兰连接。

③用热熔对接连接工具加热待连接的端面时,加热时间、加热温度应符合管材、管件生产企业的要求。

（3）检查井的施工要点

为便于对管渠系统作定期检查和清通,必须设置检查井。检查井通常设在管渠交汇、转弯、管渠尺寸或坡度改变、跌水等处以及相隔一定距离的直线管渠段上。

检查井的施工要点如下。

①井室一般用红砖砌筑在专用混凝土基础上。

②井室内的流槽砌砖,应交错插入井墙,使流槽与井墙形成整体。不应先砌井墙,然后砌流槽,造成两者分离。流槽应砌（砖）、抹（面）成与上下游管径相同的半圆弧形,不应无流槽,也不应砌成梯形或矩形。

③圆井的砌筑,应掌握井墙竖直度和圆顺度;方井要掌握井墙竖直、平整、井室方正,掌握井室几何尺寸符合质量标准;砌筑砂浆应饱满（包括竖缝）,特别是污水管道的检查井（包括雨、污合流检查井）,更应使砌缝饱满,防止井壁渗水,保证带井闭水试验成功。

（五）污水处理与雨水、污水利用、排放

（1）小城镇排水规划应结合当地实际情况和生态保护,考虑雨水资源和污水处理的综合利用途径。

（2）小城镇污水处理应因地制宜选择不同的经济、合理的处理方法,处于城镇较集中分布的小城镇应在区域规划优化的基础上联建区域污水处理厂;远期 70％～80％ 的小城镇污水应得到不同程度的处理,其中较大部分宜为二级生物处理。

（3）不同地区、不同等级层次和规模、不同发展阶段小城镇排水和污水处理系统相关的合理水平,应根据小城镇经济社会发展规划、环境保护要求、当地自然条件和水体条件,污水量和水质情况等综合分析和经济比较。

（4）污水用于农田灌溉,应符合现行的国家标准《农田灌溉水质标准》（GB 5084—2005）的有关规定。

（5）小城镇污水排除系统布置要确定污水处理厂、出水口、泵站及主要管道的位置;雨水排除系统布置要确定雨水管渠、排洪沟和出水口的位置;雨水应充分利用地面径流和沟渠排除,污水、雨水的管、渠均应按重力流设计。

（6）小城镇污水处理厂和出水口应选在小城镇河流的下游或靠近农田灌溉区,污水处理厂应尽可能与出水口靠近,其应位于小城镇夏季最小频率风向的上风侧,与居住小区或公共建筑物之间有一定的卫生防护地带;卫生

防护地带一般采用 300m,处理污水用于农田灌溉时宜采用500～1000m。污水处理厂位置选择要求如表5-6 所示。[①]

表 5-6　污水处理厂位置选择要求表

小城镇分级 规划期		排水体制一般原则 1.分流制 2.不完全分流制	合流制	排水管网面积普及率(%)	不同程度污水处理率(%)	统建、联建、单建污水处理厂	简单污水处理
经济发达地区	一 近期	△1	—	95	80	△	—
	一 远期	●1	—	100	100	●	—
	二 近期	△1	—	90	75	△	—
	二 远期	●1	—	100	100	●	—
	三 近期	—	85	65	—	○	—
	三 远期	●1	—	95～100	90～95	●	—
经济发展一般地区	一 近期	△2	—	85	65	—	—
	一 远期	●1	—	100	100	●	○
	二 近期	○2	—	80	60	—	—
	二 远期	●1	—	95～100	95～100	●	○
	三 近期	○2	—	75	50	—	—
	三 远期	△2	—	90～100	80～85	●	—
经济欠发达地区	一 近期	○2	—	75	50	—	○
	一 远期	●1	—	90～100	80～90	△	—
	二 近期		○	50～60	20	—	○
	二 远期	△2	—	80～85	65～75	△	—
	三 近期		○部分	20～40	10	—	○低水平
	三 远期	△2	—	70～80	50～60		△较高水平

○:可设;△:宜设;●应设

---

① 注意:(1)不同程度污水处理率指采用不同程度污水处理方法达到的污水处理率。(2)统建、联建、单建污水处理厂指郊区小城镇、小城镇群应优先考虑统建、联建污水处理厂。(3)简单污水处理指经济欠发达、不具备建设较现代化污水处理厂条件的小城镇,选择采用简单、低耗、高效的多种污水处理方式,如氧化塘、多级自然处理系统,管道处理系统,以及环保部门推荐的几种实用污水处理技术。(4)排水体制的具体选择除按上表要求外,还应根据总体规划和环境保护要求,综合考虑自然条件、水体条件、污水量、水质情况、原有排水设施情况、技术经济比较确定。

（六）国外居住区排水处理的借鉴

MiChacl ReynLolds 是美国最有创意的绿色建筑师之一。他不仅建造了采用太阳能发电系统的被动式太阳能房屋,而且建筑材料大都采用废弃产品,如汽车轮胎等。此外,他还花了大量时间创造并改进了废物利用方式,特别是对水槽、淋浴和厕所等处排水的回收利用。水中的污物被用来滋养植物,而不是被冲入排水系统流入化粪池或污水处理厂。如图 5-13 所示,该系统有三种作用。利用植物既提供了食品和花卉又美化了家庭,还处理了废水。废水通过水槽流入花盆,然后通过一层厚厚的火山浮石进行吸附和过滤,为植物根系提供水分和养料。

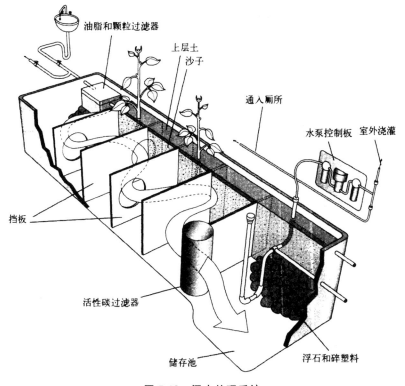

图 5-13　污水处理系统

1. 可持续供水

节水是保护水资源的重要方式。许多农村由于水管的漏水而流失大量的水,同时也有许多其他途径可以有效避免水的浪费,在住房安装节水型设施,如节水喷头、水龙头和节水型器具,可以显著节约家庭用水。如图 5-14

所示,高效喷头有助于在保持舒适性和功能性的同时大幅度降低用水量。

图 5-14 高效节水喷头

总之,对农村基础服务设施进行规划时,一定要尽可能地应用室内外节水措施。这些措施不仅能减少用水需求,降低每月水费,还能更方便地与雨水、融雪等替代水源结合。

2.雨水和融雪水的收集利用

在地下水被大规模开采使用之前,蓄水槽就已在美国的许多地方得到使用。即使在今天,一些新的住宅也在建造蓄水池,以收集雨水和融雪水来满足部分或全部的家庭用水。

为获得最佳效果,需要从干净的屋顶表面收集雨水,例如,用金属屋顶就不会像典型的沥青油毡瓦一样释放潜在有毒化学品进入水中。水从屋顶流下来,经过排水沟、落水管后经过滤净化进入水箱。水箱可以安装在地上或地下,水箱间或地下室。水箱通常由塑料、玻璃、金属、水泥(钢—钢筋水泥)等材料制成。当需要的时候,从蓄水池取水,过滤后使用。如图 5-15 所示,从屋顶收集的雨水和融雪水都存放在一个大的蓄水池中,经过过滤处理后用于洗澡、冲厕、洗碗、做饭和饮用等。

许多家庭将屋顶雨水排水与收集系统进行合并,将水过滤后输入地下蓄水池,以防止尘土、污垢、鸟类粪便和其他潜在的污染物污染蓄水池。

除非收集的雨水仅用于灌溉植物,否则在多数情况下需要用过滤器去除雨水中的微粒和酸性物质等污染物。可以通过组合过滤器去除细菌、有机污染物(比如杀虫剂)、酸和重金属等有害物质。推荐安装带有可回收滤芯的过滤器,这样就不必购买大量的一次性滤芯,从而进一步减少了废弃物的排放量。更好的选择是安装包含可再生滤材的系统,这种过滤媒介能够周期性地清洗废物从而实现再生,实现长期使用。

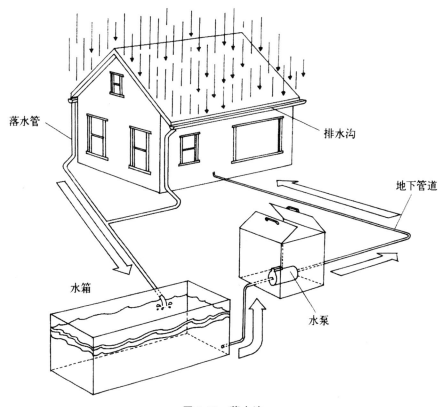

图 5-15　蓄水池

　　除了保证家庭用水的纯净度,在决定安装雨水收集系统之前,还必须考虑其他事情。特别是每年能获得多少水,这些水是否能够满足需要? 根据概测法,每英尺降水,约每平方米屋顶可以提供大约 0.55 加仑的水。例如,如果屋顶面积为 2000 平方英尺,所在区域每年有 20 英寸的降雨量,如完全收集,将能获取 22000 加仑水。不要按照的屋顶的实际面积进行计算,要按照可以集水的有效面积进行计算。如图 5-16 所示,仔细地估计每平方英尺屋顶每年的集水量。注意,这个面积不是屋顶总面积而是下雨时能收集水的总面积,它决定了屋顶将能够获得多少水。

　　蓄水池应该足够大以满足家庭度过每年最干旱的季节;一般建议增大蓄水池的体积。为了防止水用尽,蓄水池应该能与送水车连接。蓄水池应该安装有溢流装置,在多雨的时候及蓄水池达到其储存能力时可以溢流。确保安装有泄水阀,使其能够排干水池中的水。另外,确保能够容易地对蓄水池进行清洗。在寒冷的季节,为防止结冰,可能需要对蓄水池采取保温措施。同时应该保护地上蓄水池免受阳光照射,例如,玻璃钢蓄水池应涂有凝胶涂层。

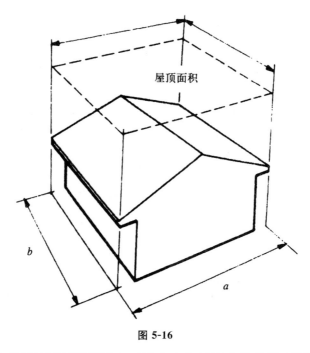

图 5-16

雨水收集系统不仅可以减少对地表水和地下水的依赖,而且在其使用期间还能节约相当可观的能量,因为地下水需要从深井中抽出,市政供水也需要大功率的水泵。当安装雨水收集系统时,不要期待巨大的经济效益,该系统并不是一本万利的,但与传统的地下水供水系统经济性相当。雨水收集系统初期投资可能比传统供水系统(城市或乡镇供水系统)花费更多,但系统一旦运行,可以迅速产生节水效益,将不用支付每月的水费。而且不用苦恼于用尽存水,在很多地方,商业送水工能够以合理的价位运送干净、清洁的水。

如果对安装雨水收集系统为家庭提供饮用水心存顾忌,可以考虑将收集处理后的雨水为庭院、树木和草坪浇灌供水,并可以为市改供水、井水或中水系统提供补充。另外,蓄水池还能够成为备用的消防水池。

3.从废物中提取养料

大部分水进入房屋经短暂的停留后,被废物污染然后排出室外。也就是说,我们其实仅仅消耗了用水量中极小的一部分用于饮用,我们在淋浴、洗涤时却使用并污染了大量的水。各种污水汇集后通过管道输送到房子外面的化粪池或污水处理厂。

在污水处理厂中,大多数废物被迅速的提取或分解,残余的水被氯化,然后排入附近的地表水系——河、湖、海湾或海洋中。有机废料从污水中被提取,以污泥形式掩埋在垃圾填埋场或用作农业肥料。

在这个分解系统中,废物在池中被分解,随后经过滤装置过滤,固体废物在池中积累,需定期清理后送到当地废物处理站。如图 5-17 所示,乡村地区的分解系统,包含接收灰水和黑水的化粪池。废物在池中被分解,液体部分流入埋于地下的管道。

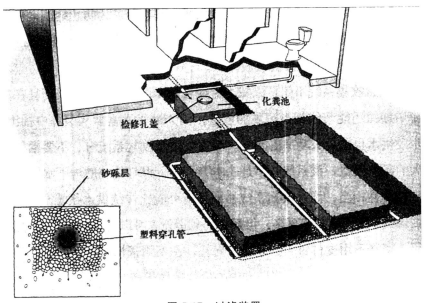

图 5-17　过滤装置

与社会的许多方面一样,家庭污水是线性系统的一部分——营养成分从农场等来源单程流入,在自然界中由有机体变为食物,最终又成为营养成分完成循环。这种循环保证了生活的可持续并且防止自然环境中的毒性物质达到不能忍受的水平。

我们从自然界中得到的启示就是在废物管理过程中,应该创建更多的将废物转变成可用之物的循环系统。幸运的是,我们有许多方法可以追随自然的脚步。

4. 灰水系统

灰水是从卫生间、杂物间、淋浴、浴盆和洗衣机流出的污水。家庭污水中大约 80% 都是灰水,包含大量可再生利用的水和许多对植物和土壤微生物有用的营养素。

灰水系统可以收集并有效循环利用这些废物,对污水进行归类有助于回收利用这些有利的成分。最简单的办法是将塑料盆放置在厨房的水槽中回收污水。漂净的水可以用来灌溉植物。另一个简单的系统是将洗衣机上的排水管直接连接到户外的植物。如图 5-18 所示,最简单的中水系统仅仅包含将洗衣机中的水排到户外。灌溉植物时务必保证没有使用漂白剂和传统的清洁剂。使用可生物降解的清洁剂,最好是有利于生物生长的清洁剂。更多复杂的系统包括接收从洗衣机、水槽和一系列的水龙头或管中流出的灰水,这些灰水被用来浇菜。如图 5-19 所示,储水箱可能被用来接收从洗衣机流出的水,然后缓慢地被植物消耗掉。

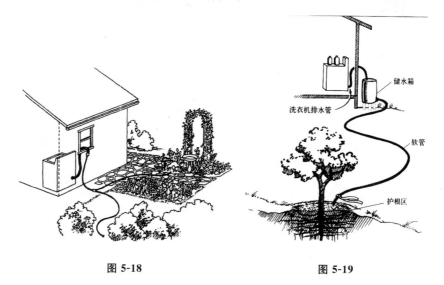

图 5-18　　　　　　　　　　图 5-19

最佳结果是,灰水应该被立刻使用。如果它在储存箱中停留,即使停留很短的时间,也会随着有机物的分解而变臭。虽然还没有发现灰水引起的人类疾病,但多数灰水系统的规范都要求将有机物沉积在地表下(植物根系附近),或树皮、沙子等多孔材料上,避免灰水聚集在人、宠物或野生生物生活的地表附近。如图 5-20 所示,灰水在地下的微型过滤器中被分解掉是最好的结果,避免灰水在地表积存。

灰水可用于灌溉蔬菜、花园和果树,但多数专家推荐它只用于灌溉番茄、南瓜等果实结在地面以上的植物,而不用于灌溉土豆和胡萝卜等地下茎植物。当浇灌庭院时,确保灰水不要积存在地表。

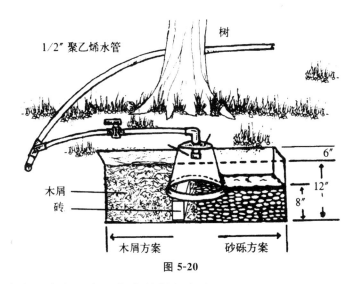

图 5-20

一种在地表之下应用灰水的创新方式是 watson-wick 过滤器，由南新墨西哥州的 Tom watson 发明。如图 5-21 所示，在 Watson-wick 过滤器中，灰水和黑水进入渗透装置，过滤后的水通过浮石层流出。植物在表皮的土壤层生长，并把根伸入浮石层，吸收营养和水分。这个系统首先在房屋地面附近的坑中放置称为渗透装置的塑料设备，然后将浮石，一种轻质、多孔透水的火山岩埋入坑中，一并用土壤覆盖，将果树和蔬菜种植在覆盖的土壤中。将灰水注入渗透装置，灰水经初级过滤后流入浮石层，在那里它被存在于浮石层中的细菌和其他微生物分解。随着植物的生长，它们的根通过土壤扎入浮石层，进一步获取营养素和水，使家庭废水得到很好的利用。

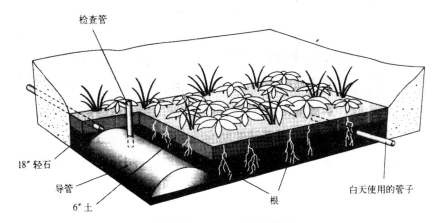

图 5-21　watson-wick 过滤器

在大多数地方，灰水被用来灌溉室外植物。实际上，灰水也能在户内使用,例如,给家中室内盆栽植物浇水。有许多方法可以实现户内的灰水利用。Michael Reynolds 设计了一个室内培植器皿,如前图 5-21 所示。将灰水注入成排的培植器皿,然后流到岩石层下部,随后流经土壤和植物下面的浮石层。当灰水流经培植器皿时,营养素被浮石层中的细菌和其他微生物分解。像在 Watson-wick 过滤器中一样,植物的根生长到浮石层中,吸取水和营养素,在室内的培植器皿中茂盛地生长。

5.黑水处理系统

20%的家庭废水来自于洗手间和厨房水槽中,包含肉类的血液和清洗蔬菜的污物(颜色更显棕色),这种深色污水也被称为黑水。黑水比中水危险,因为它可能包含致病性微生物。所以,应对黑水进行更加仔细地处理。

黑水可以通过 Watson-wick 过滤器处理,从而代替昂贵的化粪池和沥滤场。然而 Reynolds 首先将污水输送到能够加速分解有机物的太阳能化粪池。如图 5-22 所示,太阳能化粪池利用太阳能加速污物分解。从这个系统中出来的污水并不是排到沥滤场中,而是通过管道输送到成排的培植器皿用来培育植物。液体从水池中流入这个过滤装置进入与上述灰水培植器皿相似的室外成排的培植器皿。在这里残余的废物被植物吸收,水被净化。早期的实验结果显示,这些系统效率非常高。一次野外试验表明,被系统处理的污水硝酸盐含量仅为 0.5mg/L,水都干净到了令地方官员产生怀疑的程度。当地污水处理厂最好才能处理到硝酸盐含量 10mg/L。

图 5-22

另一个选择是人工湿地,最安全的做法是有水面的湿地,包括废排的被碎石或浮石填充的洼地,然后用土覆盖。室内污水全部排入地下系统,清除任何与人、宠物或野生生物相关的污物。有机物被岩石或浮石中的细菌分解。长在土壤中的植物从污水中吸收水分和营养素。

表面湿地可以用于家庭污水处理,但市政部门和企业使用的更多,在该系统中,污水流入成排的池塘,池塘周围生长着大量的蔬菜,通过这些植物和土壤中的微生物清除废物。污水经一个池塘处理后流入下一个池塘逐级净化处理。

第二节　供电设施规划

一、电力工程规划的基本内容与步骤

(一)电力工程规划的基本内容

电力工程规划的内容在不同的村规划也不相同。其原因在于它们的具体条件和要求是有区别的,与村镇规模及构成、地理位置、地区特点、经济发展水平(工业、农业和旅游服务业等)状况及其构成,以及远近期规划等有关,所以电力工程规划要依据不同村镇的特点和对村镇总体规划深度的规定来实行。电力工程规划一般由说明书和图纸组成,它的内容包括:

(1)农村村镇负荷的调查。

(2)分期负荷的预测及电力的平衡。

(3)村镇的电源选用。

(4)要规划好电厂、变电站、配电所的位置、容量及数量。

(5)依据实际情况确定供电电压等级。

(6)设计配电网的接线方式及布置线路走向。

(7)选择输电方式。

(8)绘制电力负荷分布图。

(9)绘制电力系统供电的总平面图。

(10)在编制供电规划时,还要注意了解毗邻村镇的供电规划,要注意相互协调、统筹兼顾、合理安排。

(二)电力工程规划的基本步骤

电力工程规划大体可分为以下步骤进行。

(1)收集资料。

(2)分析、归纳和选择收集到的资料,进行负荷预测。

(3)根据负荷及电源条件,确定供电电源的方式。

(4)按照负荷分布,拟定若干个输电和配电网布局方案,进行技术经济比较,提出推荐方案。

(5)进行规划可行性论证。

(6)编制规划文件,绘制规划图表。

二、用电负荷计算

(一)镇区用电负荷计算

1.分项预测法

(1)生活用电负荷大约为 1 kW/户。

(2)乡镇企业用电量为:重工业每万元产值用电量为 3000～4000kW·h;轻工业每万元产值用电量为 1200～1600 kW·h。

(3)农业用电负荷为:每亩 15 kW。

2.人均指标预测法

预测用电量如果采用人均市政、生活用电指标法时,应根据农村小镇的地理位置因素、经济社会发展与城镇建设水平、居民的经济收入、居民的生活消费水平、当地的人口规模、能源消费构成,当地的气候条件、当地的生活习惯、当地的节能措施等因素,对照表 5-7 的指标幅值选定。

表 5-7　小城镇规划人均市政、生活用电指标［单位:kW·h/(人·年)］

小城镇规模分级	经济发达地区			经济发展一般地区			区济欠发达地区		
	一	二	三	一	二	三	一	二	三
近期	560～630	510～580	430～510	440～520	420～480	340～420	360～440	310～360	230～310
远期	1960～2200	1790～2060	1510～1790	1650～1880	1530～1740	1250～1530	1400～1720	1230～1400	910～1230

3.负荷密度法

如果农村小城镇用电负荷选用负荷密度法来预测时,三大类建设用地(居住建筑、公共建筑、工业建筑)的规划单位建设用地负荷指标的选用,要求依据其负荷特征及具体的组成分类,并根据现状水平和不同小城镇的相关情况,按照表 5-8 所示经分析、比较后选用。

表 5-8 小城镇规划单位建设用地负荷指标①

建设用地分类	居住用地	公共设施用地	工业用地
单位建设用地负荷指标（kW/hm²）	100~400	300~1200	200~800

4.单位建筑面积用电负荷指标法

如果农村小城镇详细规划用电负荷选用单位建筑面积用电负荷指标法来预测时,三大类建设用地(居住建筑、公共建筑、工业建筑)的规划单位建筑面积负荷指标的选取,应根据居住建筑、公共建筑、工业建筑的用电设备配置及具体组成分类,并依据当地各类建筑单位建筑面积负荷的现状水平,按表 5-9 经分析、比较后选定。

表 5-9 小城镇规划单位建筑面积用电负荷指标②

建设用地分类	居住用地	公共设施	工业建筑
单位建筑面积负荷指标（W/hm²）	15~40（每户 1~4 kW）	30~80	20~80

(二)镇域农业用电负荷计算

1.系数法

用系数法,可按下例公式计算:

$$P_{max} = K_x \sum p_n$$

$$A = P_{max} \cdot T_{max}$$

式中,P_{max}——最大用电负荷(kW);

K_x——需用系数;

$\sum P_n$——各类设备额定容量总和(kW);

A——年用电量(kW·h);

---

① 表外其他类建设用地的规划单位建设用地负荷指标的选取,可根据小城镇的实际情况,经调查分析。

② 表外其他类建筑的规划单位建筑面积用电负荷指标的选取,可根据小城镇的实际情况,经调查分析后确定。

T_{max}——最大负荷利用小时(h)。

有关农业用电的需用系数和最大负荷利用小时数,如表 5-10 所示。

表 5-10 农村用电需用系数 K_x 与最大负荷利用小时参考指标

项目	最大符合利用小时数(h)	需用系数	
		一个变电站的规模	一个镇区的范围
灌溉用电	750～1000	0.5～0.75	0.5～0.6
水田	1000～1500	0.7～0.8	0.6～0.7
旱田及园艺作物	500～1000	0.5～0.7	0.4～0.5
排涝用电	300～500	0.8～0.9	0.7～0.8
农副加工用电	1000～1500	0.65～0.7	0.6～0.65
谷物脱离用电	300～500	0.65～0.8	0.6～0.7
乡镇企业用电	1000～1500	0.6～0.8	0.5～0.7
农机修配用电	300～500	0.6～0.8	0.4～0.5
农村生活用电	1000～5000	0.8～0.9	0.75～0.85
其他用电	1500～3500	0.7～0.8	0.6～0.7
农村综合用电	2000～3500	—	0.2～0.45

2. 增长率法

在不同类型用电规划资料缺少的状况下应选用增长率法,这种方法同样适合小城镇综合用电负荷计算和工业用电负荷计算,计算公式如下:

$$A_n = A(1+K)^n$$

A_n——规划地区几年后的用电量(kW·h);

A——规划地区最后统计年度的用电量(kW·h);

K——年平均增长率;

n——预测年数。

3. 单耗法

单耗法也称电单耗,是指某一单位产品或单位效益生产时所耗费的电量。

(1)年用电量计算,按式如下公式计算:

$$A = \sum_{i=1}^{n} A_i = \sum C_i D_i$$

式中，A——规划区全年总用电量；

　　　A_i——第 i 类产品全年用电量（kW·h）；

　　　C_i——第 i 类产品计划年产量或效益总量（t，hm^2 等）；

　　　D_i——i 类产品用电量单耗（kW·h/t，kW·h/hm^2 等）。

（2）最大负荷计算，按如下公式计算：

$$A = \sum_{i=1}^{n} A_i = \frac{A_i}{T_{imax}}$$

式中，T_{imax}——第 i 类产品年最大负荷利用小时数（h）。

对于产品用电单耗，可以收集同类地区、同类产品的数值，进行综合分析，得出每种产品的单位耗电量。

三、电源与电力平衡

（1）农村供电电源有接受区域电力系统电能的电源变电所和小城镇水电站及发电厂两种。对于农村供电的电源如果有条件选择，要优先选择区域电力系统供电；对规划期内区域电力系统电能不能经济、合理供到的地区的小城镇，应根据当地的实际情况建设适宜规模的发电厂（站）作为电源。对于一些较小的农村镇内不建议设置区域变电站。对于一些农村山地地区的供电电源，如果水力资源较为丰富，且没有污染，要充分利用起来，建设较小的水电站，这样可以节省成本，节省资源，且不需建长距离的输电线路。

（2）对于供电电源和变电站站址的选用，其主要依据是参考（市）域供电规划，且要与建站的建设条件相吻合，同时还要注意线路进出方便和接近负荷中心，尽量避免少占或不占农田。变压器的位置适宜设置在负荷中心，尽量靠近负荷量大的地方；配电变压器的供电半径以控制在 500m 内为宜。

（3）变电站所在的地址要求交通便利，要注意和道路保持一定距离的间隔，同时要求不受积水浸淹，对通信设施要干扰，其占地面积要考虑最终规模要求。

（4）要依负荷预测（适当考虑备用容量）和现状电源变电所、发电厂的供电能力及供电方案，进行电力、电量平衡，测算规划期内电力、电量的余缺，提出规划期内需增加的电源变电所和发电厂的装机总容量。

（5）小城镇 220kV 电网的变电容载比一般为 1.6～1.9，35kV～110kV 电网的变电容载比为 1.8～2.1。

四、电压等级与电网规划

（1）小城镇电压等级宜为国家标准电压 220 kV、110 kV、66kV、35 kV、

10kV 和 380/220V 中的 3～4 级,三个变压层次,并结合所在地区规定电压标准选定,限制发展非标准电压。

(2)对于农村小镇的电网中的最高一级电压的确定,主要是以电网远期规划的负荷量和其电网与地区电力系统的连接方式为依据。

(3)小城镇电网各电压层、网容量之间,应按一定的变电容载比配置,容载比应符合《城市电力网规划设计导则》及其他有关规定。

(4)小城镇电网规划应贯彻分层分区原则,各分层分区应有明确的供电范围,避免重叠、交错。

(5)小城镇电网的过电压水平应不超过允许值,不超过允许的短路电流水平。

(6)小城镇供电线路输送容量及距离。

各级电压、供电线路输送容量和输送距离应符合表 5-11 的规定。

表 5-11　小城镇不同电压的输送容量和输送距离

电压(kV)	输送功率(kW)	输送距离(km)
0.22	100 以下	0.2 以下
0.38	100 以下	0.6 以下
6	200～1200	4～5
10	200～2000	6～20
35	1000～10000	20～70
110	10000～50000	50～150

五、主要供电设施

(一)变电所规划用地面积指标

小城镇 35 kV、110 kV 变电所通常建议布置要紧凑些,且占地较少的全户外或半户外式结构,其选址要接近负荷中心或在镇区边缘布置、尽量不占或少占农田、交通运输要方便、不受积水淹浸、地质条件要好、便于各级电力线路的引入与引出等有关要求。小城镇 35～110kV 变电所应按其最终规模预留用地,并应结合所在小城镇的实际用地条件,根据表 5-12 变电所规划用地面积指标确定。

表 5-12　变电所规划用地面积指标

变压等级(kV)一次电压/二次电压	主变压器容量[kV·A/台(组)]	变电所结构形式及用地面积(m²)	
		户外式用地面积	半户外式用地面积
110(66/10)	20~63/2~3	3500~5500	1500~3000
35/10	5.6~31.5/2~3	2000~3500	1000~2000

(二)变压器容量

小城镇变电所主变压器安装台(组)数宜为2~3台(组),单台(组)的主变压器容量应标准化、系列化;35~220kV主变压器单台(组)的容量选择应符合国家有关规定,220 kV主变压器容量不大于180 MV·A,110kV主变容量不大于63 MV·A,35kV主变容量不大于20 MV·A。

(三)公用配电所的位置

小城镇公用配电所的位置应接近负荷中心,其配电变压器的安装台数宜为两台;居住区单台容量一般可选630 kV·A以下,工业区单台容量不宜超过1000 kV·A。

(四)供电线路布置

(1)便于检修,减少拆迁,少占农田,尽量沿公路、道路布置。

(2)为减少占地和投资,宜采用同杆并架的架设方式。

(3)线路走廊不应穿越村镇中心住宅、森林、危险品仓库等地段,避开不良地形、地质和洪水淹没地段。

(4)配电线路一般布置在道路的同一侧,既减少交叉、跨越,又避免对弱电的干扰。

(5)变电站出线宜将工业线路和农业线路分开设置。

(6)线路走向尽可能短捷、顺直,节约投资,减少电压损失(要求自变电所始端到用户末端的电压损失不超过10％)。

(7)小城镇架空电力线路应根据小城镇地形、地貌特点和道路网规划沿道路、河渠、绿化场架设;35 kV及以上高压架空电力线路应规划专用通道,并加以保护;镇区内的中、低压架空电力线路应同杆架设;中心繁华地段、旅游地段等宜采用电缆埋地敷设或架空绝缘线。

（五）供电变压器容量选择

供电变压器的容量选择应根据生活用电、乡镇企业用电和农业用电的负荷确定。小城镇重要公用设施、医疗单位或用电大户应单独设置变压设备或供电电源。

（六）高压线走廊

对 10kV 以上的高压线走廊，其宽度可按表 5-13 确定。

表 5-13　电力线路的输送功率、输送距离及线路走廊宽度[①]

线路电压（kV）	线路结构	输送功率（kW）	输送距离（km）	线路走廊宽度（m）
0.22	架空线	50 以下	0.15 以下	—
	电缆线	100 以下	0.2 以下	—
0.38	架空线	100 以下	0.5 以下	—
	电缆线	175 以下	0.6 以下	—
10	架空线	3000 以下	8～15	
	电缆线	5000 以下	10 以下	
35	架空线	2000～1000	20～40	12～20
66、110	架空线	10000～50000	50～150	15～25

第三节　新能源利用规划

一、太阳能利用技术

太阳能在建筑中的利用，包括采暖、降温、热水等很多方面。以下进行简单介绍。

[①] 若需考虑高压线测杆的危险，则高压线走廊宽度应大于杆高的两倍。

（一）太阳能在建筑中的利用

1.主动式太阳房

主动式太阳房是以太阳能集热器、散热器、管道、风机或泵，以及贮热装置组成的强制循环太阳能采集系统；或者是由上述设备与吸收式制冷机组成的太阳能空调系统。这种系统控制调节比较灵活、方便，应用也比较广泛，除居住建筑外，还可用于公共建筑和生产建筑。但主动式太阳房的一次性投资较高，技术较复杂，维修工作量也比较大，并需要消耗一定量的常规能源。因而，对于小型建筑特别是居住建筑来说，基本都被被动式太阳房所代替。主动式太阳能采暖系统示意如图 5-23 所示。

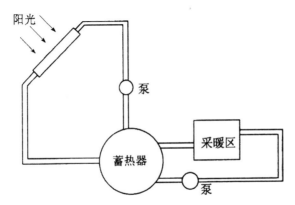

图 5-23　主动式太阳能采暖系统示意图

2.被动式太阳房

被动式太阳房是通过建筑朝向和周围环境的合理布置、内部空间和外部形体的巧妙处理以及结构构造和建筑材料的恰当选择，使建筑冬季能集取、保持、贮存、分布太阳热能，从而解决冬季采暖问题；同时夏季能遮蔽太阳辐射，散发室内热量，从而使建筑物降温。

被动式太阳能利用方式的优点在于结构较为简单，后期维护也较为方便，成本也较低。因此，针对我国当前农村的经济现状，对于住宅建筑可选用此种方式，也有利于农村的长远发展。它的一次性投资及使用效果很大程度上取决于建筑设计水平和建筑材料的选择。

当前，被动式太阳房的采暖方式主要有五种，直接受益式、对流环路式、蓄热墙式、水蓄热屋顶和附加阳光间式。由于我国农村建筑的造价和自身特征等一些问题，目前最适用的有以下两种。

（1）直接受益式

直接受益式通俗来讲就是在设计时,尽量让阳光的辐射穿过玻璃直接投入房内,从而提高房间的温度,这是建筑物最为常用的取暖方式,如图5-24所示。

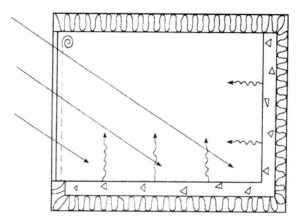

图 5-24　直接受益采取方式

直接受益式太阳房通过南向外窗直接获取太阳辐射,使地面、墙壁等表面温度升高,经自然对流换热提高室内温度。因此,直接受益式太阳房的南向外窗应适当增大,同时还应配置有效的保温隔热措施,防止夏季白天和冬季夜间因外窗过大而造成过多的能量损失。

（2）附加阳光间式

附加阳光间式太阳房是集热蓄热墙系统的一种延伸,通过加宽玻璃与墙体之间的夹层,使之形成一个能够使用的空间。[①]

附加阳光间式太阳风通常设置在南向,如南向走廊、封闭阳台、门厅等都可以采用。可以把南面屋设置成透明的玻璃墙,屋顶做成具有足够强度(保证人的安全)倾斜的玻璃,加大集热数量,如图5-25所示。[②]

---

①　其原理和直接受益式太阳房类似,都是通过外窗增大太阳辐射得热来提高室内环境温度。当室内热量传向室外时,附加阳光间起到"阻尼区"的作用,使之节能效果优于直接受益式太阳房,但相应的建造成本也有所增加。

②　附加阳光间采用双层玻璃,为了减少夜间热量的损失,可安装卷式保温帘。同时,阳光间每20～30m² 玻璃需要安装1m²的排风口,保证阳光间的通风和夏季日光间过热。

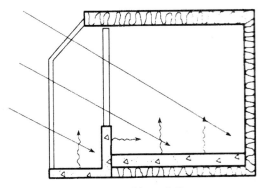

图 5-25　附加日光间

建筑中应用太阳能的案例如例 5-26 所示。

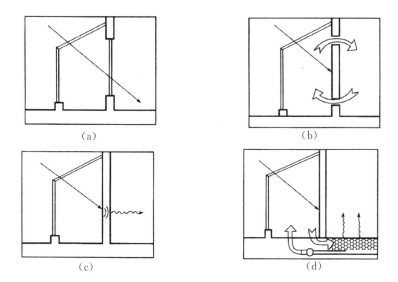

图 5-26　阳光间与相邻房间传热方式

（二）太阳能热水器的利用

1.太阳能热水系统构成

太阳能热水系统由集热器、保温水箱、支架、连接管道等构成。

（1）集热器

集热器是系统中的集热元件，按集热方式不同可以分为平板型太阳能集热器、全玻璃真空管集热器、热管真空管集热器。由于农村主要以真空管式太阳能热水器为主，占据国内 95% 的市场份额，所以以下仅介绍后两种。

①全玻璃真空管集热器

全玻璃真空管集热器的核心元件是全玻璃真空管太阳集热管,由内外两层玻璃管构成,内管外表面具有高吸收率和低发射率的选择性吸收膜,夹层之间抽成高真空,形成一个类似的细长暖水瓶胆,水注满在内胆内被加热,如图 5-27 所示。由于该集热器采用全玻璃真空管作为集热管,具有良好的热性能。但是也存在不承压、易破损的缺点。[①]

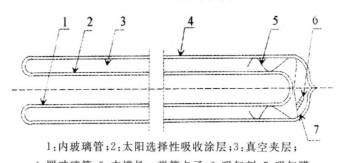

1:内玻璃管;2:太阳选择性吸收涂层;3:真空夹层;
4:罩玻璃管;5:支撑件—弹簧卡子;6:吸气剂;7:吸气膜

图 5-27 全玻璃真空管集热器

②热管真空管集热器

热管真空管集热器构造如图 5-28 所示,主要由热管、吸热板、真空玻璃管三部分组成,当太阳光透过玻璃照射到吸热板上时,吸热板吸收热量使热管内的热交换介质汽化,被汽化的热交换介质升到热管冷凝端,放出汽化潜热后冷凝成液体,同时加热水箱内的水,热交换介质又在重力作用下流回热管的下端,如此重复工作,不断地将吸收的辐射能传递给需要加热的水。

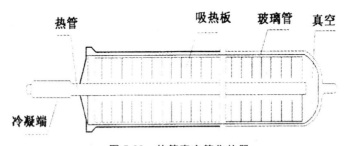

图 5-28 热管真空管集热器

热管真空管集热器由于采用了金属材料,且真空管之间也都用金属部件连接,所以除具有全玻璃真空集热管较高的热性能之外,还具有热启动

---

① 全玻璃真空集热管玻璃材料易得、工艺可靠、结构简单、成本较低、应用前景广阔。采用该集热器的热水器已占我国太阳能热水器生产总量的 70%。

快、抗冻性能好、承压能力大等优点，但价格较高。

（2）保温水箱

保温水箱是用于储存热水的容器。水箱内胆是储存热水的重要部分，其用材料强度和耐腐蚀性至关重要，主要有不锈钢、搪瓷等材质。保温层的好坏直接关系着保温效果，在北方地区尤其重要。外壳一般为彩钢板、镀铝锌板或不锈钢板。

（3）支架

支架是支撑集热器与保温水箱的架子。要求结构牢固，耐老化，不生锈。材质一般为彩钢板或铝合金。

（4）连接管道

连接管道使集热器与保温水箱形成闭合的循环环路。设计合理、连接正确的循环管道对太阳能系统是否能达到最佳工作状态至关重要。热水管道必须按标准做保温处理。

2.平屋面整体式太阳能热水器安装图

图 5-29 所示为平屋面整体式太阳能热水器安装图。

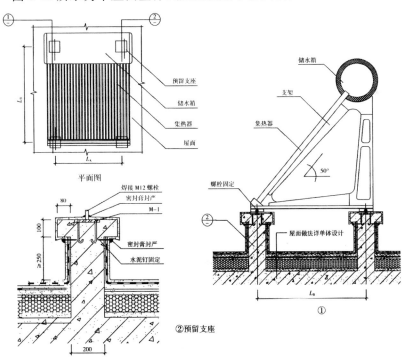

说明：L_A 为热水器支座横向间距；L_B 为热水器支座纵向间距。

图 5-29 平屋面整体式太阳能热水器安装图

二、沼气利用技术

(一)沼气利用技术原理

沼气是将人畜禽粪便、秸秆、农业有机废弃物、农副产品加工的有机废水、工业废水、城市污水和垃圾、水生植物以及藻类等有机物质在厌氧条件下,经微生物分解发酵而生成的一种可燃性气体,其主要成分是甲烷(CH_4)和二氧化碳(CO_2),此外还有少量的氢(H_2)、氮(N_2)、一氧化碳(CO)、硫化氢(H_2S)和氨(NH_3)等。

沼气中的甲烷含量为50%～70%,二氧化碳为30%～40%,其他气体均含量很少。不同组分沼气的主要特性参数见表5-14所示。沼气中的主要可燃成分是甲烷,每立方米沼气的热值约为21520KJ,约相当于1.45m^3煤气或0.69 m^3 天然气的热值。

表5-14　不同组分沼气的主要特性参数

特性参数	CH_4 50%,CO_2 50%	CH_4 60%,CO_2 40%	CH_4 70%,CO_2 30%
密度(kg/m^3)	1.374	1.221	1.095
相对密度	1.042	0.944	0.847
热值(kj/m^3)	17.937	21.542	24111
理论空气量(m^3/m^3)	4.76	5.71	6.67
理论烟气量(m^3/m^3)	6.763	7.914	9.067
火焰传播速度(m/s)	0.152	0.198	0.243

沼气发酵是一个(微)生物作用的过程。各种有机质,包括农作物秸秆、人畜粪便以及工农业排放废水中所含的有机物等,在厌氧及其他适宜的条件下,通过微生物的作用,最终转化成沼气,完成这个复杂的过程,即为沼气发酵。

沼气发酵主要分为液化、产酸和产甲烷三个阶段进行,如图5-30所示。

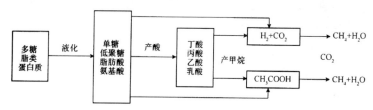

图5-30　沼气发酵的基本过程示意图

典型的户用沼气系统如图 5-31 所示,一般配套设备包括输配气系统、沼气炉灶和沼气灯,其中沼气灯已不常用。输配气系统主要由输气管、开关、三通、弯头、接头和压力计等组成。

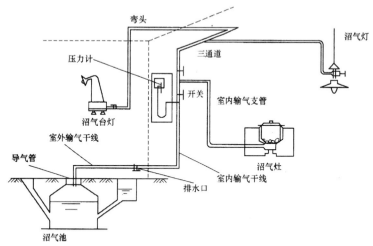

图 5-31　小型沼气系统示意图

(二)沼气池的结构

沼气池的类型很多,但其构造基本相同,主要是由进料间、发酵间、气箱、导气管、出料间等组成,如图 5-32 所示为圆筒形水压式沼气池。

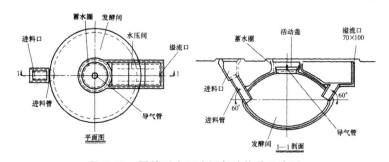

图 5-32　圆筒形水压式沼气池构造示意图

1.进料间

进料间是输送发酵原料到发酵间的通道,一般做成斜管或半漏斗形式的滑槽。进料间的斜度,以斜底面直通到池底为宜,进料间还可与厕所、禽畜间连通。

2.发酵间

发酵间与气箱是一个整体,下部是发酵间,上部是气箱,一侧通进料间,另一侧通出料间。发酵间是将进来的原料进行发酵,产生沼气后,上升到气箱。

3.气箱

气箱位于发酵间的上部,顶部安装导气管通向用户。常用的水压式沼气池气箱上部设有水压间。发酵间和气箱的总体积,称为沼气池的有效容积。

4.导气管

导气管一端固定在气箱盖板或活动盖上,另一端接输气管通向用户的沼气用器之上。导气管一般采用镀锌铁管、塑料管,接口要求严密不漏气。

5.出料间

出料间是发酵后沉渣和粪液的出料通道,出料间的大小以出料方便为准。大中型池出料间侧壁上有的砌有台阶,以便进入池内清渣,小型出料间一般用木梯供人上下。

6.天窗盖

天窗多设在气箱盖板中央,一般为圆形,直径大多采用 500～600mm。为了防止盖边漏气,活动盖顶设有水压箱。

(三)沼气池的构建

建造沼气池时,一定要按照"因地制宜,就地取材"的原则,根据当地水文和工程地质情况,选择适宜的池型结构。沼气池有圆形、球形、圆柱形、坛子形等形式。农村应用最多的是圆形和球形,而球形多用在沿海、河网地带以及地下水位较高的地区。

1.容积的确定

确定沼气池容积是按家庭人口每人平均 1.5～2.0m^2 计算的。

2.沼气池的构建结构图

建造沼气池现在多用混凝土和普通砖。图 5-33 所示是用混凝土建造的沼气池,图 5-34 是用普通砖建造的沼气池。建造时应结合图上的要求进行。

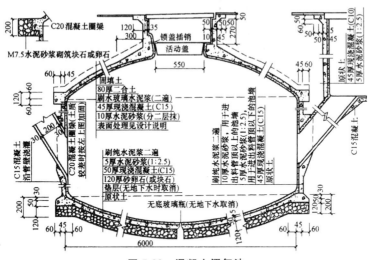

图 5-33　混凝土沼气池

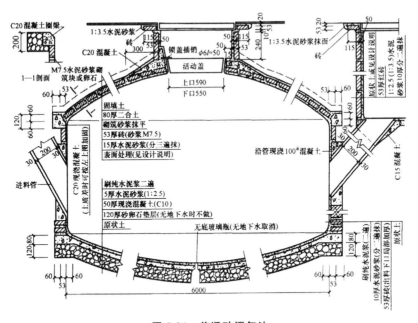

图 5-34　普通砖沼气池

3.沼气池建造的基本要领

(1)结构合理。能够满足发酵工艺的基本要求,保持良好的发酵条件,管理操作方便。

（2）严封密闭。保证沼气微生物要求的严格厌氧环境,使发酵能够顺利进行,并能有效地收集沼气。

（3）坚固耐用、造价低廉,建造施工及保养维修方便。

（4）安全、卫生、实用、美观。

4.沼气池的施工

在农村建造沼气池时,一定要按照当地沼气办所提供的施工图进行施工,或者按照《农村家用水压式沼气池标准图集》GB/T 4750 的标准图进行。

沼气池施工时,首先在选好的建池位置,以 1.9m 半径画圆,垂直下挖 1.4m,圆心不变,将半径缩小到 1.5m 再画圆,然后再垂直下挖 1m 即为池墙壁的高度,池底要求周围高、中间低,做成锅底形。同时将出料口处开挖,出料口的长、宽、高不能小于 0.6m,最后沿池底周围挖出高宽各为 0.5 m 的圈梁槽沟。

三、秸秆造气与利用技术

近些年来,生物质能利用技术已经越来越受重视,发展也越来越快,如以农作物秸秆为原料的气化供气技术就是其中之一。其原因在于,农村农作物产生的秸秆较多,这是一种可再生,污染较低且分布较广的一种原料,在操作技术上也是较容易掌握的,因此目前在农村比较适合。这种技术也是实现农村生活燃料现代化的一种重要手段,它可以将农村分散的、废弃的秸秆资源充分利用起来,应大力推广。

（一）秸秆造气技术原理

秸秆除了作为燃烧材料和生产沼气外,还有许多种利用技术,如利用秸秆造气就是十分重要的技术之一。这种技术具体来说称为秸秆热解气化工程技术,它是将干燥的秸秆粉碎后作为原料,经过气化炉进行转换（热解、氧化和还原反应转换成可燃气体）[①]（如图 5-35 所示）,然后通过净化技术、除尘技术,在冷却后进行储存,并施加一定的压力,再通过专门设置的输配系统送往所需要的地方。

---

① 秸秆气化的过程是秸秆在气化炉进行不完全燃烧,实际上是缺氧的状态下加热反应的过程,其中的碳、氢元素就会变成含一氧化碳、氢气、甲烷等可燃气,秸秆中所含有的能量也就转移到可燃气里,秸秆气像天然气一样,燃烧后无尘无烟无污染,在广大农村更具有优势。经过气化,每公斤秸秆能产 2~2.3m³ 可燃气,一户 4 口之家每天需燃气约 5.6m³。

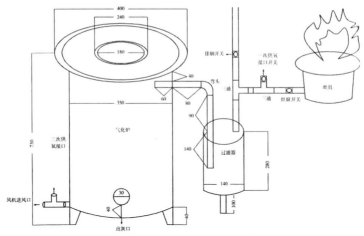

图 5-35 秸秆气化炉原理图①

这种技术的燃料是可再生的,它不仅可以将废弃资源充分有效利用,还比直接燃烧的能量转换效率更加高效,受到了广泛重视。图 5-36 所示为燃气发生工艺系统。

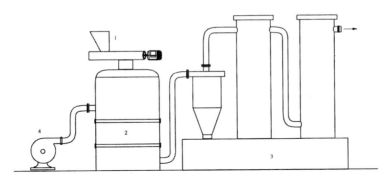

1:加料器;2:气化器;3:燃气输送机;4:燃气输送机

图 5-36 燃气发生工艺系统

这种技术所配备的气化装置类型、反应条件、工艺流程、气化剂类型、原料性质等条件的不同,其反应过程也不一样。因此,在农村大力推广这种技术,不仅可以解决农村直接燃烧秸秆产生的环境污染,还可以为村民提供便利、更安全、更环保的能源。秸秆气化技术目前在我国主要使用两种形式:(1)秸秆气化集中供气技术;(2)户用型秸秆气化炉。

---

① 秸秆气化炉根据空气流体力学及热学原理,使炉里的秸秆在一定的温度及空气的作用下充分裂解产生可燃气体,该炉具装置具有生物质原料造气、燃气净化、自动分离的功能,让优质燃气通过管道输送到灶头燃烧。

（二）秸秆造气技术设备

当今,随着科学技术的发展,我国已经制造出许多类型的秸秆造气技术成型设备,市场上也已经有销售了(图 5-37 所示为秸秆成型机[①])。秸秆气化集中供气设备系统由燃气发生炉机组、贮气柜、输气管网及用户燃气设备四部分组成;户用型秸秆气化设备系统包括净化造气炉、燃气过滤器和燃气灶(炉)具三部分。

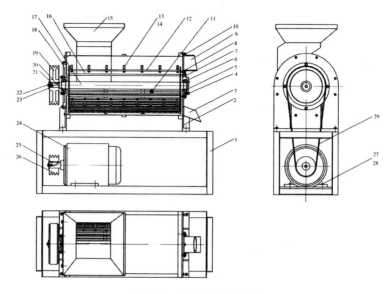

图 5-37　秸秆成型机构造

表 5-15　秸秆造气技术设备对照表

1	机架	16	圆钢筋
2	右支架	17	传动轴
3	出料口 1	18	左轴承座
4	右轴承座	19	从动带轮
5	右轴承盖	20	左轴承盖
6	轴承 6208	21	普通平键
7	六角螺栓 M10×20	22	六角螺栓 M10×20

---

① 秸秆成型机以农村的玉米秸秆、小麦秸秆、棉花秆、稻草、稻壳、花生壳、玉米芯、树枝、树叶、锯末等农作物、固体废弃物为原料,经过粉碎后加压、增密成型。

续表

8	圆盘	23	大挡圈
9	出料口 2	24	电动机
10	六角螺栓 M8×20	25	普通平键
11	凹板	26	主动带轮
12	钉齿条	27	六角螺栓 M10×40
13	钉齿	28	六角螺母 M10
14	六角螺母 M8	29	传动皮带
15	进料口		

（三）秸秆造气集中供气系统工艺流程

秸秆造气集中供气系统工艺流程(图 5-38)：机器中的铡草机将秸秆切成一定规模的小段,然后上料机会将秸秆传送到气化炉中,小段的秸秆在气化炉中经过发热分解的气化反应从而转换成可以燃烧的气体,在净化设备中除去气体中所包含的杂质,如灰尘、焦油等,再由机器中的风机输送到储藏气体的贮气柜中,若有用户使用时,气体就会从贮气柜中流出,通过铺在地下的管输网流入系统中相连接的燃气设备。

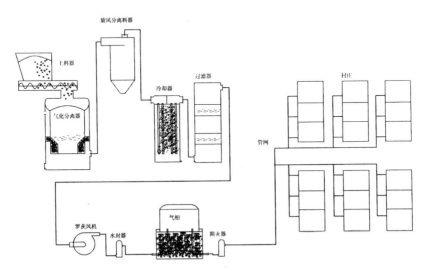

图 5-38　秸秆气化集中供气系统

(四)产用型气化炉工艺流程

产用型气化炉工艺流程:使用钢板材料通过冲压氧割、卷压成型,再焊接而成气化炉主体,然后添加秸秆等生物质到气化炉中进行转化成燃气的反应,再通过相关设备去除气体中的灰分、焦油等杂质后,就可供燃气设备使用了。

第六章　新农村生态景观规划

经济发展,程式化进程的加快,便捷、方便、丰富的乡村生活已经无法完全满足人们的需要,人们希望能够实现农村经济持续、健康、稳定的发展,处理好人与自然的关系。为此,本章先分析乡村景观的构成与类型,然后详细论述新农村生态景观规划中自然景观的开发模式、环境空间的塑造设计,最后对景观规划与乡村旅游的结合展开探讨。

第一节　乡村景观的构成和类型

一、乡村景观的构成

我国是农民人口过半的农业大国,农村覆盖面积大,农耕历史悠久。我们的祖先从择居、开荒、造田、伐木到耕作、养殖、放牧……。农村的山山水水,林木田野、沟塘小溪,无疑经历了风风雨雨的沧桑演变。农村广阔的土地上深深地烙下了自然、岁月、历史、文化以及劳动人民生产生活的足迹,形成了"人居—田地—自然"相和谐的自然农村环境。自然农村景观的构成是农耕历史的积淀,它集中体现了生活在农村这块土地上的劳动人民遵守自然规律所形成的人与田地与自然相和谐的景象。

中国的文艺、武艺、文化,无不和山水、自然紧密联系。比如琴:弹奏的是《高山》《流水》《汉宫秋月》《渔樵问答》;棋:对弈常在山中、林间或者溪畔,例如"当湖十局";书:王羲之的《兰亭集序》谁又说不是在"乡村旅游"途中的即兴之作呢? 又如苏轼传世书法真迹中的精品《桔颂帖》碑刻写道:"吾来阳羡(注:江苏省宜兴市,古称'阳羡'),船入荆溪(注:宜兴古代又名'荆溪'),意思豁然,如惬平生之欲"(图6-1、图6-2),则更是情景交融的乡村旅游了,至于中国文字的象形之源,就更是来源于山水之间、自然之中;画:中国绘画的主要元素就是水墨、山水,画的就是冲虚、灵动的自然,例如唐代王维被誉为"诗中有画,画中有诗";诗、词、歌、赋:从《诗经》的"关关雎鸠,在河之洲"开始,到"杨柳岸,晓风残月",从"大风起兮云飞扬",到"会当凌绝顶,一览众山小",所谓"诗意",几乎就和"自然"之境等同;文艺如此,武艺同样离不开山水、田园、乡村、自然:比如"六艺"中的"射""御",哪个能离得了野趣? "五

禽戏"源于自然,"导引"吐纳源于自然,"拳术""拳理"或刚或柔无不源于
自然。

图 6-1　宜兴湖父洑西村

图 6-2　苏轼《桔颂帖》碑刻

"故人具鸡黍,邀我至田家。绿树村边合,青山郭外斜。"该诗的意境不
就涵盖了当前乡村旅游"吃农家饭、住农家屋、享农家乐"的主要形式吗？在

浩瀚的诗词作品中,有多少是吟咏乡村、田园? 有多少是山水、自然所激发的灵感? "大江东去,浪淘尽,千古风流人物。"诗词记载了旅游的感官收获,更记录了一种情景交融的心灵体验,所谓"借景抒情""托物言志",似乎人在"游"景,景亦在"感"人。而"借景抒情"并非只是历代诗词创作的一种"模式"而已,或许,每个人都有寓情于景的心灵需求。

人和万物一样源于自然,中国农业文明更注重四时节令:春生、夏长、秋收、冬藏,与天同时,与地同息。乡村是农业文明的根源,从这个角度看,中国人与以畜牧文明为传统的西方人相比,对于乡村、自然的传统关系和心灵体验必然有很大的不同。唯有"天人合一",才有"民以食为天",才有农业的收获和发展:"锄禾日当午,汗滴禾下土,谁知盘中餐,粒粒皆辛苦。""看天吃饭"的农耕传统,也许是左右中国文明的根源(图 6-3)。

图 6-3　人在景中,景在情中

《易经》的八卦:"乾""坤""坎""离""巽""兑""震""艮"分别比象于"天""地""水""火""风""泽""雷""山":六十四卦中有"旅"卦,经文中"利涉大川""同人与野"等等也都是人与自然的意象。如果说《易经》是中国文化的源泉之一,那么八卦以自然为取象,毋宁说山水、自然本身是中国人文明的根源。

《老子》所代表的道家思想和《易经》一脉相承,尤其提到"土善若水,水善利万物而不争,处众人之所恶,故几于道。"《老子》文中还有诸多例如"飘风""骤雨""川谷""甘露"等自然意象(全文虽没有提到"山",但后世道教却以"山"为修"道"的首选之地),乃至提出"人法地,地法天,天法道,道法自然"。撇开"无为而无不为"不谈,"道法自然"几乎是《易经》的宗旨、中国古代文明的纲领。乡村比城市更接近自然,乡村中有庄稼、田园、山水以及纯朴民风,《老子》所说的"见素抱朴",就又几乎是历代热衷于"乡村旅游"的诗人和非诗人们或罢归田园、或寄情山水的心灵追求。

二、乡村景观的类别

（一）农村的自然景观

自然景观经过人类数千年的历史，除了自身发生的变化以外，凡是人群聚居的地方，自然环境基本都因人们的生存所需而被利用和改造了。因为人类需要靠自然环境生存，没有自然就没有人类。所谓靠山吃山，靠海吃海就是这个道理。而荒山变良田也是因人类生存的需要，人类的生存必须依赖大自然，顺应自然，保护大自然，人类才会平安无事。事实告诉我们与自然相对抗，违背了大自然的规律，自然就会报复我们。一次次的地震、海啸、台风等等现象都说明自然的突变对人类生存的影响。凡是有人生存的地方，原始自然景观就会逐渐消失。人居环境越密集自然景观消失也就越多，保护自然环境关心全球的气候变化已成为世界性话题（图6-4）。

图 6-4　山体环境

自然景观在人与自然的改造中也会发生质的变化，如梯田，它是在自然山体上开垦的田地，它是自然与人工的结合体。

（二）农村的生产景观

农村是以农业为主的生产基地，农业生产是乡村景观的主体。

传统的生产方式是人工生产，即生产程序中的播种、种植、管理、收割等劳作全是人工完成。因此在农忙季节时农田的人气比较旺，到处可见人群在田间忙碌的身影(图 6-5)。

图 6-5　传统收割景观

　　而现代化农业生产景观则完全不一样,机械化生产方式取代了传统生产方式。呈现出人少地大,田野上只见机械不见人的辽阔壮观的生产景象。农作物品种也比较单一整齐,一望无际,视野通透(图 6-6)。

图 6-6　机械化收割景观

(三)农村的聚落景观

　　农村景观中的文化背景主要体现在聚落建筑形式和聚集居住的环境

中。聚落环境的南北相异与气候、地理位置、自然条件都有关系。江南农村空气比较湿润,雨水较多,一般建筑形态在雾蒙蒙的村落环境中不能凸显。因此古人在建筑造型上大胆运用黑白两极对比:白墙黛瓦,在强烈对比之下无论是晴天还是雨雾天气都能彰显村落建筑形态的纯朴和亮丽。黑白两色为主调的聚落在小桥流水人家的环境中,在绿色环绕的农田中尽显美丽,俨然是一幅天然的水墨画风景,总是会让观者流连忘返,思绪万千(图6-7、图6-8)。

图6-7　安徽宏村聚落景观

图6-8　湖南上甘棠古村

　　一些偏僻的山区聚落建筑还有土墙茅草屋、竹屋、木屋等。如:具有数百年传统的福建永定土建群居楼(八角楼、圆楼、方楼、五角楼等)建筑格式,可谓传统大家族聚居城堡,具有当地的传统特色(图6-9)。

图 6-9　福建永定土建群居楼

第二节　规划中自然景观的开发模式

一、自然景观资源分析

关爱地球，关爱环境，关爱人类是每个人的职责。在众多类型的自然生态环境中，对湿地的保护与管理是现代景观规划设计的重要任务。湿地是地球上具有多种独特功能的生态系统，它不仅为人类提供大量食物、原料和水资源，维持生态平衡，保持生物多样性和珍稀物种资源以及涵养水源、蓄洪防旱，又能有效控制洪水和防止土壤沙化，滞留沉积物、有毒物、营养物质，从而改善环境；在降解污染物、调节气候、补充地下水、控制土壤侵蚀等方面均起到重要作用。湿地具有强大的生态净化作用，因而被誉为"地球之肾"。湿地不仅是人类最重要的生存环境，也是众多野生动物、植物的重要生存环境之一，湿地生物种类极为丰富，是人类赖以生存和持续发展的重要基础资源。湿地对人类具有多种生态服务功能和社会经济价值。因此它也是很好的自然景观资源，是提供给人们教育和观赏的好场所（图 6-10）。

图 6-10　农村湿地资源

不同的地形地貌所产生的风景各不一样,具有不同的观赏价值(图6-11)。

图 6-11　湖南紫鹊界梯田

农村自然风景资源的保护与利用是农村景观设计中的重要组成部分,要遵循科学的原则进行保护和规划(图 6-12)。

图 6-12　农村绿色果业

　　我们身边有许多成功案例，如江苏盐城农村，地理位置靠黄海，滨海湿地景观资源的开发和保护规划取得了很好的效果，每年丹顶鹤、麋鹿、候鸟等各种动植物在滨海湿地中繁衍生息，生态自然保护区运行良好（图6-13）。生态环保可持续发展政策的落实给盐城农村带来了生态农业上的巨大收获。农民对保护农村生态环境的认识更加深刻。每年来自国内外的旅游观光客逐年增多，人们在观赏自然景观的同时拉近了生态与人、土地与人、农业与人的关系，体会到生态环境的重要，对促进农村生态环境的保护以及有机农业的发展都起到了积极的作用。

图 6-13　江苏盐城农村

　　自然景观资源的保护和开发还包括生态环境的修复和营造。有些地区由于长期使用化肥、农药，造成田地土壤板结，土壤中的有机微生物和一些昆虫大量减少，经过修复和营造后生态环境转向良好。如：夏夜的稻田间可见到萤火虫美丽的身影；可听到清脆的蛙声一片，还有各种昆虫的鸣叫声，这都可以证明环境得到了及时的改善。现实告诉我们：与自然和谐的设计，才是挖掘景观自然资源，恢复生态环境的唯一途径（图 6-14）。现代城市大多数人对乡村景观的理想印象依然停留在传统田园牧歌式的画面中：青山、绿水、羊群、田野、油菜花、麦浪滚滚、稻草人、茅草房、炊烟袅袅、水边浣洗。可见传统乡村景观和农村的乡土生活依然是人们心中所向往的美景。

图 6-14　农村油菜花田

　　山川、森林、河流、土地等生态资源受一个地区的自然条件的限制。几千年来不断的开垦使得乡村有限的土地生态资源显得异常的脆弱，利用自然景观资源的前提必须是以保护为基础。要让大家知道这样一个知识：大片的森林与座座青山是涵养水源的天然水库，砍伐森林山木实际上是在减少水库的蓄水量，造成水资源的贫乏。森林山地面积减少，水源则会随之减少甚至会枯竭，对人类来说会带来严重灾难（图 6-15）。2010 年春我国贵州、甘肃、广西、重庆、四川、云南等地农村遭遇了历史罕见的大旱灾情就证实了这一点。全国受旱面积 6567 万亩，1501 万人口，923 万头牲畜因旱发生饮水困难。这不能不让我们反省：多年来我们对自然环境一味地开发而带来了严重的后果。自然生态环境受到严重破坏，大自然在报复我们。值得深思的是，云南省也是受灾严重地区，但在受灾严重地区中的元阳哈尼梯田却保持了层层水面如镜，看看他们群山环绕森林密集的环境我们就能找到答案。当地的农民都知道："山有多高，水有多高"的秘诀。他们多年来一直保护森林资源，植树造林，换来了今天的安宁。就在他们不远处，荒山秃岭环抱的邻村干旱严重。可见自然生态环境的保护有多重要。景观资源的开发绝不是在破坏自然环境的基础上进行的，而是以自然生态为原型，尊重自然地形地势，维护农产品生产安全，打造美丽环境。既要满足当地居民的生产生活的基本需求，同时也要满足大众审美的心理需求。

图 6-15　生态环境的破坏带来了罕见的干旱灾情

　　大自然为人类带来了美不胜收的四季景色。旅游观光地的景观开发，在梳理自然环境时注意适当添加和谐美丽的自然植物，可提高观赏价值，既保护了大自然，维护了生态环境，又给人们带来了愉悦和美感，同时还可兼顾到经济效益。如从农村旅游观光的角度来说，农村的自然布局，以及村庄、田野、渠道、池塘、田埂、道路等,还包括蔬菜园、果园、林园、花卉园、畜牧场都是农村旅游景观的空间综合体系。这些不同功能区域组合构成一个相互联系、相互渗透、相互区别,并趋于较完整的乡村旅游的综合体,集中表现乡村旅游的体验性和观赏性,才具有一定的社会价值和经济价值。

二、自然景观开发的主要模式

(一)自然景观的保护开发模式

发挥地域景观特色的魅力,取决于当地的自然特性和地方人文历史积淀的丰富性。如:安徽黟县的西递、宏村自然特色是四周群山环抱,林木茂盛,状为盆地。地理位置十分独特,气候宜人。其自然山水资源丰富,加上当地特有的徽商文化,具有其独特性和地域性。因地势较高,空气湿润,山腰树丛间,河川村落旁,常常云蒸霞蔚,时而如泼墨重彩,时而云轻雾淡,被人们赞誉为"中国画里的乡村"。是自然景观与人文景观交融的具有较高观赏价值的美丽乡村。

内蒙古旅游业发展至今,产业规模不断扩大,产业地位进一步提升,作为国民经济的重要产业和服务业名副其实的龙头,已成为内蒙古新的经济增长点和动力产业。但也应该看到,比起国内外旅游业发达地区,内蒙古旅游业在发展质量、效益上还存在着诸多不足和亟须改进的地方,尤其是在基于内蒙古优势垄断旅游资源、支撑内蒙古旅游形象形成的"草原旅游"领域,还有很大的质量提升空间,也就是说,在经历了"接待化的无意识发展、市场化的自发发展"阶段后,将要进入"规范化的自觉发展"阶段。从整个内蒙古的草原旅游发展战略,到草原旅游景区的开发模式(如景区空间布局、旅游活动与服务项目开发、游览活动模式等)都是亟须研究、讨论的课题。

中国人在世界上最早提出"风景"的概念,很早就形成了以五岳等"天下名山"为代表的山岳旅游地开发模式。但今天,即使是山岳旅游地,也面临着一个从"天下名山"审美模板向"国家公园"审美模式转变的问题。

草原、湿地、沙漠都是近几十年才进入旅游利用视野的资源,它与山岳旅游地在自然环境基础、风景审美机理、活动利用条件、伴生文化类型等诸多方面都有很大不同,但是,人们并没有对草原旅游等晚近开始的旅游形式的模式、思路进行足够的研究、总结,甚至仍旧在以"天下名山"的空间格局、设施安排、游览方式来看待、处置草原等类型的旅游地。

图 6-16　京郊海坨山上的自发宿营

　　内蒙古草原的自然类型(草甸草原、典型草原、荒漠草原、高寒草原)丰富多样,从东到西的民族地方文化也丰富多彩,但各个盟市的草原旅游区在开发内容上都显雷同。简单粗放的旅游开发、管理下,对旅游体验主题和文化内涵缺乏深刻挖掘,草原旅游被符号化、简单化、肤浅化,大大小小的景区都是"献哈达、住毡房、骑牵马、学射箭、喝烧酒、吃羊肉、看歌舞"等项目的凌乱拼凑(图 6-17),对于如下问题缺乏考虑:草原旅游目的地的观光、度假、休闲产品的使用者都是哪些人? 远、中、近程客源的需求如何满足? 内蒙古区内游客与区外游客的需求有些什么不同?

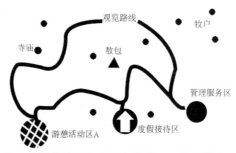

图 6-17　草原旅游空间布局与旅游利用行为模式示意图

　　内蒙古具有迥异于内地的地方、民族文化,有许多可供旅游者学习、理解、体验的文化主题和文化元素,这些地方民族文化主题和元素需要以新鲜有趣的形式,以旅游项目为载体自然而深刻地表达,但是,目前很多旅游地对民族文化的发掘、表达、使用流于浅表、形式不新、趣味缺乏。

图 6-18　呼伦贝尔草原上的马群

草原属于生态环境脆弱敏感区,因此亟须从空间管理、环境保护的角度对旅游经营活动、旅游者游憩活动进行规范管理。目前的草原旅游景区有很多"低水准游乐园化"的倾向,这对想象着"天苍苍,野茫茫,风吹草低见牛羊"的场景慕名而来的中远程旅游者毫无吸引力,长此以往,将会丧失吸引力。

草原旅游地的正常运营,需要设计一个"当地政府—大投资商—小经营户—牧民及其社区"共同参与、平衡分享旅游发展利益的经营模式,唯有如此才能够和谐有序地持久发展。旅游地发展也会带来牧民社区文化改变、道德滑坡、语言同化等问题,而当地文化消失,不仅是当地民族社区的悲哀,也会让草原旅游地因缺乏生活文化的真实场景而彻底地"主题公园化"。

草原地区平坦空旷与环境背景不协调的建筑和景观,将会一览无遗地暴露在旅游者视野中,因此,建筑设施与景观的风格、形式、材质、色彩、体量等都更需要精心打造。但现实情况不能够令人满意,甚至出现汉地风格的亭台楼阁、装饰华丽的敖包等,亟须加强研究和探讨。

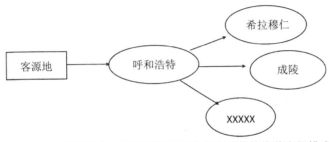

图 6-19　远程团体或一般散客以呼和浩特为基营的旅游空间模式

"供需逻辑清晰化",一是要让各方利益主体清楚确认草原旅游"美"在哪里,即明确知道草原旅游产品提供给旅游者的核心价值是什么,清楚掌握旅游者到访草原寻求哪些方面的价值,实现供需的无缝对接;二是要研究摸索出草原旅游目的地产品组合、空间布局、活动空间组织的基本模式,即人们到访草原时如何审"美"的问题。

我国传统的以五岳三山为代表的"天下名山"旅游模式,其实是一种"景点式"旅游模式,游客以景点(即新奇特异的造型地貌等自然景物、巧夺天工或历史由来久远的人工构筑物)观赏为核心活动内容,游客一路上从一个观景点赶往另一个观景点。但草原地区地貌景物变化不大,缺少有形物质文化遗存,这些特点极不适合"景点式旅游"的要求。

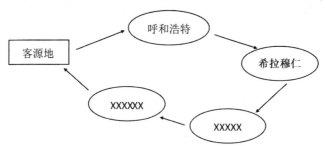

图 6-20   远程自驾车游客访问呼和浩特地区时的链式空间行为模式

草原风景是一种开阔的"眺望风景",是一种"全景审美空间",观赏草原辽阔、壮丽的"全景审美空间"(观光)是每个草原旅游地第一位的游赏活动形式。草原风景也许没有哪一处很特别,但站在草原上放眼望去,哪里都很美,骑马、徒步、驾车而行,也是时时、处处有美景。所以,草原旅游地要尽量控制游憩活动区、管理服务区、度假接待区等空间的面积,要给客人提供多种不同距离的、可放眼欣赏"全景审美空间"的观览路线。

具体而言,草原旅游地的布局上要注意这样几个方面:①将管理区、度假接待区、游憩活动区面积占据整个旅游地的比率控制在极低水平,将环境压力、景观改变控制在较小区域;②规划不同长度的观览路线,满足通过步行、骑行、车行方式游览草原"全景审美空间"的基本需求;③管理区、度假接待区、游憩活动区在空间上要相对分离布局;④管理区、度假接待区、游憩活动区、点(牧户、沿路服务点、敖包、寺庙等)的布局形态要考虑游客使用方便性;⑤综合考虑地形、地物的全局关系进行布局。

风水文化源于我国民间流传的一种选址建房等传统经验的积累。其目的是为处理好人与环境的关系,求得与天地万物和谐相处,达到趋吉避凶、安居乐业的一种愿望。用现代观念分析它,其中包含了环境学、气象学、美学等合理的因素,有其科学的一面,不能一概认为是迷信。西递、宏村的徽商们就是依据风水学而选址建造家园的。徽商在给自己建设美丽家园的同时也给后人留下了丰厚的文化遗产,形成了当地丰富的文脉。皖南西递、宏村因地理位置的得天独厚,文脉的底蕴丰富,融自然景观与人文景观为一体而盛名远扬,不愧是自然环境优越、传统文化雄厚的世界文化遗产。

清华大学的建筑学家吴良墉教授说:"建筑学是地区的产物,建筑形式的意义与地方文脉相连,并解释着地方文脉。"江苏的泰州溱潼的水质清淳、土质胶黏,以盛产上等砖瓦闻名于世。因此当地的砖雕技艺精湛,独具风格。民居门楣常以砖雕装饰,其内容包含:渔、樵、耕、读、三国人物戏文,栩栩如生。在建筑的屋脊和山尖(山墙的顶尖)灰塑上常用荷花莲藕,寓意佳偶天成;松树牡丹,代表长命富贵;凤麟呈祥是表达吉祥如意;牡丹云锦意味前程似锦;多个寿字组成的镂空纹样的山尖表示长命百岁之意;"鲤鱼跃龙门"借喻等。这些内容表达了当地人对幸福的追求和对美好生活的向往。体现当地文化历史的文物除此之外还有木雕家具、门窗、栋梁等。还有各种石狮、石鼓、石础、石敢当、石牌坊、石井等(图6-21—图6-24)。

图 6-21　牡丹、祥云和"寿"字组合的屋脊砖雕纹样

图 6-22　传统生活用具,展现地域历史

图 6-23 传统砖雕宅神龛

图 6-24 具有 800 多年历史的山茶

（二）自然景观的改造开发模式

改造的目的是为了传承当地的自然和文化特色，使之成为有本地传统特色的现代化新农村景观（图 6-25）。

图 6-25　修旧如旧的窑洞

（三）自然景观的创新开发模式

中央第十七届三中全会以后，国家强有力的经济政策的支持，全国都在关注新农村的建设和发展，各地都在用不同的方式建设和促进农村的发展。目前，各地农村正处在各种新旧农村的改造和建设中。

1. 新农居建设要体现地域特色

农民的建筑是农村景观中的重要组成部分，农民建筑的美观与否直接影响到农村的整体形象，建筑群好看农村景观就美丽。

社会在发展，思想在进步，人们的审美也在发生变化。如何创新，这是我们面临的艰巨任务。为避免建筑形式上的混乱，建筑形态的确定可多听取专家意见。在专家的指导下，制定一个既有当地传统特色又有现代元素的框架，让大家在这个框架范围内进行建造。这样可以保证村庄建筑的整体和谐，使当地农村景观的审美价值提升。

创新不能脱离地域特色，而应在传统文化上寻找文化元素，结合现代人的生产生活习惯重新建造，使新建筑既有原本传统风格又不乏现代气息。建新房对农民来说，是生活中的一件大事，农民都喜欢把自己的美好愿望一同建造在自己居住的房屋建筑上，一般都会在建筑上添加装饰纹样。如：用些吉祥物、吉祥纹样在房屋的屋脊、屋角、山头上做些装饰，以表示对家庭幸福、生活美好的追求。因此在新农村建筑上依然可以利用这些装饰元素，这些因素是一种整体和内外环境的和谐,是体现农村文化的一部分。内容及纹样的造型可有不同风格,也可结合现代人的审美习惯再创造,在地区内形成独特的风格,在材料上做些统一和规范.这样的农村建筑一定会有当地的新特色(图 6-27)。

图 6-26　继承当地传统文化的新建筑

图 6-27　具有昆明当地传统文化特色的民居新建筑

新农居建设要注意满足居住者生产生活的双重需要。我国农居一般由住宅(堂屋、卧室、厨房)、辅助设施和院落三部分组成。按农居的传统习惯后院都设有厕所、禽畜圈所和新设施沼气池等。前院有农具放置场地、晾晒场地等。但是，用发展的眼光看，农村一旦全面实现农业机械化，那么农居的形式可能也会随之改变，农民的生活生产方式也会随之发生巨大变化，所以新农居的建设要有一定的预见性和超前意识，合理规划。

图 6-28　具有安徽当地传统文化特色的新民居建筑

2.农田与树木的布局美

植物是与土地利用、环境变化结合最为紧密的自然景观元素。树木具有较强的水土保持能力，其树冠枝叶能截住雨水减少对土壤的冲蚀；树木植物可以遮阴和防止地面的水分蒸发，保护地下水层；地被植物还有固土涵养水分，稳定坡体，抑制灰尘飞扬和土壤侵蚀等作用；植被作为生物栖息地的基础，能在生物保护中起到重要作用。灌木、乔木能起到限定场地，增加场地美感和空间感的作用。植物的这些丰富功能在景观规划中起到了重要作用。

目前我国大多数农村在树木美化农田环境方面做得还很不够，树种比较单一，缺乏观赏性。也许大家还没意识到农村新景观的美丽会给当地农村带来经济利益的问题。若在农村单调的田野中配置一些具有观赏性的树木加以点缀与衬托，可使农村景观起到锦上添花整体出新的作用，以此提高农村景观的审美价值。

农田景观种类很多，有水稻田、麦田、土豆、棉花田、高粱田、蔬菜田等，各种季节都有不同的观赏特色，如果在一望无际的农田中配置一棵树姿很美的大树，它不仅可以点缀农田的整体美，夏季的树荫下还是干农活的人们最佳的小憩场所。果树的特点是有花期和果期的两个观赏期,可以利用屋前屋后、村庄周边的空地、菜地套种,或大片栽植果林搞副业。果树不仅能装饰美化环境,还能创造一定的经济价值,提高农民的经济收入,果树无疑是丰富农村景观最好的装饰植物。

农村的环境美化不同于城市,需要追求经济效益和观赏效果并重。如农村的行道树可栽植杨树。杨树为速生树种,且适应性广,春、夏、秋、冬各有不同的景观效果,还是制作快餐用筷、牙签的好材料。

农村的新景观设计需要发挥各种树木的观赏性,以此提高农村整体环境的品位。可以选用一些花木列植或群栽到田间或路旁,到了花开季节可以观赏到各种不同色彩的田园风光:有粉红色花开的樱花树、有淡紫色花开的泡桐树、有白色花开的槐树,还有金黄色花、玫瑰红果的栾树等等。除了花木还有可观赏叶色的树木。如:银杏树、榉树、枫树、乌桕、水杉、梧桐等等。到了秋季,这类树的叶色极其丰富,栽植这些树木可形成不同的植物色带,装饰农村单调的田野空间,可丰富景观色彩。因此我们可以根据需要,找到不同观赏效果的树木加以合理配置。要注意的是:植物是有地区性的,必须适地适树才能发挥好植物造景的优势。

农村景观需要创新,但并不是排斥现有的农村环境以及古老的传统耕种模式,而是通过梳理和合理布局等方法,在产生经济效益的同时又具观赏性(图 6-29)。

图 6-29　盐城盐都开发的农业深加工特色产品陈列馆

3.创新和开发地方特色产品

创新还可以利用本地资源打造品牌,如生产有机农产品,也是宣传和展示地域特色的一种方法。目前各地打造出的品牌农产品种类繁多,但鱼目混珠的也不少,如江苏的阳澄湖大闸蟹味道肥美,售价高,销路好,一些产蟹的地方便冒牌挂上了它的品牌,以假乱真,造成市场混乱。原因一:从法规上讲,人们的法制观念不够健全;从道德上讲,缺乏社会公德,只想轻而易举获得利益。原因二:缺乏个性,目光短浅,不顾长远利益。要想发展必须创新,尊重和保护创造者的利益,开发和利用本土资源,创造和研制自己的品牌产品,公平竞争才能促进市场经济的健康发展,才有利于地域特色的长期发展。

开发和打造品牌效应并不一定都是生产的商品,它包含环境内容等很多项目。如:品牌观光区域、品牌农庄、品牌农产品、品牌手工艺品、品牌老街等,都可以成为地域特色产品。品牌之所以受大众欢迎是因商品内外都具有独特的魅力,绝不是跟风模仿,一定是具有地域特色的、独一无二的。因此研发地域特色产品需要花大力气。品牌产品本身就是一种宣传,因此容易家喻户晓。如:江苏盐城的胎菊茶、东台的西瓜;淮安盱眙的龙虾、洪泽县的小鱼锅贴;泰州的溱潼鱼饼等都是江苏人熟知的地方特产,商品本身的完美加上宣传力度的加大,让更多人知道和亲自体验到,才能获得较高的美誉度。

名特产开发项目内容很多,充分发挥农村自然生态环境优势,打造绿色产品,对社会健康、稳定发展有着深远的意义。开发当地新品种,打造本地绿色土特产品是关键,好的产品总是受大众欢迎的。因此在绿色生态环境上要花气力做功课,绿色产品是最受现代人欢迎的产品。绿色产品的创新道路无限宽广,前景光明。

第三节　环境空间的塑造设计

一、村庄环境空间设计

目前全国正面临着新农村建设时期,从中央到地方各级政府都十分关注农村、农业、农民的发展问题.由于地理条件的不同,各地经济发展速度参差不齐,建设乡村的条件也不一致。因此对待村庄环境规划设计必须要具体情况具体分析。大致有两种情况,一种是维持现状的即保持自然村的原汁原味的设计;另一种是拆建后集合为中心村的环境规划设计。虽然有许多农村在搞中心村的试点,但也不都是成功的,根源在于新的规划设计与农村的生产生活没有很好地结合在一起,生产方式与生活环境不匹配。

　　建设新农村是居住在农村广大农民的迫切愿望,无论是中心村(集合村)还是自然村的建设都应充分考虑农村生活和生产的特点,与现实的农耕生产相适应。只有适合农民生产生活的农居才能体现与农村整体环境相和谐之美。

(一)自然村落的环境设计

　　自然村落的环境设计一般是以维护为主的改造设计,不是大拆大建。自然村落的格局是农村多少年来(有的甚至是上百年上千年)形成的,一般是农田包围着村庄,村庄可环望田野,"田围绕着村,村看护着田"。这种"田""村"相依相望的格局反映了历代农民与田地相依为命的情结,是农村自然聚落分散产生的适应生产便于看管农田的自然形态。自然村落之所以自然,是有其自然形成的道理,我们应尽可能地尊重当地农民的生活习惯,不要轻易打破他们固有的居住形式。

图 6-30　古老的护村河

图 6-31 村中的蔬菜地

图 6-32 古老的村庄体现的是生产生活的有序与和谐

当人们走进老村落时所看到的古老农具以及用古老农具装饰的环境时,会有一种肃然起敬之感,会引起人们对农村过去生产生活的联想,感受到那时农耕生活的艰辛和不易,让现代人更加珍惜现在的幸福生活,起到一定的教育作用。

村庄院落可以考虑多用农作物装点,断墙残壁可以配置一些攀援的藤本蔬菜瓜果植物让它依然充满生命力,让老村落充满自然美和生活情趣,提高审美品位。

自然村庄环境要协调和满足村民们生产生活的需求,生产出行方便。各种场地要分布合理等,要考虑村民与现代农业生产有直接关联的各种因素:生活上家家要有小菜园,院子里要有晾晒的场地,猪圈、厕所要清洁卫生等。

老村庄与现代生产的和谐关系,梳理好村庄的生产生活秩序,区别传统农耕与现代机械化农耕的不同。农民的居住环境改善了,生活环境好了,才能更好地促进农业生产,这是相辅相成的关系。

图 6-33　老村庄入口,与整体农居建筑风格协调美观

如果生产方式发生了改变,由传统生产方式转变为现代农业机械化生产,那么首先要考虑村庄道路的改造问题以适宜机械农业生产的需求。但仍然应该从保护村庄原来整体环境的原则人手,尽可能不破坏老村庄风格,可围绕村庄外围修筑道路,村庄内依然保持原有的小道。运输基本以村口为界线,在村庄内规划可提供放置机械的场地和仓库以方便村民的使用和管理。总之自然村的规划设计是不影响和不破坏老村庄的原始风格和自然风貌,以适合现代农民生产生活为基础的人性化的环境设计。

图 6-34　老村庄家家有菜地

（二）中心村的环境设计

1.概述

"中心村"是近年来农村改造中出现的新居住形式,集中居住的房型规格一般大体一样。好处一,节约土地;好处二,可集中供电、供水、供气,可节省能源;好处三,可改善农民居住环境,干净卫生,接近城市花园小区模式,便于安全管理。但是我们建设中心村的目的不是单纯地解决和改善农民的居住问题,更应该关心的是这种居住形式是促进农业生产还是影响和阻碍农业生产。

村落的形成是人们与自然相互磨合的过程,是人与自然相和谐的关系。农民的任何居住方式都是和当地的农业生产有着密切关系的,是传统农耕文化环境下的最佳居住形式,从历史上看自然村的变迁一般是因自然灾害(地震山洪等影响)或是生产关系发生了变化,旧的居住形式不能满足新的生产方式。中心村的建立是农业全面实现现代化后的一种居住方式,从事传统农耕的个体农户不适宜集中居住到中心村,新居住环境与传统生产方式之间的矛盾会直接影响到农业生产。

传统个体生产与中心村居住形式不相适应所带来的问题大致有:一是农户田地与居住相隔太远;二是不便搞家庭副业,如养家禽等,新环境无法提供这些饲养条件;三是缺少生产资料堆放库和晾晒粮食的场地;四是大型农业机械无法停放,如:拖拉机、收割机等需有安全管理的停放场地,新居环境没法提供。总之，新居住环境与实际生产严重脱节，给生产带来众多困难，不利于农业生产的全面发展，束缚了农民的手脚。

在农业实行企业化后，中心村是理想的农民新居，农民可以与城市的工人一样按时上下班，家里不需要为农业生产筹备任何工具，企业管理农田、农业生产、农业机械、仓库、农产品深加工、销售等，农民成了企业里的职工。居住环境完全可以像城市人一样。

由此我们对中心村有了一个新的认识，想合并进中心村的居住人群，一般都是不准备长期在农业上发展的，因为中心村的居住环境和条件不适合从事农业生产。中心村可以是一个企业之家的形式体现，也可以是政府辅助村民改善居住行为。如果是企业建造管理，那么中心村的环境设计实际相当于工人新村。如果是政府协助农民的建设，那么中心村的设计也一样是整体规划的系列配套设计，两者都是以方便居民生活工作，丰富居民文化生活，提供健康舒适的居住环境为基准。有些地方在建设中心村过程中直接照搬城市别墅、公寓，严重破坏了农村的自然纯朴的特色。城市的别墅建筑形态无论从建筑功能上说，还是建筑形态上说放在农村环境中都是不协调的。中心村的建筑造型可以在当地传统特色的基础上结合现代人的审美观，以简洁朴素、自然大方、色彩统一和谐为理想，减少那些多余的装饰。如果追求传统式可保留传统的建筑风格和装饰屋脊，以协调为好；如要追求现代式建筑也应该追求极简洁的造型，依然以简洁朴素为基调，材料尽可能与自然和谐为佳。

中心村统一规划建设可以避免农村建筑形态上的各自为政，在选材上可注意协调统一性，在色彩上、造型上、风格上、用材上等可以保持整体的和谐。中心村的建设资金有限，因此在规划设计中要突出经济实用，在生活设施配套设计方面，要结合农村的生产生活特点，如：结合畜牧业发展，利用畜禽粪便加秸秆集中建造沼气中心站等，既解决能源和肥料问题，又有利于环保。

有条件或创造条件与农、林、牧、渔结合办些深加工工厂，便于中心村的居民就地工作，大量发展生态农业，生产出更多、更安全的农副产品，这才适合中心村的建设条件(图6-35)。

图 6-35　现代个体农业大户须有放置大型农机的场地

中心村的建设除了改善居住条件外,还要满足和丰富村民的生活,村内可以规划设计配建一些公共设施,如:图书馆、文化馆、影视院、科技展示馆、卫生所、老人活动中心、养老院、小商店等等。室内外环境设计以整洁卫生为基准,配套设施的功能要贴近农民生活,充分发挥中心村的优势。中心村因居住人口多而密集,需要配置一定的公共设施。如:为孩子们提供游戏场地和游乐设施;为大人们提供交流空间,需配有花架、座椅、凉亭等设施。

一般传统老村庄的特征是,村庄地基要比田地高一些,便于瞭望看管自家的田园;老村的树木较密集、高大;走进村内常见到零星散养走动的鸡、鸭、鹅,听到狗的叫唤声;农家的屋后有菜园、猪圈,前院墙上有攀爬环绕着的蔬菜瓜果;院内有挂晒的粮食等农作物,家家门前还有整齐堆放的木柴或草垛,还有一些劳动的工具……;总之,在村庄中处处可看到展现自然朴实的生活景象。

随着农村机械化的普及,村庄道路的铺装也有了新的要求,要考虑不同机械的重量与宽度,路基的铺装厚度以及铺装工程规格都要符合标准要求。村内还要有停放农机具等场所以及生产所需的晾晒粮食谷物的场地、仓库等。人口集中、面积较大的村庄还应配置商店、医疗卫生、娱乐、文化、养老等设施,总之为方便村民生产生活提供各种可实施的服务条件。

村庄环境设计得再好,如果居民没有良好的习惯,也维持不了多久。一方面,设计师要充分了解农村和农民的生产生活特点,设计出既实用又美观且便于维护管理的环境。另一方面,要引导和培养农民养成良好的生产和生活习惯。

清洁卫生的环境是保证村民健康的基础,无论是什么类型的村庄都需要强调环境的卫生和整洁。村庄居民不仅需要养成良好的卫生习惯,还要有定时清洁检查的制度,以保持家家户户和整体村庄的卫生和清洁。有护村河的村庄,严禁垃圾、污水往河里倒,居民每年冬天都应疏浚,淤泥可以沤制肥料施田,还可以栽种水生植物,以净化水质、美化环境。淤泥沤制的有机肥也是农作物安全可靠的经济良肥。

去除一切对环境不利的因素,保证农庄的环境美丽健康。现在一般村庄中老人和孩子留守较多,年轻人大多数外出打工,因此从老年人和孩子的健康角度考虑,为村民提供图书馆、文化活动室、活动场地,以增进邻里之间的交流,有条件的还可以建造幼儿园、养老院、游乐场等。公共环境中要结合实际,适当地配置公共设施,如:路灯、座椅、垃圾箱、公厕、凉亭等。逐步缩小与城市的差距。

村庄的环境品质除了靠公共环境打造外,还要靠各户农家小院的美化布局。因此农家小院屋前屋后的设计也很关键。一些农村的农民生活富裕后开始注意美化自家的小院了,但因各家的经济条件和文化水平限制,大多数农家还没有注意到这一点。农家小院一般是私有的,因各家的经济水平和文化水平参差不齐,很难统一。但大多数农产都不太讲究庭院的美化。只有那些已进行旅游开发的农村地区的农民深有体会,他们知道整体环境的清洁美丽可以吸引大量游客前来消费,可以获得较丰厚的经济利益,他们尝到了美化自家庭院可以留住游客吃住消费的甜头。为了迎来更多的城市消费者,家家户户都在努力装饰美化庭院和门前。由于审美水平有限,美化的效果并不理想,大多数人在迎合城市人的喜好,学城市的旅馆饭店式的布局,对什么是城市人喜欢的农家美并不是很清楚。那么怎样打造独特的、美丽的农家小院才会受游客欢迎呢? 首先肯定的是不能学城市的宾馆饭店,否则事与愿违。来自城市的人们就是为寻找农村的特色,寻找与城市的不一样而来。其实农家的院落自有美的优势,只要我们因地制宜,就地取材,巧用农家用品,借用植物的特色来美化环境,就一定会有好的效果。如:用树根、板材、竹材、石材等自然材料装饰,能很好地体现农家风格和特色。还可用蔬菜当花卉一样配置成花园,根据果树蔬菜的生长特性,规划四季景色,营造可观、可摘、可尝、可收的体验式农家乐。

2. 设计注意点

设计尽可能用自然材料,避免人工景观的大面积铺装,避免建造华而不实的人工景观,减少对农村自然环境的严重破坏。

以人性化、生态、安全、卫生、整洁、美观为设计原则。适当配备公共设施,建造与农村自然环境相和谐的美丽环境。

设计要符合当地农民生活习惯和生产条件,设计适宜的农家生产生活环境。

具体情况具体对待,设计要避免千村一面的雷同,强调突出村庄的景观个性。

公共用地面积适当控制,反对毫无意义的大面积铺装或大面积种植草坪花园,坚持节地节能的原则。

二、商业环境空间设计

尽管现代化步伐迈得很快,城乡差距在缩小,交通越来越方便,人们的交流渠道在不断增加,但农村集市贸易依然红红火火,农副产品比过去更加丰富,大家都很习惯这样的生活方式。因此对农村集市的保护与人性化设计值得设计师关注。

一般农村赶集地点都设在以乡镇为主要区域的街道上,街道附近有邮局、百货商店、医院、药店、招待所、饭店、农具修理门市等等,为满足当地农村的生活需要而应有尽有。人们在赶集时需要办的事基本在这条街道上就能办完。可以说集市地点也是乡镇政府的所在地,集市的环境气氛如何,直接反映了这个乡镇的政治、经济、文化以及乡镇居民的精神面貌,同时也能反映出地域的文化经济繁荣与否。政府部门不仅有责任提供秩序良好、环境整洁的销售市场,还要有很好的一套市场管理方法。

(一)农村乡镇商业街的特征

农村乡镇商业街一般是以自由市场为主,平时商业街比较冷清,逢集市日却很热闹,任何农民都可以把自产的农副产品拿到集市来出售,市场由乡政府管理。至今各地农民都有赶集的习惯,一般按农历确定赶集日,具体日期各地方都不一样。农贸集市场景十分热闹,不仅仅是商品的交流,还有人与人之间的交流。人们常常利用去集市办事的机会,会朋友熟人,在集会上可以获得各式各样的信息,集市既是商品的集散地,也是各种信息的集散地。

(二)农村乡镇商业街的功能

1.提供整洁而方便的商业环境

赶集能实现商品流通、人际交往、信息传播的功能,是农民传统生活的重要组成部分。规划设计乡镇商业街,首先要以人为本,结合当地的集市特点提供一些必要的便民设施,促进生产和销售,搞活市场经济,增加农民收入。农贸市场历来是集市的交易中心,处理好农产品的废弃垃圾是保持市场环境整洁有序的关键,便于市场经营服务和管理,可促进销售额的提高。农贸市场的设计要针对农民赶集的特点,适当地准备一些可以临时摆摊设点的销售摊位台,便于集市日的农民在有条不紊的管理下随时可以进行自产农产品的买卖,养成遵守市场规则,随时处理垃圾的好习惯,共同维护好市场的清洁。商业街环境规划设计的成败关系到乡政府在农民心目中的形象和地位。

2.提供人与人信息交流的环境

集市上有固定的销售商店,包括餐饮店、茶社,这都是人们交流的地方。饭店茶社的设计要注意空间的合理分布,注意静与闹的环境合理调整,让顾客有选择的空间,满足不同人群的需要。还可以利用橱窗的宣传功能,适当地在商业街休息场所配置橱窗宣传栏,提供农业科技等方面的最新信息。

图 6-36　用竹匾装饰店牌的店

3.提供便民服务和公共设施

商业街的公共座椅、垃圾箱、路灯、路牌、商业广告牌、宣传栏等造型设计和选用风格,尽可能以材料朴实、造型简单实用为基准,注意商业街整体环境的和谐与统一,不要追求华而不实的豪华风格。路灯的设置距离与位置的布局也要规范化、合理化。商业信息栏、广告牌不宜用太夸张的造型和色彩,保持整体环境既统一又不失个性的"对立与统一"的审美原则。公共座椅不仅要注意造型简朴,更要注意露天条件下对材质的要求。

农村的商业街脏乱差现象较严重,一方面人们的卫生习惯不够好,另一方面是商业街的设计和管理不到位,一般都没有垃圾桶,只是有堆放垃圾的地方,严重影响环境卫生。可针对集市贸易的垃圾量设计垃圾箱,造型及存放量都应该相匹配,放置位置也要得当合理。

4.美化环境突出乡镇商业街品质

乡镇商业街在为商品交换者提供方便的同时,应考虑环境的美化,以整洁、朴素、美观的乡村特色为基准,站在整个商业街的高度,进行系统的整体设计,提高乡镇商业街的整体形象,突出乡镇文化的经济特色。如:乡镇的土特产品的宣传,可以在整体设计中作为突出的重点,在形象设计上多考虑如何给人们留下朴实而有特色的深刻印象,以此突出乡镇的经济文化与形象。

图 6-37　山村手工制品小店

(三)设计注意点

乡镇集市的环境设计尽可能用自然材料,切忌人造景观的过多掺入。

以人性化设计为原则,适当配备公共设施,如:报刊信息橱窗栏、座椅、路灯、垃圾箱等。

设计要尊重当地农民的习惯,以此为设计依据。

对店面的形象设计要简洁大方,朴实美观,尽可能成系列性,既统一又不失个性。这样可体现商业街的整体美感。

三、公共环境空间设计

(一)概述

在新农村景观建设时,更需要考虑对这些已有的公共空间进行适当的景观优化,形成村民休闲娱乐的最佳场所。以此完善乡镇村庄的整体形象和整体环境(图6-38)。

图6-38　村庄的公共桥亭是村民交流的好地方

农村的公共空间与城市相比差距较大,为了缩小城乡差别,在有条件的情况下,逐渐增加各种公共空间环境以满足村民们的生活和精神上的需求。如设敬老院、幼儿园、卫生院、图书馆、文化馆、活动中心、体育馆、展览馆(科技、美术、摄影、教育等各种内容的展示)、影像馆等。丰富村民的精神生活,提供广泛接受新事物的环境,以提高村民的文化修养和综合素质。

农村环境的公共空间设计要注意与农村景观的统一和谐,在农村自然环境内建造新建筑要注意与当地的建筑特色相吻合,切忌求怪求异的建筑造型,避免失去农村美感特色。只有以突出农村特色与自然环境相和谐的设计理念,才能建造出永葆地域特色之美的农村景观,这种农村景观的特色美才会经得住时代的考验。农村整体环境的和谐能体现出当地居民平和的心态和顾大局的团结气氛。整体感强的中心村对开阔的农村景观来说,更能突出强烈的地域特色,起到关键的视觉审美作用(图6-39)。

图 6-39　公共设施与农村环境的协调

农村公共环境除了集市贸易环境以外,还包含寺庙、大戏台等。近来有些地区的乡镇还增加了文化馆、图书馆、敬老院、技术培训中心、农业科技成果展览馆等公共环境。由于受经济文化各种条件的影响,大多数农村的公共环境设施还很缺乏,一些传统农村村庄比较分散,公共环境设施贫乏,但一些古镇聚居较集中的公共环境却十分健全,满足了村民精神生活的需要。古镇原有古老的公共设施建造费都是村民们自发集资,为了满足自我精神生活的需要,丰富村民的文化生活而集体建造的。也有富商、富裕乡绅和地方官员等建造的,如:古寺庙、祠堂、古戏台、古典园林等公共环境。

(二)设计注意点

设计师要关心当地农民的生活状态,注重以调查为设计依据,在现有条件下,建设农民急需的公共环境,以满足当地老百姓生活为准,在提供各种生活方便的同时,尽可能满足文化娱乐需求,丰富当地村民的精神生活。

以人性化设计为原则,针对不同环境,合情合理地配置不同的公共设施。

以经济实用为设计原则,遵守整洁、卫生、美观的审美原理。

尽可能用本地产自然材料,注意整体公共环境与周边环境的和谐与美观。

四、农家庭院空间设计

在城市长时间生活的人们开始喜欢在节假日去农村观光消费。吃农家饭,住农家屋,干农家活,游农家乐已成城市人的时尚,农村旅游业发展越加兴旺起来。农村的环境如何适应城市人群的审美需求,如何丰富农村旅游观光的内容,让更多的城市人体验和了解农家生活,这关系到农村的经济发展和农民收入的增加问题。

图 6-40　在自然灌木丛下配置石灯笼和水钵成为院内美丽的一角

(一)农家庭院的特征

农家庭院的环境是折射农家经济条件和文化程度的一面镜子,它可以反映出农家主人的审美观。目前我国各地农村都有农家乐之类的观光旅游项目,并形成了一定的产业,农民家院已成为提供来农村消费游客吃住和体验农家生活的主要环境。作为接待来农村旅游客人的环境,除了要干净,整洁外,还要有农家庭院特有的乡土生活气息。

(二)农家庭院常用植物

农家院落造景设计最擅长的元素应该是与农民生活密切相关的农作物。农作物造景可食用,可观赏,一举两得。可以把小菜园当花园种植,既美化了小院,又方便随时采摘。院子的墙上可以利用藤本植物装饰,丝瓜、葫芦、瓠子、扁豆、山药、南瓜等。具有花、果观赏价值的蔬菜有:菊花脑、马兰头、油菜、茄子、辣椒、西红柿、黄瓜、蚕豆、豌豆、萝卜、香菜等。庭院内还可以种植果树,如:桃、杏、梨、枇杷、柿子、葡萄等。配置一些有香味的花木更可锦上添花,如:桂花、栀子花、丁香、茉莉花、蜡梅、含笑等。游客在不同季节中,可观赏到不同的植物景观,可闻到不同植物的花香,可品尝到不同季节的瓜果蔬菜。这样的农家小院才会留给顾客深刻美好的印象。农家小院的环境设计要注重发挥农家植物美,才能把农家最朴实、最真实、最自然的美丽展示给来自城市的人们。

（三）设计注意点

庭院设计要经济、朴实、大方，农家主人要时常保持院落的整洁，注意室内外环境的整齐、清洁、美观，养成良好的卫生习惯。

装饰素材选取要因地制宜，利用本地乡土元素，体现乡村特色。

从人性化角度考虑，接待游客的农家最好不要养狗，以免惊吓来客，养的话一定要拴好。

合理配置垃圾箱，垃圾要及时处理。

五、农村景观小品设计

（一）概述

随着经济的高速发展，20 世纪 90 年代初我国各地农村陆续兴起了乡村旅游，到处都出现了类似农家乐的观光农业游，因多为农民自发，缺乏足够的引导，或开发者受到一定的局限性，成功者并不多。农村的自然美丽是农村的特色所在，越是美的地方越会吸引观光者。提升农村环境的美感指数可以吸引城市人前来观赏，农村的农作物则是得天独厚的美感构成元素，用传统农具作景观小品可以引发当代人怀旧情绪，引发年轻人的好奇和关注。无论是哪个年代的农具都集中反映了当时的经济、文化与生产力状况，具有一定的历史意义。传统农具有木轮车、板车、木船、铁犁、水车、脱粒机等。还有生活用具如：石磨、石井、木水桶、腌菜缸、油布伞、油纸伞、柳条簸箕、柳条筐、斗笠等，还有原始建筑茅草房（图 6-41）。

图 6-41　利用农村的旧农具与植物装饰的景观小品

民间传统的生产生活用品随着现代化生活的到来而逐渐消失,但这些用具上记载着人类的一段文明史。传统农具和生活用具记载了一代又一代人的奋斗史,因而它是真实生动的。用传统农具做小品景观,具有一定的纪念意义。用具有浓厚乡土气息的物品作现代环境中的装饰小品有较高的观赏价值。

图 6-42　利用旧斗笠、石臼、植物等构成的装饰小品

用农作物塑造形象,巨大的南瓜可以雕刻成南瓜灯,这早已是欧美农民的丰收庆典形式。我国自古民间就有葫芦画,这都引发怀旧记忆。

景观小品常会寻找一些值得留念的物体加以美化与包装,借此牵动人们心中的情感,引起人们的美好回忆,或是儿时的天真活泼,或是年轻时的纯朴浪漫、艰苦奋斗的岁月……总之,是以触景生情的表现手法引发人们对往事的怀念。

(二)设计要点

因地制宜,就地取材,旧物再利用。选择有纪念意义的物体进行装饰,以自然材料为主。

设计中追求形式感的同时要注意与环境的统一与对比的适宜度,层次分明,美感突出。

图 6-43　以水井为中心的植物装饰小景

要注重景观小品的趣味性、装饰性和个性。

追求经济美观、简洁大方的整体美感。临时景观小品的设计更要注意便于组合拆卸等,易于回收再利用和清理。

第四节　景观规划与乡村旅游的结合

一、景观规划与乡村旅游理论研究

(一)乡村旅游度假产品需求分析

根据美国旅行行业协会对 1300 位乡村旅游者的抽样调查,86％的游客是以休闲为目的的,同时从图 6-44 和图 6-45 中可以看出,游客更喜欢亲近自然,游客 60％以上会选择在外过夜,并对农场的住宿和饮食都有兴趣,42％以上住在饭店或者汽车旅馆里面。

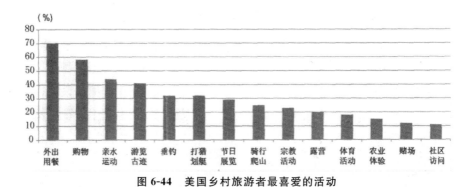

图 6-44　美国乡村旅游者最喜爱的活动

图片来源:美国旅行行业协会(2007)

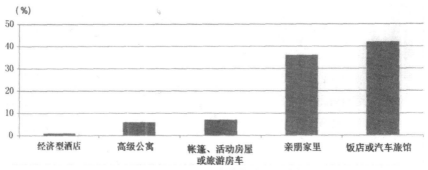

图 6-45　美国乡村旅游者的住宿选择

图片来源:美国旅行行业协会(2001)

中国乡村旅游的消费模式主要是"住农家院、吃农家饭、干农家活、学农家艺、享农家乐"。大部分活动集中在某个农家,如同在乡下探亲一般,户外活动比较少,除了采摘旅游者参与比较多外,旅游者参与程度不高,而且活动往往比较初级,只是在满足城市来的对农村一无所知的旅游者的好奇,使其对于农村生活不再陌生,还不能满足旅游者休闲的需求。随着国民经济的进一步发展,未来乡村旅游将从观光旅游向以教育、体验、康体、休闲、度假、娱乐等多种内容为一体的综合型方向发展,未来乡村旅游在项目产品上也需要进一步拓展。

(1)旅游休闲型:接待地设有特殊的服务设施、建筑以及辅助娱乐设施。

(2)主题观光型:以观光为职能的观光农园或者主题村落。

(3)度假型:观光农园或者主题村落中建有大量可供娱乐、休闲设施,扩展了度假操作等功能,加强了游客的参与性。

(4)租赁农园型:租赁农园目前在日本、法国、瑞士以及我国台湾等地不断出现。租赁即农场主将一个大农园划分为若干个小块,分块出租给个人、家庭或团体,平日由农场主负责雇人照顾农园,假日则交给承租者享用。

（二）乡村旅游项目规划的主要内容

乡村旅游项目规划重点考虑游客选择体验农家生活、品尝农家风味、参与农事活动、分享农家情趣的参与性旅游方式。同样,在乡村旅游项目活动内容设计上,我们应该注意到旅游者的这一消费取向,进行有针对性的乡村旅游项目活动的内容设计,具体来看主要可以从以下几个方面着手。

(1)继续在原有乡村环境的基础上,发展有地域特色和乡村特色的观光旅游。

(2)对农村庭院经济、农园果园经济、养殖经济、畜牧经济、农副产品加工等特色农业产业类型,应作为参与型旅游资源加以结合开发。以收获农牧产品等为主要内容的农园采摘旅游,主要提供农园观光、果园采摘、鱼塘垂钓、森林观光度假、牧场观赏狩猎、乡村民俗文化等旅游项目。

(3)以春节、元宵、端午、重阳等民间传统节庆活动为主要内容的乡俗节庆旅游,应该在深度挖掘本土文化特色与传统的基础上,突出特色,设计相关的项目,吸引游客真正参与到其中来,如黄山市的乡村旅游活动中,唐模的社戏表演、拓片项目,西递的"抛绣球"和邀请接到绣球者登台"拜堂成亲"项目等,要在原汁原味的乡村氛围中让游客真正体验到传统乡土文化的魅力。

(4)以品尝乡野土特产为主要目的的农家美食旅游等专题旅游项目。

(5)面向城市少年儿童的修学旅游。这主要是为了满足大中小学教学的需要,利用农业文化景观、农业生态环境、农事生产活动、农民日常生活与环境、农村民俗风情对城市少年儿童进行再宣传和教育。

(6)融观光、休闲、修学、体验等于一体的综合性农业旅游项目。如西昌天禧花卉博览园向游客介绍植物花卉知识,让游客观赏游览。

（三）乡村旅游商品开发

1.旅游纪念品

它是以乡村旅游景点的文化古迹或自然风光为题,利用当地特有原料制作的带有纪念性的工艺品,如旅游纪念章,旅游纪念图片等。

2.实用手工艺品

当地的手工艺品包括:染织类手工艺品,如刺绣、织锦、编结等;陶瓷类手工艺品,如陶器、瓷器等;编织类手工艺品,如竹编、草编、藤编等;雕刻雕塑类手工艺品,如玉石、竹木、漆等;塑造、镶嵌类手工艺品,如金属铸造工艺品、盆景等;还有其他如当地制作的伞具、扇子、手杖、玩具和各种蝴蝶及树叶标本等。

3.特产品

中国地大物博,物产丰富,不同地域形成不同的地方特色乡村旅游产品。土特产品包括:自制的茶叶、天然生长的中药材、风味物产、山珍系列、时令水果等,如特色小吃、腌制坛子菜、熏腊食品、当地野味等。

4.旅游日用品

旅游日用品主要是指乡村旅游者在旅游活动中购买的具有实用价值的生活日用品,它包括:游览用品,如地图、导游图、旅行手册等;携带用品,如旅行包、背包、茶杯、水果刀、雨伞等;服装鞋帽,如 T 恤衫、旅游鞋、旅行帽、太阳镜、风雨衣等。

(四)乡村旅游项目线路设计

旅游产品的主要表现形式就是旅游线路。目前,我国旅游线路在设计上主要考虑了旅游资源(旅游价值),旅游可达性能,密切相关的基础设施、旅游专用设施和旅游成本因子这四个基本因素,大致采用了以下四个步骤进行路线设计。

第一,确立目标市场的成本因子(它确定了旅游线路的性质和类型)。

第二,根据游客的类型和期望确定组成线路内容的旅游资源的基本空间格局,旅游资源对应旅游价值必须用量化的指标表示出来。

第三,结合前两阶段的背景材料对相关的旅游基础设施和专用设施等进行分析,设计出若干可供选择的线路。

第四,选择最优的旅游线路。我国旅游线路作为旅游产品销售的实际形式,基本上是周游型(多个旅游目的地组成一条线路,同一旅游者利用同一线路的可能性小)的线路,旅游者马不停蹄,走马观花,而逗留型(线路中包含的旅游目的地数量相对较少,旅游目的地多为度假性质,同一旅游者重复利用同一线路的可能性大)的旅游线路几乎没有。乡村旅游是伴随着我国的城市化进程加快而日益兴盛起来的。城市居民进行乡村旅游的主要动机是渴望清新的空气、乡土的气息、民俗的风情、田园的风光、悠闲的节奏。目前我国的乡村旅游形成了以国内旅游者为主、海外游客为辅;短线旅游者为主、长线旅游者为辅;以散客为主、组团旅游者为辅的目标市场格局。

（五）乡村旅游活动开发创新

1. 农耕文化的多层次开发利用

乡村旅游开发必须突出农耕文化。农耕文化与工业文明对比度越大，其田园意味就越足，对都市居民的吸引力就越大。

（1）天然的环境和舒缓的生活节奏

屋前篱笆、田间小道、落日余晖、清晨炊烟，乃至茅舍鸡声、柳塘鹅影等，都是乡村特有的自然美景。所以我们在乡村旅游开发中必须努力增大"大自然"之美在游客心目中的份额，让游客在吃、住、行、游、购、娱上更加贴近自然，融入自然，使乡村真正成为他们回归自然、享受宁静和闲淡生活的地方。另外，对城市周边地区旅游开发地来说，要吸引游客在旅游地居住，就不能把农居夜景搞得灯火辉煌。即让游客于竹椅、草榻之上，可以静心地看星星、看月亮，观察夜幕中的天象，细听草丛中虫儿的鸣叫声，等等。这些正是时时处于光污染包围中的都市人所追求的新奇体验。

（2）农耕文化的展示

我们在乡村旅游开发中可以建设以农耕文化为主体的农业游乐园，在其中设置风车、水磨（石磨）、手推车、脚踩水车、马（驴）拉磨、手工织布机、犁、耙、锄、镐等多种多样的农业生产工具；通过图示、文字和现代声像设备解说古老的农业历史和农耕文化；开展插秧、割稻、拾穗、灌园、牵牛牧羊、饲鸡喂鸭、碾米、磨面、水车灌溉、木机织布、手工编织、陶制品制作等农业生产体验活动；并可以对农耕生活形态的一些典型景象提纯集萃，比如将牛背吹笛、荷塘采莲、小溪摸虾、戏台学步等作为乡村旅游项目的绝妙点缀，从而让游客在丰富有趣的旅游活动参与过程中进一步了解中国博大精深的农业历史和农耕文化。

（3）农耕"出租"

我们在乡村旅游开发中可以让游客租用农家住房、灶具、燃料（如茅草、秸秆）等，自己动手过两天农家生活。即在白天，让游客自己到菜地摘瓜、割菜，在厨房宰鸡、杀鸭，和面做各种食物，甚至去农田参加培土、除草、浇水、施肥等体力劳动；晚上，组织他们与农家趣谈，并举办篝火活动、观看地方戏等，使都市人充分享受到农家的融融之乐。

2. 乡村旅游开发与民俗文化的有机结合

我国是一个多民族的国家，各个民族在文化、生活方式等方面都有所不同，并由此形成了各具特色的民俗文化。民俗的魅力在于独特，即某地域的民俗为本地域所有；在于质朴，即来自民间的乡土味；在于神秘，即不为外人所了解；在于体现传统，即民间文化的积淀。因此，如果我们在乡村旅游开发中能将这些民俗文化加入进去，就不仅能吸引国内城市居民，同时也能吸引更多的国际游客了。

（1）发扬传统礼俗文化

我国是"礼仪之邦"，不仅汉族有几千年传承的礼俗，而且各个少数民族也有复杂多样的礼俗。在我国文化历史遗产中，很多礼俗的内容虽然有不少是糟粕，但其中也有许多精华，需要我们继承下来并发扬光大。因此，少数民族地区在乡村旅游开发中应尽可能发挥本民族独有的民俗文化。即让游客在欣赏了一天的自然美景后，于日落西山时被邀请进入当地村民的住处，喝一口当地的茶水，品一口当地的美酒，尝一口当地的美食，与当地居民共饮共食共乐，并向他们学习各种以礼待客之道，等等。由此使游客在休闲、娱乐之余，又增长知识，从而让当地旅游资源产生更大的吸引力。

（2）发扬传统节日民俗文化

我国的节日民俗文化丰富多彩、色彩斑斓，是一座丰富的宝藏，其中有许多资源是可以被开发利用，并使其为旅游事业的发展发挥应有的作用的。我国悠久的历史使得节日文化的内涵极为丰富，而且这些节庆都是劳动人民生活、劳动、智慧和愿望的反映。如春节，即一年的开始，一般老百姓都要换上新衣，连普通的杯、碗、筷也要添换新的，意味着在新的一年有新的气象。还有元宵赏灯，猜谜，舞狮子；端午赛龙舟，用竹筒贮米和粽子一起投入江中喂鱼虾，等等。虽然少数民族有许多节日跟汉族相同，但他们特有的节日也很多，且各具特色，如藏族的藏历新年、回族的开斋节、彝族的火把节、傣族的泼水节等。这些节日都是很好的旅游资源，只要各地稍加开发，并与当地的其他旅游资源充分合理地结合，就能成为促进当地旅游发展的新亮点。

（3）体验传统的婚俗文化

虽说婚姻是人生大事，但是随着社会节奏的加快，越来越多城市年轻人提倡简约式婚姻，但是在很多少数民族地区还是保留着其原有的婚俗习惯。现在旅行结婚已成为当代青年中一大时尚，即使举行完传统婚礼大多数新人也会在新婚期间到喜欢的地方去旅游，即"度蜜月"，这就为少数民族地区开发婚俗旅游资源提供了市场。这些旅游开发地可以迎合游客尤其是年轻人这种求新、求异的心理特征，为他们提供具有本民族特色的婚礼服务，使当地的民俗文化得到更全面的展示。同样，游客如果能在异地旅游的同时还能参与或者举行一场别有一番异域风情的婚礼，相信此举不仅能加深两人的情感，而且更会使其新婚之旅甚至整个人生增添意外的色彩。

3.乡村旅游开发应与现代文明和谐相融

乡村旅游想脱离现代文化遁入农耕文化是不可能的,但一味引入现代文化符号任其充斥乡村旅游,也会失去乡村旅游者所追寻的农耕意味。都市文明属先进文明,旧难敌新,现代文化的魅力难以抗拒也不应抗拒,所以乡村旅游要发展也必须接受新事物。这是因为乡村旅游从业者虽身居农耕文化环境中,却有超越农耕文化社会阶段的现代意识。比如乡村旅游不可能没有汽车奔驰,但为了不失农耕场景整体美,经营者可以把乡村停车场设在麦秸垛旁或拱顶绿坡上,甚至荫蔽于豆棚、瓜架下。另外,乡村饭店也应有别于城市的酒店,如在这里游客可以亲力亲为,到院子里采摘,现采现烹现食。乡村旅馆可吸取现代旅馆的管理方式及内部设施,但在外形上宜采用竹篱、茅舍式,即要有庭院文化,尽量使居所被绿色所环抱。尤其在待客之道上,也要体现淳朴亲情,尽量弱化商业气息。如经营者可以把价目表印于蒲团、土布餐巾上等。

二、景观规划与乡村度假研究

(一)温泉符号与乡村旅游发展

符号与功能相对,符号满足精神,功能满足实在。温泉功能是指传统观念下的温泉于人类的实在作用,那就是有自涌可保证不断的供水,有足够的温度可供直接洗浴,有好的泉质可保证治病效果,这三个条件可谓构成顺次的逻辑关系。然而,温泉之传统功能在当下的旅游时代却出了问题,现在新打的地热温泉几乎都分布在乡村地带,泵房替代了自涌,有需求才可汲汤,打出来的汤量可多可少,常见30℃上下地热井,温泉泉质的疗效还是个未知数,多种情形只是在理论上符合温泉功能定义要求。

其实在发展旅游之前,天然自涌温泉也存在量小、温度不高和泉质不理想的情形,那时人们对这些各项指标并非全优的温泉,采取的是能做什么就做什么的宽容态度,温泉是天然自涌的,人们也不以温泉来快速谋取利润。如今,社会对地热温泉多采取苛刻态度,这是因为当前的温泉开发唯经济目的。以温泉中的最优做标准,有意无意地把温泉指向那些广为认同的温泉胜地,这也让几乎所有的地热温泉都蒙上了造假的阴影。

旅游者以生活世界的最高境界当作旅游标准,旅游者也有权那么认为,但那个标准高于地热温泉所能达到,按照旅游者给出的标准,旅游企业就无法收回打井成本和获取盈利,地热温泉地也不能发展旅游,也即双方各自认可的温泉标准不能实现对接,各自都认为自己合理而对方不合理。双方各执一词,但在语言上却让产品供给方有些理亏,这源于传统价值观的根深蒂固。其实,在行动上并不然,供求双方往往可以实现对接,有些旅游者就购买了他们在语言上并未认同的产品,旅游者用脚投票,言不由衷也是旅游者复杂性的表现之一,旅游者来自生活世界但却是人在旅途。

即便是知名温泉或温泉胜地,曾经不为功利的自涌、高温、优质,在进入旅游时代时,也出现了水量减少、水温下降和泉质淡化等问题,来到知名温泉可能洗不到原汁原味的温泉。用温泉功能定义做判断,不仅地热温泉多被排除在范畴之外,而且也让原本真但现在已经为假的变质露了马脚,虽然人们一般不会用过去的真来自查现在是否还真,但却会以此来刁难新入围的竞争者。随着越来越多的人走出城市去乡村旅游,希望在田园风光中浸泡于温泉里,地热加入温泉范畴,也让温泉总量以增长的方式应对了需求增加,但温泉功能定义却否定了那种增加的积极意义,甚至让原有的温泉也可能通过不了重审。

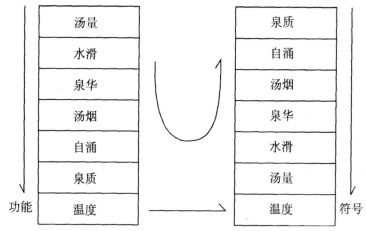

图 6-46 保持温度基础的功能与符号转换

兴隆堡温泉位于新民市兴隆堡镇,在沈阳以西并与沈阳市于洪区接壤,距离沈阳城区仅 20km。该温泉属于地热温泉,发现于 20 世纪 80 年代,采油厂当时为打井而打出了地下热水并做生活与生产用。近年来,地方政府意识到温泉资源的旅游意义,进而大力宣传偏硅酸含氟水质,编制温泉旅游规划及进行招商引资,已建成及在建的项目包括美国郡、加拿大郡、一品汤城等,开工项目包括英国郡、瑞士达沃斯、唐风清韵、温泉城、温泉养老、罗马温泉、中体温泉、麦田温泉等,项目总数达 19 个,总投资 200 亿元,取得了显著的建设成效。然而,也正因为是地热温泉并且没有早早做宣传,给予社会某种刚刚打出温泉的错觉,坊间存在着兴隆温泉为地热的观点。不仅是为了以正视听,地热温泉本身就是温泉的一种形式,近 30 年的存在历史本该早就得到社会认可,自然要反省过去几十年对温泉资源价值的不敏感及不重视,作为乡镇的兴隆堡及以农业为特色的新民市,也亟须其地热温泉得到社会在言语上的认可(图6-47)。

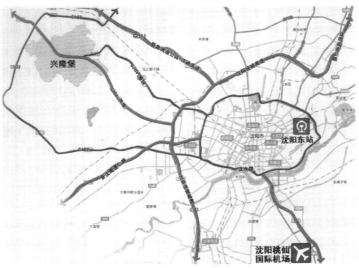

图 6-47　兴隆堡地理区位

图 6-48　兴隆堡温泉之乡——美国郡(一)

兴隆堡温泉日涌出量10700t,若以镇为单位进行排序,其温泉日涌量为辽宁省之首。大众旅游时代,汤量已成为温泉各项指标中最为重要的,辽宁某著名温泉疗养院早在 10 余年前就实施分区限时轮汤做法,有些温泉采取不诚信的掺入自来水的做法来增加汤量,更有以井水加热替代温泉的企业,大连某知名大型温泉度假村日汲汤量只有区区 200t。如今,不能保证和保持原真性的温泉也比比皆是,剔除不诚信而与泉源不能自涌相比,让每位旅游者都能及时泡到温泉更重要,前者让人凝视,后者使人体验,可以这么说,拥有足够汤量的地热温泉要好于汤量不足的老牌温泉地,这是针对时代特征对温泉定义做现代性修正与理解的结果。原真性适合于文化遗产,旅游体验讲究的是真实性或曰真适性(真且适度、适量),体验不到温泉或体验量不足,就无从说起体验的真实性。汤量决定温泉,正符合科恩所言的浮出真实(emergent authenticity),是以前没有的真实,或是以前没被注意的真实,当时也不应该被注意到,翻译为渐变真实似乎有些不太准,以汤量大作为符号来代表温泉整体,此机理也被文化学者称之为转喻,其实就是现代具有积极意义的以偏概全,现代性已让许多曾经的全面失去了形状。

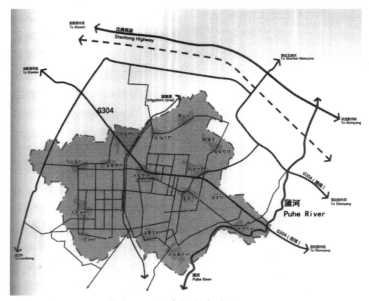

图 6-49　兴隆堡原水域图(一)

　　旅游者不是专家,不能在体验现场检测温泉泉质。几乎所有温泉地在宣传自己的温泉时,都借用权威机构主体资格,夸大主要成分的医疗效果并号称含有几十种微量元素。在这个理性造假的时代,机构瞒真、名企造假、人物谎言,旅游者宁可相信自己的体验,愿意承受因体验的可能错误。兴隆堡温泉水感很滑,浴中感水滑而出浴后可验肌肤香滑,白居易《长恨歌》中的"温泉水滑洗凝脂"也道出了这项指标的特殊性,以往我们往往喜欢为渲染氛围而引用此句,而不是作为研究的论据来使用。

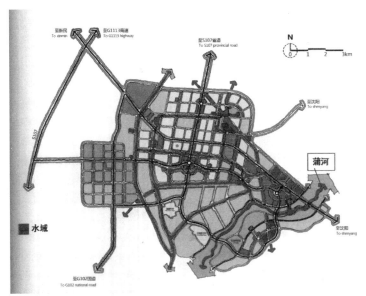

图 6-50　兴隆堡原水域图(二)

　　温泉多有故事,之一是敌我双方追至温泉就放下武器而享受温暖。温泉以博大胸怀不分贵贱地向所有人奉献健康。既然假定已没有真正意义,具有奉献精神的地域之涌现才是真温泉,涌现性也是后现代的一个特征,精神即是符号。

图 6-51　兴隆堡温泉之乡美国郡(二)

　　乡村旅游以田园风光做背景,也应以自然景色做区隔来防止聚落连片。兴隆堡不仅可以如此,进而计划将位于中心镇的温泉引入周边村落,让村子成为乡村旅游的活力版块而不仅仅是作为中心镇的陪衬。蒲河位于兴隆堡与沈阳与洪区之间,距离兴隆堡温泉只有 7.2km,引汤到蒲河可谓将温泉引到自然中,可形成有限规模的温泉野奢度假带。引汤到蒲属温泉移动而非符号搬运,但温泉到达后将在河岸环境中发挥符号作用并最终转化为旅游资源(图 6-52)。

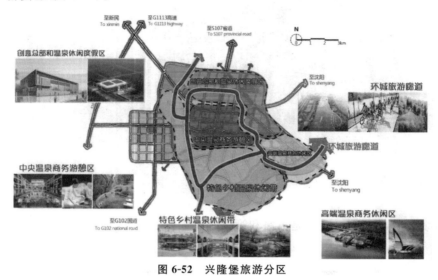

图 6-52 兴隆堡旅游分区

(二)县域乡村旅游形象规范标准与应用

我国乡村旅游的发展大致经厅了四个发展时期,即自发发展时期(1985—1998)、政府引导下的规模发展时期(1999—2002)、管理与规范发展时期(2003—2006)和提升时期(自 2007 年后期)。以北京为例,2005 年,北京市旅游局会同市农委在《北京郊区民俗旅游村(户)标准》(试行)的基础上,经过反复调研、专家论证,对《乡村民俗旅游村(户)等级划分与评定》进行立项,并于同年 4 月 30 日得到北京市和国家技术监督局的批准,通过一系列相关标准的制定,北京乡村旅游市场竞争逐步实现规范化。2009 年出台了《乡村旅游特色业态标准及评定》系列标准(DB11/T 652.1～9—2009),包括 9 个标准文件,涉及乡村旅游八大业态,使得乡村旅游的发展步入了"有章可循"的标准化、规范化发展之路,标志着我国乡村旅游从规模发展转变到品质的提升和规范化的发展时期。与此同时,另一具有重要意义的是乡村旅游形象规范需求与应用已经凸显,一批具有相当水准的乡村旅游形象被设计出来,并被加以采用。实践证明,通过采用精良的旅游形象设计与规范,对我国乡村旅游的总体提升带来了良好的效果,也是当代旅游形象规范体系展示的一个不可分割的部分。

以往乡村旅游在公众中的印象是"物美价廉",有一个简单的农家院箱式招牌就行,规格与色调也是五花八门,既缺失能反映乡村的风土人情,又显得随意与不规范,严重影响了乡村旅游在公众中的形象。随着乡村旅游的不断发展,人们充分认识到"民俗、民俗,就是形象与卫生不能俗"。因此,乡村旅游的形象设计与规范问题就显得极为重要。

在一个县里分布有风景名胜区、景区、度假村和民俗村,所属关系很复杂。我国将旅游景区划分1A—5A 五个等级,风景名胜区划分为国家级和省级两级,度假村宾馆划分为 1—5 星级,有相应的规范与标准。但是,对于乡村旅游和没有星级的景区、度假村来说,国家目前在这一层面上也没有出台更为细化的形象规范,加上乡村旅游的民俗村与民俗户分布分散,没有边界,所以,在一个县域内,需要有一个大景区的整体观,在遵循国家、省级旅游标准和相关标准下,建立一个统一的形象规范体系,把乡村旅游的形象规范放在一个大的形象框架中,是一件很有意义的事,也是大景区整体观的一种体现。

形象规范与乡村旅游提升我国乡村旅游发展在第一阶段是走了一段自发发展期,各自为政。但是第二和第三阶段是在政府的引导下的规模发展和管理规范发展,足以说明我国的乡村旅游发展是一个有序的发展。首先,在这一过程中,县与市两级政府参与了大量的工作,颁发了相应的规范与标准。实践证明,以县、市为单位的乡村旅游形象设计与规范符合我国国情;其次,我国地域文化与风情的差异也与在这个层次上实施形象设计与规范相吻合,既能反映多样的地方文化特色,也有一定的地域规模,一域一风情,能起到弘扬我国丰富多彩的民俗特色作用,同时也使得广大游客在旅游的移动过程中可以收到良好的视觉效果。

图 6-53　密云雕像

图 6-54　密云风情大道

　　形象规范与乡村旅游的提升密不可分，在北京，"十二五"期间，市政府除引导乡村酒店、休闲农庄、汽车营地等市场投资热点项目的有序发展和加大养生山吧、民族风苑、国际驿站、教育农园等新业态的政策倾斜和扶持力度外，结合市场需求，借鉴国内外乡村旅游的成功经验，再推出汽车营地、葡萄酒庄、创意农园、教育农园 4 种新业态，并制定相应的基本要求和评定标准。所以，乡村旅游的目前发展趋势更需要良好的形象规范与之呼应。

图 6-55　传统民俗庙会

图 6-56　传统民俗舞龙

图 6-57　密云民间工艺品玲珑枕

图 6-58　布贴画

　　设计者既要提炼以乡土、自然元素为主体的乡村旅游形象，又要照顾到大景区内其他旅游形态,使得形象设计不过于俗气和单调。因此,需要丰富多样和带有乡土气息的形象设计。

乡村意象是乡村景观在长期的历史发展过程中在人们头脑里所形成的"共同的心理图像",其主要表现为乡村景观意象和乡村文化意象,如"四合院"——北方民居村落的景观意象、"小桥、流水、人家"——江南水乡村落的景观意象、"山深人不觉,全村同在画中居"——皖南山区古村落的景观意象、"芭蕉、竹楼和缅寺"——云南南部傣族村寨的景观等。

在县域的大环境下提出旅游形象规范是一种新的尝试,与乡村旅游的提升和乡村新业态的不断推陈出新相呼应,值得我们去推崇。一来给乡村从业者和管理者一个可以遵循的标准,为提高乡村旅游的服务质量起到了先导的作用;二来给广大的游客带来视觉上的美感享受,还原乡村田园风光的本来面貌.如果为了旅游经济,而忽略了由此带来的杂乱无章和视觉污染,是有悖于我们的旅游精神的。

在这里我们对县域旅游形象规范体系只是作了一个初步的探讨,需要进一步地完善。特别是对于一个规范,需要我们不断地用实践去检验,只有经过实践考验的才是好的。相信我国乡村旅游发展会有一个美好的前景。

(三)休闲发展助推环城乡村现代化

西方在现代化中保留了传统民居,没有肆意侵占农田,没有大规模改变维系了多年的乡村格局与文化脉络,而我们依照城市模样,画出乡村对于现代化的想象。我们把现代化与工业化、城市化画上了等号,于是以改变城市的思路改变着乡村。

乡村是传统的大众化休闲地区,对于城市来讲,它广袤的乡土空间为不同层次、不同类型的个性化城市居民户外活动提供场所。城市的膨胀使人们的生活、工作压力增大,迫切需要在空闲时间寻找休闲娱乐空间来消除烦恼,放松身心。随着城市居民人均收入、消费水平的提升,交通相对便利的环城市乡村地区率先产生了以农家乐为代表的休闲产业,环城市乡村居民将自家宅院改造为餐饮住宿为主要服务功能的休闲场所,或者利用自家田地吸引游人观光采摘。环城市乡村以其方便的交通、优良环境以及个性化休闲产品成为城市居民日常休闲度假活动首选地。

20世纪90年代后期,以国家旅游局推出"城乡游主题年"为标志,乡村休闲进入了乡村旅游阶段。这一时期,乡村休闲农业在全国有了发展,出现了以北京"锦绣大地农业观光园"、上海"崇明岛生态农业园"等为代表的观光农业园。2006年,以国家旅游局推出"乡村旅游年"为标志,乡村旅游进入乡村度假阶段,休闲农业在各地有明显发展,乡村度假房地产启动,推动了乡村度假产业的发展。乡村休闲呈现出高端化、个性化、主题化特点,已经不局限于传统概念中"乡村"的特征,成为人们日常度假活动不可分割的重要部分。

乡村,特别是环城市乡村地带对维持城市生态有重要作用。百年的城市化进程让人们对城乡关系有了进一步认识,认为乡村等开敞地带在城市生态体系中不可或缺。以"反规划"为代表的城市规划理论,通过景观规划途径,在城市建设生态基础设施应对快速的城市扩张。这一背景下,环城市乡村成为城市生态涵养的重要地域,且城市建成区密度越大,对建成区外的缓冲和保护区域的需求越强。环城市乡村以丘陵、河流、平原、山谷为背景,在发展农业的同时产生了与城市在空气净化、污染缓冲等方面的物质交换,在发展休闲产业的同时与城市经济、文化产生交换,二者形成一种稳定的循环机制,促进城市与乡村平等化。

乡村受到城市化和工业化冲击较小,因而传统文化在乡村保留得更为完整。很多在城市已经消失的文化习俗在乡村还能看到便是佐证!城市人到乡村希望体验到尺度更宜人的乡村格局,品尝农家菜,感受淳朴的乡村文化等,客观上为乡村文化传承奠定了基础,使文化从实用自娱向审美过渡,甚至激发出新的传承物。同时,濒危的非物质文化遗产也能因为休闲和旅游业的发展而重新得到重视,焕发新生。例如,在玛雅废墟附近的玛雅村庄,当地村民为了迎合游客的需要,依据考古学家和历史学家的描述,纷纷开始恢复他们祖先的一些已经没落的文化传统,使古老的玛雅文化在形式上得以重现。此外,由于环城市乡村临近城市,濒危的传统文化在这些地区有更多的机会受到社会关注,为其文化传承争取更多可能。

在旅游业发展中,乡村文化出现了同化和变异现象,并最终给其传承与发展造成了负面影响,但权衡利弊而言,乡村旅游业对于很多处于衰落边缘的乡间传统文化仍是一剂救命良药。保持乡土文化不能削足适履,不能因为旅游发展的需要而让现代人表现出生活在古代一样的场景。从现代化的角度来看,在发展中重新培育当地人的文化认同感,恢复与其文化身份相适应的生活习惯,同时保证其享受现代化生活的权利才是合理的。

三、景观规划与乡村旅游发展模式研究

(一)"庄园"旅游发展模式

传统意义上的庄园,是指欧洲贵族的居所,拥有豪华的城堡和美丽的田园风光。历史上庄园是一片生活和经济的综合体,它既是私人住宅,又是一种自治的多功能的经济、社会、政治及文化的有机体。维基百科对庄园的定

义如下:庄园,是一种存在于贵族制或封建制度中的社会经济共同体。庄园是中世纪欧洲乡村经济和社会的基本单位。俄语中的庄园最初是指农村中包含全部农用地、花园、菜园的地主住宅。

庄园是依托乡村性和地格在乡村大空间范围内建立的,主题鲜明,以旅游为核心,融合休闲度假、科学教育、娱乐餐饮、商务会议、居住和交通多种功能于一体,满足都市人回归自然、回归田园,强调游客体验的升级版乡村旅游发展模式。

在农业生产的基础上扩大其应用范围和功能,是乡村旅游发展到一定程度,依托乡村性和地格形成的一种乡村旅游发展模式。通过"庄园"模式引导乡村旅游有序升级,实现乡村旅游资源的充分利用、优化,平衡乡村旅游的供需结构。"庄园"功能全面,涵盖"食、住、行、游、购、娱"六大旅游要素的诉求,集观光、科普教育、体验、休闲、养生保健和度假于一体,观光性和体验性于一身,覆盖面广,提供多种多样的服务。它可以是农业生产场所,又可以是农产品消费场所和休闲度假旅游场所。

主题是"庄园"展开经营活动所要围绕的中心,是"庄园"旅游服务所要展现的意向。这是一个抽象的概念,借助乡村旅游吸引物、旅游产品、旅游基础设施、工作人员等实体来形象化展现。主题依托乡村性、地格、资源特性、文化传统、民俗特色和市场需求偏好,确定主题内容,如葡萄酒主题、茶文化主题、薰衣草主题、番茄主题和南瓜主题等。

乡村旅游的旅游吸引性很大程度上取决于乡村旅游体验。Pire 和 Gilmore(1998)提出的创造体验五个原则:体验主题化、以正面线索强化主题形象、淘汰消极印象、提供纪念品和重视对游客的感官刺激。参照五个原则设计"庄园"体验活动。在既定主题下舞台化乡村旅游活动,"庄园"是大舞台,工作人员是舞台上的演员。旅游产品是道具,顾客是观众,身临其境,全程参与"庄园"的活动,体验农业生产活动、居住村舍居所、品尝新鲜的农产品,留下一次难忘的经历。

"庄园"靠近大城市,以大型城市为中心作为主要目标市场。大型城市经济发展水平高,城市居民工作压力大,回归乡村休闲度假的意愿强烈,可自由支配收入高,有高端旅游消费的需求和能力。大型城市交通网络构建完备,"庄园"旅游的可进入性强。如以北京为中心的京津冀地区,以上海为中心的长三角地区,以广东、深圳为中心的珠三角地区,都具备发展"庄园"的经济条件。

"庄园"与农、林、牧、副、渔等农业生产相结合,集农田、草地、森林、蔬果、花卉、鱼塘和农舍于一体。"庄园"既是农业生产基地,进行正常的农业生产,又是工业生产基地,进行农产品的加工。如葡萄酒庄园既包含葡萄种植园,又有葡萄酒加工厂房进行葡萄酒酿造。

"庄园"经营是指确定经营主体、确定组织方式以及确定营利方法的过程。确立"庄园"的经营模式需要考虑以下几方面的内容。

采用什么样的乡村旅游经营模式才最有利于经济目标、社会目标和环境目标的实现,产权是决定经营模式的关键,产权的安排决定经营模式和绩效水平。"庄园"经营模式同时具备私有产权属性和公有产权属性,其中私有产权属性的经营模式的选择根据所有者和经营者之间的博弈决定,属于公有产权属性的乡村旅游资源的经营权是如何转让的则依赖于当地政府的选择。

"庄园"属于乡村旅游发展的成熟阶段。乡村旅游发展阶段的划分依据包括人均 GDP 水平、乡村旅游项目和旅游地生命周期,在成熟阶段人均 GDP 达到了 9000 美元以上,乡村旅游服务包括了专业性和个性化服务,属于旅游地生命周期中的衰落向更新开发阶段。旅游产品向乡村休闲度假旅游产品转化,旅游方式向自主化转化,旅游客源向国际市场转化。

从交易成本节约的视角看乡村旅游经营模式的选择时,在当前的国情下,最佳的模式是旅游景区经营性项目由某一社会资本所有者长期垄断经营,并由所有者来统一经营整个旅游景区。由单一经营主体对"庄园"进行管理,有利于节约交易成本。"庄园"的资本性质以私人资本为主,以追求资本增值为目标,经营趋向高度的市场化。

"庄园"综合利用乡村旅游资源,融合各种乡村旅游产品,整体开发。资源集中经营,在选定的乡村旅游目的地,由一个经营主体对该区域内的乡村旅游资源统一大规模投入,集中招标,进而统一规划、统一开发、统一管理和统一经营。在具体的经营中,"庄园"由一个确定的企业,在客源地进行宣传推广设计乡村旅游线路,安排游览时间。企业主导经营,开发与经营管理完全由这个企业负责,其投资和经营主体是民营企业或民营资本占绝对主导的股份制企业。它们没有土地,向村镇、农户租赁土地使用权,实现乡村旅游开发经营。如北京怀柔区北宅村的鹅和鸭农庄是由外来投资者开发的旅游观光项目,农庄经营者与当地居民合作共生。

经营主体单一化的优势明显。第一,产生品牌优势。单一经营主体采用统一的品牌、统一的形象、统一的服务质量和标准,能够提高当地乡村旅游目的地的知名度。乡村旅游统一进行宣传和推销,有利于提高知名度,形成品牌效应。第二,节约交易成本。企业的品牌和信誉使得散客和团体信赖企业,提高交易的成功率,降低了单个游客的交易成本。第三,改变旅游市场无序和散乱的局面。经营庄园的企业往往是资本雄厚的旅游集团公司,由龙头旅游企业带动本地旅游业的发展,能改变旅游市场无序和散乱的局面,维护市场稳定和质量。

　　"庄园"发展模式包含两种类型,一类是原真性庄园,这类庄园类似欧洲原始庄园,强调农业、工业生产功能,由生产功能延伸出旅游功能;一类是舞台化庄园,这类庄园类似主题乐园,以庄园的形态构建旅游吸引物,旅游休闲度假是主要功能,由旅游需要延伸出生产功能。

　　"原真性庄园"无论是外部形态还是功能用途,都类似于欧洲庄园整体由城堡和田地构成,房屋的建筑风格仿照古典欧洲庄园中的城堡,城堡环绕广袤的农田和花园。主要用途是生产农产品,并进行工业加工,实现"庄园"原始的生产功能,即农业生产和工业加工。

　　"原真性庄园"的景观以及工农业生产过程具备了构成旅游吸引物的条件,吸引大量参观者,构成旅游需求,进而延伸出旅游功能。这类庄园通常由一家企业统一规划、经营、管理,围绕一个农业主题进行农业生产或者工业加工,获取工农业经济收益,注重打造欧洲庄园城堡建筑和园林的环境,配备完善的旅游接待设施,满足游客参观、游览、体验、学习和休闲空假的需要。

　　北京张裕爱斐堡国际酒庄(以下简称"爱斐堡")属于典型的企业主导的"原真性庄园"经营模。爱斐堡位于北京市密云县,由烟台张裕葡萄酿酒股份有限公司融合美国、意大利、葡萄牙等多国资本于 2007 年 6 月全力打造完成,占地 1500 余亩,投资 7 亿余元。包括七大功能区:门口接待区、酒庄生产展示区、村镇接待休闲区、生态水景休闲区、风景山林休闲区、葡萄园生产区、后勤配套生活区。

　　爱斐堡按照古代法国城堡的样式设计建造,采取哥特式建筑风格,在每个细节都展现"庄园"符号元素。从巨大的复古式拱门进入酒庄,沿着蜿蜒曲折的石板路走过两旁复古的雕塑,便是主体建筑群——经典的欧洲城堡式建筑,青色的尖塔顶,白色的墙壁,圆拱形窗户。从远处看,城堡隐匿于百亩葡萄种植园中,与背后的青山蓝天构成天然的风景画。而最吸引人的莫过于地下大酒窖,置身其中仿佛穿越回到中世纪的城堡,酒窖门口的盔甲守卫,古典主义风格的厚重石柱,陈列着一排排整齐的深咖色橡木桶,到处飘散葡萄酒香。爱斐堡古典主义建筑风格的欧洲小镇,提供餐饮、住宿、会议、康乐等多种服务,旅游基础设施完善。

　　爱斐堡由张裕公司独立经营,以葡萄酒为唯一主题,以葡萄种植和葡萄酒酿造功能为主,辅以旅游休闲度假的功能,收益配比以葡萄酒售卖为主,辅以酒庄门票经济和旅游收入。由此形成爱斐堡"四位一体"的经营模式,即在原有葡萄种植及葡萄酒酿造基础上,配备葡萄酒主题旅游、专业品鉴培训、休闲度假三大创新功能。爱斐堡种植数百亩优质酿酒葡萄品种,强调完美的葡萄酒工艺，配备国际顶尖水准的酿酒专家团队，年产200t高品质酒庄酒。正是广袤的葡萄种植园、古典的庄园风貌和堪称国际一流的酿造工艺，吸引了不少慕名前来的游客品鉴美酒。

爱斐堡全程设计体验活动，无时无刻不让游客参与其中，感受到葡萄酒主题。葡萄种植园提供葡萄采摘的活动，游客亲手摘葡萄，做一回农夫，体验"干农家活"的乐趣。城堡地下大酒窖内葡萄酒香扑鼻，提醒着游客已进入葡萄酒乡。城堡二层的博物馆，橱窗展示张裕百年葡萄酒文化。城堡三楼的品鉴中心，提供自制佳酿。游客在品酒师的带领下，按照观色、闻香、品尝的步骤学习如何鉴赏葡萄酒，了解葡萄酒文化和饮酒礼仪。葡萄酒俱乐部提供葡萄主题餐饮服务。而欧洲小镇仿造法国小镇建造，西式教堂、雪茄吧、葡萄酒SPA、超五星级会所以及各式休闲娱乐设施，让游客仿佛真的开启欧洲之旅。为了给游客留下深刻的印象，爱斐堡提供个性化定制，在顾客挑选的酒品上制作个性化酒标，将照片、签名或企业Logo。做在酒标上，打造属于自己的佳酿。这样，即使游客结束爱斐堡旅程，也会通过这个纪念物回忆旅游过程。

有别于传统乡村旅游产品设计粗糙、价位低廉，爱斐堡提供的产品是最高端葡萄酒，价值不菲。顾客目标明确，"绪酒领地"专为世界级政务商务巨子量身定做产品，包括了一桶爱斐堡最高品质的葡萄酒产品和一个爱斐堡独立储酒位的长期使用权。另外，爱斐堡提供葡萄酒主题的总统别墅、葡萄籽精油SPA服务、婚礼仪式服务等，多样化的选择满足不同需求的高端顾客（图6-59）。

图6-59　张裕爱斐堡国际酒庄

"舞台化庄园"类似主题公园，以吸引游客前来旅游休闲度假为目的。

为了塑造完整的庄园体验,融入庄园景观和工农业生产,即由旅游需要延伸出庄园生产功能。"舞台化庄园"乡村性主题明确,通过舞台化的方式塑造庄园景区。乡村风貌和庄园建筑环境是配合主题构建的"大舞台",参与生产活动的"农民"其实是招募的员工,类似于舞台上的演员,"农民"进行的生产活动其实是"演员"的表演活动,游客所参与的乡村旅游活动实际上是舞台化的结果。

乡村度假旅游者购买体验度假产品多为逃避紧张的生活环境,感受休闲舒适的度假生活。休闲度假功能是舞台化庄园的核心驱动力,庄园内要配备完善的度假酒店、商业、会展、餐饮、康体、影院等其他辅助功能。庄园是各种旅游休闲度假服务设施的要素组合体,包含游艇、马术、温泉、高尔夫球场、游乐园、健身房、医疗保健、康体会所等休闲度假设施,满足高端游客在精神层面对生活质量和品位的追求(图6-60)。

图6-60　深圳东部华侨城——茶溪谷

茶溪谷隶属于深圳东部华侨城,是一处以茶文化为主题,体现中西文化交融,兼有"茶、禅、花、竹"等主要元素,配备丰富的旅游活动以及高品质的旅游接待设施的"庄园"。占地近2km²,海拔330余米,包含因特拉肯(Interlaken)小镇、茶翁古镇、三洲茶园和湿地花园四个大主题园区,融合了西方山地小镇的风情、茶禅文化的融合、岭南茶田的幽雅和湿地花海的浪漫。

茶溪谷舞台化诠释了庄园的形态和功能,舞台化展现茶农种茶、采茶的过程。参与茶叶生产的茶农既是茶溪谷的员工,又是舞台的演员,身穿茶农服饰表演耕作的过程。茶园、茶农、农业生产过程构成旅游吸引物,吸引游客参观游览。因特拉肯小镇上有各种街头表演,如身穿苏格兰格子裙的苏格兰男人风笛表演,给人身临其境的感觉。

配合茶文化主题,茶溪谷设计完整的庄园景区,由四部分构成。因特拉肯小镇占地面积约 11 万 m²,建筑风格源自于中欧山地小镇的经典景观,引入瑞士阿尔卑斯山畔的因特拉肯题材,将中欧山地建筑风格与茶溪谷优美的自然景观进行了完美的结合。湿地公园是一处人与自然和谐相处的自然景观,包括四季植物馆、花桥广场、湿地长廊、湿地浮桥、因特拉肯兰花园、四季花田、向日葵园、花钟教堂。茶翁古镇提供茶艺师娴熟的茶道表演,包括半坡街、百茶屏、铁观音、古镇广场(古镇戏台)、醍醐灌顶。三洲茶园是一处天然氧吧,茶田丛林交错。竹乐谷占地约 4000m²,谷内山风阵阵吹来,能清楚听到像音乐般动听的响声。谷内凉亭、摇椅、秋千还有风铃、排箫等全是竹制,躺在竹椅上,看山风拂动细竹,听竹铃"嗒嗒"。

(二)景观规划与观光农业

1. 生态回归游

生态回归游方式是向旅游者提供没有或很少受到干扰和破坏的自然和原生文化遗存旅游环境。以园区优美的自然生态环境来满足久居城镇的居民渴望回归自然、融于自然、享受大自然的恬静和安详,放松疲惫的身心。

目前,世界各国和国内已经有不少成功的案例。如丽江对古城居民发放每月 10 元的补助费,并由古城保护开发公司负责公厕维修、民居保护与维修,就是认识到古城居民居住的价值而采取的鼓励措施,能够让旅游和居民同时受益。但还有很多地区发展不够成熟,如黑龙江省的街津口村,一些村民自主经营鱼皮画、鱼骨工艺品,其他居民则未能参与到旅游开发受益的体系中来。下面重点介绍新疆维吾尔自治区麻扎村的情况。

新疆吐鲁番地区鄯善县境内的麻扎村被建设部和国家文物局评为第二批"国家历史文化名村",村内的千佛洞 2006 年被国务院公布为第六批全国重点文物保护单位,被列入"2010 年中国六大考古新发现"(图 6-61)。

极端的气候条件、偏僻的地理位置、高度封闭的绿洲地域环境,相对落后的经济生产,使麻扎村保留了原始的村落形态、北疆最古老的维吾尔民居、丰富完整的多宗敦煌遗存、传统的维吾尔文化习俗、浓厚的伊斯兰宗教气氛等(图 6-62),使麻扎村在景观建筑学、民俗学、宗教演化史等方面具有重要的研究价值,19 世纪以来一直吸引着德、英、日、俄等国旅行家和探险家的目光。这些都让麻扎村开展古村落旅游的潜力巨大、优势明显。

麻扎村西距吐鲁番市约 47km,东距鄯善县城 46km,西南距高昌古城约 13km,是吐峪沟村下辖 3 个自然村之一,受保护村落面积约 4hm²,共有 231 户,1169 人,均为维吾尔族;宗教气氛浓厚,伊斯兰教为主,萨满教和基督教并存;产业以种植葡萄、石榴、哈密瓜等农作物为主,居民的旅游业收入十分有限,旅游参与程度较低,旅游业收入占家庭年收入的比例普遍很低。

麻扎村旅游区分为:吐峪沟千佛洞、吐峪沟麻扎景区(圣人墓地)、麻扎村古村风貌景区、吐峪沟峡谷风景区。

图 6-61　吐峪沟麻扎村遥感影像图(TM1990)

图 6-62　麻扎村古村风貌景区——火焰山、清真寺、生土房、葡萄田

生活环境方面。除了景区入口,其他区域没有供给水管道和空调取暖设备,电力在近几年陆续供应。民居建筑,是黄黏土生土建筑(图 6-63),百年以上历史的民居比例不少,部分因经年风雨侵蚀、地震、雨水、风蚀等自然变故,出现了裂缝、坍塌,危害文物自身安全的同时也严重影响当地村民及游客的安全,甚至不少已人去楼空,堆放着生活垃圾;也有一些民居,为迎合新的生活需要和审美要求,自行新建了简易车库,土墙外涂抹了彩色油漆。

图 6-63　吐峪沟民居外部

村民方面：街道上可见的多为老人和小孩在床榻上休憩聊天，以维吾尔语交际，极少数人会用汉语与游客交流，生活简朴，着装素雅，信仰行为显著。清早，妇女会在霍加木麻扎的围墙外面隐蔽的角落里跪地低声祈祷。

旅游经营方面：零星几户居民经营农家乐，在家门口卖矿泉水、西瓜、哈密瓜等，价格比鄯善城区内贵 2～3 倍。也有自发经营民居参观的居民，如白克力·达吾提老人（图 6-64），在家门口挂着用汉语介绍他自己（高龄 120 岁）和他家的牌子，门前树干挂着"维吾尔老人照相 5 元/次"的牌子（图 6-65）。

图 6-64　白克力·达吾提老人

图 6-65　居民自发旅游经营

游客方面：游客多为跟团包车到达，用一个小时左右绕村游览拍照，除了挂着"家访点"牌子的民居，其他家庭是被村民禁止进入的，除非有当地相熟的人陪同。游客基本不会体验和参与村民生活。也有不少专门为学术研究到达的游客，一般会有会说汉语的维吾尔族人陪同，逗留时间较长，与村民们交流较多。日游客量约为二百人，周末达五百至八百人。

旅游设施方面：无营业性的旅店；解说设施风格统一，说明文字为汉语、维吾尔语和英语，说明简单，系统性弱；设置了入口收费亭和停车场。

麻扎村的旅游投资开发商为西域旅游股份有限公司吐峪沟分公司，投入资金对部分景区基础设施进行改造，并进行投资、开发与宣传。按照有关协议，门票收入的 65％属于西域旅游公司，15％属于吐鲁番文管局，20％属于鄯善县政府。村民为旅游活动提供旅游资源，包括村民世代居住生活的自然生态环境、葡萄田园风光、生土建筑群落、宗教文化、民俗文化等，销售特色农产品、工艺品，旅游餐饮、住宿等盈利自得。千佛洞目前不开放，只有凭文物管理部门的文件才能进入。麻扎（七圣人祠）早年对非穆斯林不开放，一般不得入内，只能在麻扎周边参观，朝拜者进入麻扎的门票为每人 20 元，现在门票 6 元，游人均可进入参观。

在距麻扎村约 1 km 处修建了抗震安居房，解决麻扎村新增人口的迁移问题,但是,个别村民因经济困难、久居老村的习惯、农作方便等原因,不愿搬离。也有村民反映继续留守老旧土房,是因为旅游投资商的要求。

总的来说,麻扎村的古村落旅游处于快速发展时期,除了消耗旅游开发商物质上的投资,更多的是消耗了村落里的物质与非物质投资。在近八年的旅游发展当中,为了保留"原汁原味"的尘土建筑群落,村民经济水平有明显上升而生活条件却止步不前,当中不少人选择离开或间歇离开。处于村落中环境位置较好的家庭中,则出现了无规划无设计的建设。村落整体环境的存在、结构的完整,是旅游活动可持续发展的基础,透过村民生活反映出来的民俗性、异质性是旅游活动的增值要素。然而,作为旅游资源主体之一的村民,对于游客、旅游开发者、政府来说,处于一种文化、收益和权利弱势的地位。而承载旅游活动的村落生态、社会环境,当地采取的相关规划保护的政策大多只针对具体文物的保护,若失去环境和生活,只剩下土房和洞穴,麻扎村将要变成真正"麻扎"了。

2.观光采摘游

观光采摘园的园林化建设以生态学为指导,园林植物与果树及整个乡村环境景观相结合,形成一个完善的、多功能的、自然质朴的游赏空间。

3.科普实习探索游

现阶段我国农业科普存在很大的市场空白,科普教育和农业科技示范性不强。科普教育就理所当然成了观光农业和农业科普发展的新方向。利用优质农业资源基地开展科技观光,以展示现代化的种植栽培技术、园艺,充分展示科学技术向生产力的转化。

(三)"洋家乐"发展模式

"洋家乐"是指在浙江德清的外国人农家乐集聚区,由于它是"洋人"在我国农村经营农家乐,所以又被称为"洋家乐"。近年来,德清县委、县政府高度重视"洋家乐"新业态的发展,专门成立德清县西部涉外休闲度假项目服务小组,加强指导与服务,鼓励探索多元化的投资形式和经营方式,有力推动"洋家乐"迅速兴起。目前区域内"洋家乐"达40多家,分别由南非、法国、韩国等十多个国家的各界人士投资。

1.融入环保理念改造农房

租用当地的泥坯房在不破坏原有房屋框架结构的前提下,围绕低碳环保主题,利用旧原料,根据房子本身的特点进行设计。院子中,老房子拆下来的大梁对半剖开,成了长条桌;雕花,橡木被用来当花园的藩篱;大树墩成了圆桌;石碌子一个个叠起来,就是凳子;盖着茅草棚的吧台,全部是用废旧啤酒瓶堆垒起来;墙边散放着农家常见的土罐,是烟灰缸;竹篾编成的是喇叭形的垃圾筒。阳台上,废旧市场收来的木头做成柱子、栏杆;竹枝扎成了栅栏;修葺过的屋内,裸露的原木大柱;厅内的花格和吧台,也一"裸"到底,一块块红砖别致地围起后,未加涂饰;屋内的家具物什,都是四处"淘"来的宝贝,有当地古老的暖榻,笨重巨大的沙发床、藤椅子,下面有储物柜的椅子、老旧的火桶,还有从旧理发店搬来的理发椅等等。所有的装饰保留和深化了泥坯房原有的风格和材质,融进新的设计元素,体现出自然和现代感的融合,表达出主人的原生态理念。

图 6-66　就地取材做成的家具

图 6-67　中西文化融合的接待厅

2.提倡绿色低碳生活方式

装修时尽量不从外面带家具和建材进来,花了很多功夫在周围的村子里寻找旧家具,拆房剩下的雕花木梁、石碌、猪槽等都成了他们的装修原料。最具创意的是对猪槽的使用,下面凿了个下水孔,成了一个双人使用的洗手盆。没有空调、没有煤气,夏天靠电风扇,冬天靠每个房间安装的火炉,烧的是本地废木料、木屑压缩制成的柴火。门前有蓄水池承接雨水,水得到循环使用。垃圾分类后,树叶、苹果皮会埋在地下。客人被建议乘火车到杭州而不是开私家车,不允许在室内抽烟,发现一次警告,第二次就要被"赶出门"。客人还被要求节约用电、用水,不提供每天换毛巾,没有电视。晚上可以烧烤,鼓励自己动手做早、中、晚餐,也可以请"阿姨"代劳。

图 6-68　低碳生活

3. 倡导无景点另类健康休闲理念

来三九坞(德清"洋家乐"之一)度假休闲的人大多是"裸家族"(naked family),他们的理念就是:放下一切! 把自己交给自然,过一种简单的生活,爬山、散步、骑车、钓鱼,或者闭上眼睛,不思考也不说话,静听四周的鸟鸣声、山间的流水声、竹海的摇曳声。经营理念是为了给城市的居民创造一个可以完全放松解压的天然场所,但是并不破坏当地的自然环境,做到人与自然的真正融合,受到了客人极大欢迎。

图 6-69　利用老房改造的客厅

图 6-70　废酒瓶做的吧台

4.当地乡风民俗与西方文化融合

聘请当地人做"管家",请村里的一些妇女来做工。村里的孩子会带前来度假的外国小朋友下河摸鱼、上山摘果。销给客人的农产品都是当地村民种的。

图 6-71　德清县莫干山铜官庄山顶上的梦幻家园

图 6-72　享受大自然

四、景观规划与乡村旅游结合实例分析

（一）成都温江区北部乡村旅游

1.乡村旅游空间布局

乡村旅游的迅速发展,逐渐呈现出产业的规模化和产品的多样化。根据当地资源以及交通区位优势的不同,乡村旅游在空间布局模式上主要分为:单核组团、组团联合、轴带串联、核心放射等。

（1）单核组团:有核心吸引物,与主城区有一定距离,环境优美,周边有高端度假需求的客群。其中以泰国清迈四季度假酒店为代表,以四季酒店为核心,周边环绕优美乡村景观以及其他乡村原始文化娱乐设施布局。

(2)组团联合:周边交通便利,具有农业产业化发展的基础,适宜依托现有村落或者镇区发展。其中以日本北海道中富良野富田农场为代表,其中以花卉产业为主导的农业庄园组团联合发展,同时组团内各自独立接待、管理设施,既相互区分,又相互依存。

(3)轴带串联:以交通线路或者河流等,依托周边便捷的交通以及优美的环境,依托近郊村镇发展。其中以我国台湾田尾乡花都为代表,沿道路布局,形成以花卉为主题的休闲经营相结合的主题度假园区。

(4)核心放射:位于主城区边缘。依托主城区发展主题产业链。其中以格拉斯为代表,中心城区周边环状布局香水销售、制造、休闲娱乐设施。

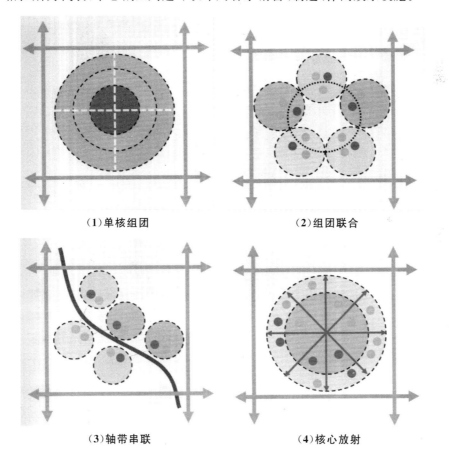

(1)单核组团　　　　　　　　　　(2)组团联合

(3)轴带串联　　　　　　　　　　(4)核心放射

图 6-73　乡村旅游空间布局横式

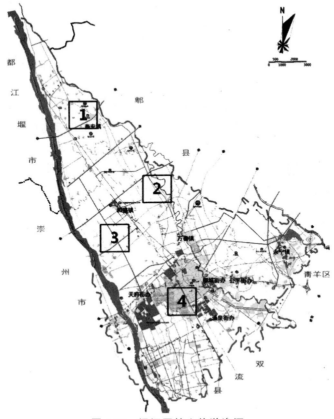

图 6-74 温江区核心旅游资源

2.温江区北部乡村旅游发展分析

温江区属岷江冲积平原,无山无丘,气候温和,河流纵横,雨量充沛,旅游景观资源丰富。温江区,尤其是温江北部区域河流、林盘等自然景观丰富,同时还具有大量的人文旅游资源,鱼凫王墓遗址、文庙、陈家桅杆、大乘院等名胜古迹,以及大量的民间传说,具有良好的乡村旅游发展条件。

温江区北部主要指温江主城区成温邛高速公路以北地区。

(1)陈家桅杆:与主城区距离较远,环境优美。

(2)江安河畔鱼凫王墓:与主城区以及和盛镇区距离较近,有道路和河流等交通联系,蜿蜒河流提供良好景观,有一定的花木产业基础。

(3)和盛川西林盘:花木产业基础雄厚,交通便捷,现有和盛镇区与村庄可提供度假接待设施。

(4)和盛镇:位于主城区边缘。

图 6-75　陈家桅杆

3.规划策略

结合前面研究分析,未来温江区发展需要依托成都、重庆为主要客源地,根据自身的乡村名胜、良好的观光农业优势以及其他的资源特色,开发多种类型的旅游产品组合;在规划上,尽量保持当地整体风貌进行建设,推动当地农村旅游业的发展。其主要的发展策略有:

策略一,保护并发展已有的人文景观资源——陈家桅杆,以其为核心布局高端旅游接待设施,注重保护并优化现有优美的自然与人文环境。

策略二,充分利用现状道路交通基础和优美的水系资源,借由特色农业产业发展旅游度假区,塑造特征鲜明的城市空间。

策略三,结合现有的川西林盘的特点,利用道路串联各个不同特点的林盘,配以相应的特色旅游接待设施,组合为一个大型的农业产业庄园。

策略四,在主城区外围或者边缘地区发展花木主题农园,将都市的活力吸引至开放空间,同时进一步细化和完善主城区的旅游度假接待设施,利用花木艺术公园美化城市居住环境。

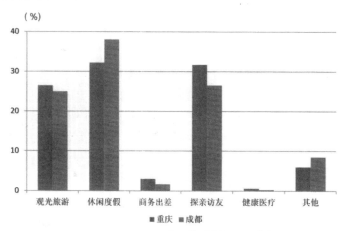

图 6-76　成渝旅游目的比例(2009 年)

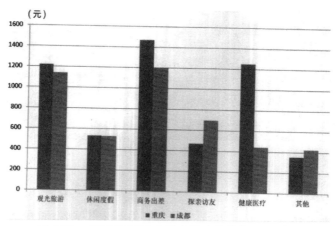

图 6-77 成渝居民国内旅游出游人均花费（2009 年）

4.温江区北部乡村旅游产品策划

旅游市场发展趋势与需求决定了旅游产品体系的具体内容。针对温江北部乡村旅游市场进行分析，其主要客源市场来源于成都、重庆两个地区。随着成渝经济区的快速发展，消费水平不断增长，成渝地区逐渐进入休闲度假时代。成渝两地城镇居民的旅游消费已经初步具备了休闲度假特征：①休闲度假成为成渝旅游最主要的目的，其次是探亲访友，观光旅游；②休闲度假相比于观光旅游、健康医疗消费不足，消费能力提升空间较大，目前每天消费约为 500 元，这主要由于当前国内旅游还以休闲观光为主，休闲度假服务消费设施和服务水平亟待快速发展，导致休闲度假消费能力不足。

休闲度假成为当前成渝地区旅游的重要内容，因此在此趋势下，合理布置温江北部乡村休闲旅游度假产品成为温江区北部乡村旅游度假发展的重要内容，需紧跟市场机遇，促进当地旅游经济快速发展。

根据前人对乡村旅游度假产品需求的分析，未来区域范围内乡村旅游中，过夜的人数将超过 60％以上。结合当前成渝主要客源地的旅游消费趋势，未来温江区北部乡村旅游将主要以名胜或主题观光农园为重要吸引物。在旅游服务设施建设上，以大型可供娱乐度假的游乐设施，如主题度假酒店、文化艺术体验、运动体验为主，构建完善的乡村休闲度假产品体系，打造成渝地区重要的休闲度假目的地。

在空间布局模式上，依托各区域资源与交通区位的不同，采用不同的发展模式。

（1）单核组团：寿安镇距离主城较远，周边具有良好的乡村风景与古文化资源，以陈家桅杆为核心，打造川西历史文化旅游区。

（2）组团联合：依托和盛镇周边良好的资源，延伸高教、花木等产业链，打造和盛文化教育休闲区。

（3）轴带串联：沿江安河两岸，打造优美景观环境，构建以顶级度假产品集群为核心的江安河顶级度假区；以金马河、成青快线为轴线，构建以运动体验、花木园艺展览长廊为核心的旅游产品体系，打造金马河乡村休闲运动区、成青乡村生活体验旅游区。

（4）核心放射：万春距离成都市区较近，依托良好的区位优势，发展健康休闲旅游产品体系，打造万春综合合旅游度假区。

5. 江安河顶级度假区

主题定位：水岸田间、度假秘境

发展思路：以顶级度假产品集群为核心，构建发动引擎，向北形成顶级文化艺术休闲产品，向西形成高端休闲运动产品，向南形成高端健康养生度假休闲产品。

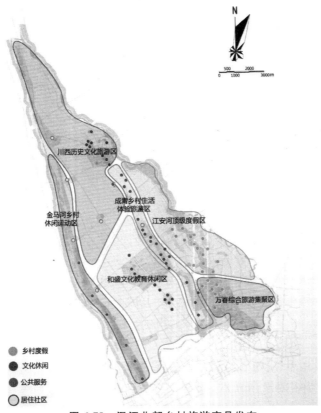

图 6-78　温江北部乡村旅游产品发布

主要产品类型包括：①田园度假酒店群：超五星国际品牌度假酒店、会员制乡村顶级会所。在规划上，嵌入乡村田园基地，高端私密，拥有最广袤的乡野腹地，尽享自然，融入川西建筑文化元素，底蕴厚重，同时通过种植大面积花卉营造浪漫氛围，植入现代建筑风貌，构造清新自然的场景。②文化艺术休闲主题：依托私家田园腹地，打造低密度私密性文化艺术休闲与居住空间；依托优质湿地河岸及田园背景，根植田园生态之中的高端低密文化商业休闲片区；借助林盘村落功能置换，构建川西特色庭院式高端奢侈品购物消费空间。③健康养生主题：根植田园基底，通过增加"室内＋室外"健康养生休闲项目，打造江安河畔顶级养生度假组团。

6.万春综合旅游度假地

连接温江中心区与江安河度假区，与两端互动发展；强调田园养生概念，提倡乐活人生概念。以国际国内养生度假市场、近郊常态健康养生市场、养生度假居住市场为目标，构筑具有强大竞争力和识别性的"养生度假、全息公园"空间特色；凸显万春及北部片区旅游集散和商业公共服务功能。

主要产品类型包括：①慢活居住：依托万春优质的田园花园环境，倡导慢活的居住生活理念，强调健康养生主题，面向中高端的居住产品提供，同时针对银发市场提供专项产品。②爱情主题休闲：打造慢生活方式下的婚庆蜜月产品系列。以特色美食、休闲、娱乐等内容，构成慢活风情休闲片区，以婚礼教堂为号召，吸引新人来此举办婚礼，并作为蜜月目的地。③慢动健康：与金马河运动主题相呼应，提倡慢动的健康运动方式；依托优质的乡村田园和花卉基地，嵌入回归天地的慢动项目。

7.成青乡村生活体验旅游区

主题定位：回归乡村，纵情田园

发展思路：依托成青快线两侧乡村功能转换，打造多主题乡村度假酒店，串联构成主题乡村体系；依托花木基地形成开放的花木园艺展览长廊；沿成青旅游快线作为展示界面，引导旅游产业及项目纵深发展；强化家庭式、科普式、养生式的花主题产品功能。以都市近郊休闲市场，以青城山为目的地的国际国内过境市场为目标，构建乡村生活体验旅游长廊、花木园艺展示长廊。

产品策划思路：融入村居、农耕、老把式、阡陌、灌渠、庄稼地、乡音、乡情、农家菜等休闲娱乐元素，为都市休闲人群提供步入式全息乡村生活场景。

8.和盛文化教育休闲区

定位:文艺教育,生态健康

发展思路:以高端教育休闲度假人群、文艺社交人群为目标,打造和盛健康文艺教育基地。

产品策划思路:塑造花木大地景观,延伸花木产业,形成研发种植、科普、研制衍生产品等产业链条;以花主题为特征,拓展式运用花木林盘村落资源,开发多元化观光度假休闲产品;强化家庭式、科普式、养生式的花主题产品功能。

9.川西历史文化旅游区

主题定位:古意川西,新韵寿安

发展思路:以陈家桅杆及寿安老街为核心,构建文化展示体验区,形成底蕴深厚的商务会议度假项目,纳入青城山国际旅游目的地体系;同时利用项目,将川西文化系列化多元表达。以国际国内文化观光体验、都市文化休闲、商务会议为目标市场,构建川西文化的深度体验地。

主要产品类型包括:①川西官邸宅院文化体验:通过历史文化的情景式表达,聚落式衍生多元化观光休闲产品;依托川西历史文化、田园、村落基底中的高端商务会议等产品,利用历史文化的现代方式体验,凸显现代与历史的张力。②乡村民俗体验:融合村居、农耕、节庆、婚俗、曲艺、美食等民俗元素,游客在古雅村落一站式全景体验川西民俗。

10.金马河乡村休闲运动区

主题定位:乡村运动水岸,多彩健康休闲

发展思路:导入高端乡村运动项目,建构高品质休闲运动区;将金马河延展形成大众休闲运动长廊,形成丰富的户外运动产品系列;沿金马河两岸,亲水形成动静相宜的健康休闲产品内容。以高端度假市场、都市近郊运动休闲市场、都市健康养生市场为目标,构建多层次、内容丰富的滨水户外运动集聚区。

主要产品类型包括:①主题运动体验:私密空间中,以运动为媒介,广结良友;在开阔的田野与河滩打造专业马术、户外拓展、赛车等专业运动,自我挑战、专业无极限。②户外休闲运动:在田园与村落基地中,体验慢节奏、休闲式运动调理方式,形成运动康疗、休闲健康等区域。

(二)南京高淳国际慢城乡村旅游

随着中国城市化进程的加快,城市的集聚与辐射功能日趋增强,越来越多的城市在城乡统筹、一体化建设的过程中,将旅游作为城市与新农村建设相衔接、城乡统筹一体化的核心要素。改革开放以来,我国旅游产业获得了空前发展,单业态的观光旅游转向观光、休闲、度假三驾马车并行的复合型业态。与此同时,城市居民生活水平和生活方式的巨大变化,区域交通条件的大大改善,人们的旅游时空观念发生了彻底改变,在空间上逐渐由城市向乡村转移,在需求上逐渐由观光猎奇向舒适型、享受型方向过渡。在此背景下,一种新的旅游产品——乡村度假旅游应运而生。

1. 南京市乡村度假旅游发展的现实意义

乡村度假旅游是现代旅游发展过程中的新兴事物,是乡村旅游深度发展的高级阶段,是游客依托乡村地区特有的历史文化和生态环境而开展的休闲度假活动。

与乡村观光旅游相比,乡村度假旅游要求更好的环境氛围(乡村人居环境、农业生产环境、自然生态环境)和更便捷的交通条件,而对乡村文化的品级高低、丰富程度与规模大小要求较低;与其他类型度假旅游产品不同,乡村度假以乡村景观资源为依托、以"乡村性"为核心吸引力。

乡村度假既能满足现代城市居民多元化旅游需求,同时通过城市现代化成果资源的反哺与分享,拉动农业发展、促进农民增收、改善农村环境和缩小城乡差距。因此,随着乡村度假为世界大多数国家与地区所认同,南京作为我国国家区域中心城市,发展乡村度假旅游具有重大现实意义。

2. 世界潮流:绿色经济与慢城理念

低碳经济是以低能耗、低污染、低排放为基础的经济模式,是人类社会继农业文明、工业文明之后的又一次重大进步。低碳经济的实质,是能源高效利用、清洁能源开发、追求绿色 GDP 的问题,以及人类生存发展观念的根本性转变。随之应运而生的"碳足迹""低碳技术""低碳生活""低碳社会""低碳城市""低碳世界"等一系列新概念,成为世界各国和地区经济社会发展的竞相追逐的目标。1999 年,由意大利小镇布拉掀起的一场"慢城运动",至今已发展到 143 个成员;与此同时,慢城理念在世界各国城市盛行,随之衍生出"慢生活""慢餐""快旅慢游""慢学校"等一系列新概念。

乡村度假作为生态旅游、低碳旅游的表现形式之一,完全符合低碳经济、绿色经济发展要求,势必成为 21 世纪乡村旅游产业突破发展和转型升级的方向。南京作为国际慢城联盟成员,发展乡村度假旅游首当其冲成为倡导慢城理念的重要方式。

图 6-79　高淳国际慢城

3.时代产物：乡村、度假旅游复合

改革开放以来，随着城市化进程的加快、经济社会的发展和收入水平的提高，人们对消费和服务的形式要求不断多样化，我国将全面从工业化时代进入城市化时代，并逐步转向休闲化时代。从社会经济产业发展角度看，随着政策环境和市场环境的变化，单业态越来越倾向复合型业态经营的方式。

进入 21 世纪，随着旅游业被纳入国家战略体系，我国旅游业由"事业型"向"产业型"全方位发展机制转变，其与一、二、三产业融合发展趋势明显、综合带动功能突出，多元化、复合型新业态不断涌现。这意味着我国旅游产业将告别观光产品主导的单业态时代，而迎来"观光、休闲、度假"三驾马车并行时代。

由此可见，乡村度假是时代发展和旅游产业升级的产物，是乡村旅游与度假旅游的高度复合，是一种综合产业链产业发展模式。这正与南京确立观光与休闲度假并重的乡村旅游发展战略不谋而合。

南京是中国著名的四大古都及历史文化名城之一、世界文化遗产地，文化地位在整个长三角无出其右，但是在经济发展方面却与上海、杭州、苏州、无锡等城市有较大差距，无法与其区域中心城市（华东地区）的定位相匹配。

根据 2011 年南京与苏州、无锡、杭州、上海等城市经济发展、城市化水平数据对比显示，在人均收入、经济总量、吸引外资、城市化水平等方面，南京都差在郊县。由此可见，南京加快全域统筹、建设城乡一体化发展迫在眉睫。

在城乡统筹与一体化的背景下，南京乡村度假旅游正是以谋求郊县内生发展机制为目标，通过抓准自身定位和创新开发模式，构建以乡村度假为导向的城乡统筹互动发展平台。

4.产品换代:第三代乡村旅游产品

我国乡村旅游产品开发大致经历了两个阶段:第一代观光型乡村旅游产品,以农家乐为载体,以欣赏乡村田园风光、人文遗迹为表现形式,如四川郫县农科村、北京门头沟爨底下村、安徽西递宏村、江西婺源等;第二代体验型乡村旅游产品,以农业生态园、果林采摘园、农业科技园为载体,以体验农事活动、参与果蔬采摘、学习农业科技等为主要内容,如成都五朵金花、南京傅家边农业科技园等。

第三代乡村旅游产品诉求:一是产品链的延伸拓展,满足游客多元化需求特征,如艺术写生、康体疗养、运动拓展、商务会议等;二是产业链的横向整合,丰富乡村旅游产品体系,如农业、林业、畜牧业、渔业等;三是利益链的纵向共享,加强旅游开发商、农户、地方政府的合作与交流;四是要素链的全面升级,包括交通、饮食、住宿、通信以及环境卫生等配套设施。

基于以上产品诉求,南京乡村旅游发展亟须观念突破,摒除农家乐式开发模式,结合自身特色、对接南京市场,站在第一代和第二代的基础上,创新发展第三代乡村旅游产品——乡村度假。

第七章　新农村生态人居住宅建筑设计

人居住宅是人类在发展过程中对自然的一种适应性改造,我们现在的人居住宅主要是在原始人类的房屋住宅基础上逐渐发展演变过来的。当前,在新农村建设大背景下,农村的人居住宅也顺应时代发展潮流,走上了生态住宅建设的道路,本章我们重点论述的就是新农村生态人居住宅建筑的设计。

第一节　人居住宅的类型

人居住宅是人类在大自然中赖以生存的基础条件,是村民生产生活的聚集地。它是由乡村社会环境、自然环境和人工环境共同组成的,是乡村生态、环境、社会等各方面的综合反映,是乡村人居环境中的主要内容。

乡村住宅和房屋的类型,在不同地区、不同气候条件、不同民族有着不同的布局和造型。综合全国各地民居的形式,可归纳为下列三大类。

一、构架式住宅

这是中国乡村住宅的一个最主要的形式,其数量比较多,分布比较广,是最典型的一种民居住宅。这种住宅以木结构为主,在南北向的主轴线上建主房,主房前面左右对称建东西厢房,也就是我们通常所说的"四合院"(图 7-1)、"三合院"。这种形式的住宅遍布全国乡村,但因各地区的自然条件和生活方式的不同而结构不同,形成了独具特色的建筑风格。

在中国南部江南地区的住宅,也采用与北方"四合院"大体一致的布局,只是院子较小,称为天井,仅作排水和采光之用。屋顶铺小青瓦,室内以石板铺地,以适合江南温湿的气候。

二、干栏式住宅

干栏式住宅主要分布在中国西南部的云南、贵州、广东、广西等地区,为傣族、壮族等民族的住宅形式。它是单栋独立的楼式结构,底层架空,用来饲养牲畜或存放物品,上层住人。这种建筑不但防潮,还能防止虫、蛇、野兽等侵扰,如图 7-2 所示。

图 7-1　四合院

图 7-2　干栏式住宅

三、窑洞式住宅

窑洞式住宅主要分布在我国中西部的河南、山西、陕西、甘肃、青海等黄土层较厚的地区。窑洞式住宅主要利用黄土直立不倒的特性,水平地挖掘出拱形窑洞。这种窑洞节省建筑材料,施工技术简单,冬暖夏凉,经济适用,如图 7-3 所示。

图 7-3　窑洞式住宅

第二节　人居住宅的平面布局

　　我国农村新、旧住宅少数是楼房，绝大多数都是平房建筑。平房住宅要比楼房建筑的使用更为方便、结构更加简单、施工也比较简便、取材十分容易等，但是占地却比较多。

一、单体住宅布局

　　各地区的传统民居平面组合十分简洁，功能分区也比较明确，使用起来十分方便，易被农民接受，同时也适应了当地农村的经济发展水平以及满足了农民在生产、生活中的实际需要。所以，新型住宅的设计应该尽可能吸取传统平面形式上的优点，去掉缺点，在采光、通风、卫生等多个方面都要使之趋于科学化（图 7-4）。

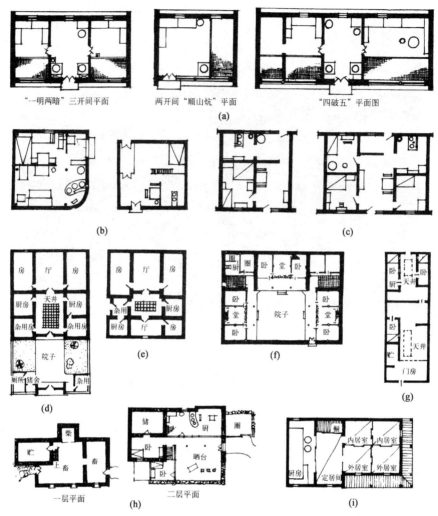

"一明两暗"三开间平面　　两开间"顺山炕"平面　　　"四破五"平面图
(a)

(b)　　　　　　　　　　　　　　(c)

(e)　　　(f)　　　(g)

一层平面　　二层平面
(h)　　　　　　　(i)

(a)民居开间形式；(b)浙江民居东阳住宅平面；(c)江苏江阴华西大队住宅；
(d)广东三间四廊住宅；(e)广东四点金住宅；(f)云南洱海白族民居；
(g)陕西关中蒲城民居；(h)四川阿坝金川八步里藏族民居；(i)吉林朝鲜族民居

图7-4　农村传统住宅平面布局

(一)堂屋的布置

对于农村的住宅来说,其堂屋的功能要比起城市住宅的客厅(起居室)功能更加复杂一些。一般的乡村家庭堂屋布局,大都是设置在底层的,其主要的功能就是对外接待以及从事家庭副业活动,同时这也是室内交通的重要中枢。传统的民居中堂屋家具都十分简单,主要是以桌、椅、条案等家具为主,并且也留有一些临时布置别的物件所用的空间(图7-5)。而设置于楼层上的堂屋,主要都是家庭内部进行团聚、青年人平时起居、消遣娱乐的生活空间,其室内设置的家具也要比底层的堂屋更多样些,如沙发、茶几、组合家具等等。

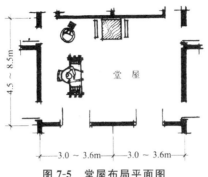

图 7-5　堂屋布局平面图

堂屋根据其功能的有关要求,通常布置于两边卧室的中间或卧室的一侧。更要注意的是开门的位置,不要将堂屋穿破,尽量使堂屋面积得到充分的利用,而且使平面形式比较多样化。通常布置堂屋过程中需要注意的是堂屋和卧室、厨房、楼梯、院子以及凹室等之间的相互关系(图7-6)。

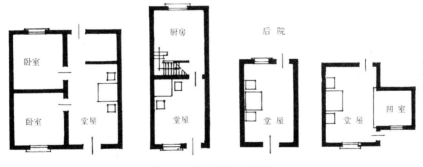

图 7-6　堂屋位置布局图

图7-7是平房中以堂屋作为活动中心而组织的平面例子。其中间的一户堂屋和左右两间的卧室相互联系,堂屋的前部侧向开门也要通向门廊,后部的开门则经走廊和厨房、厕所、猪圈以及内院相通,平面的布局十分灵活自由。

在图7-8的例子中,堂屋经过道和卧室、厨房相联系,楼上的卧室则经过了楼梯和底层的堂屋进行联系,但是家人在上楼的时候必须要穿过堂屋。

图 7-7　平房中以堂屋作为活动场所示意图

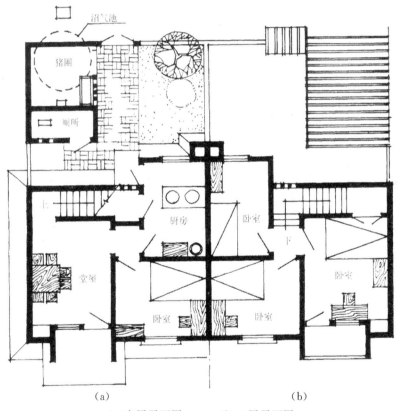

（a)底层平面图　　　（b)二层平面图

图 7-8　湖北马市大队新农村住宅平面

图 7-9 是江苏一带的楼房住宅设计形式,底层的堂屋和厨房之间相连,因此堂屋兼具餐厅的功能,而二层则设的是起居室,主要是供家庭成员起居活动使用的,其相对的平面位置也发生了一些变动。

（a）　　　　　　　　　　　　　（b）

（a）底层平面图　　（b）二层平面图

图 7-9　江苏新农村独户型住宅设计

（二）卧室的布置

卧室通常都是围绕堂屋进行布置的，所以应该考虑到其安静、舒适以及有较高的私密性等方面的要求，避免卧室之间互相穿套。卧室和堂屋的相连也方便内外之间的联系。大、中、小不同的卧室之间进行搭配，可以满足不同的家庭成员对空间的需要。

改革开放之后的农村地区，有很多地方因为产业结构发生了一系列变化，也直接影响到了当地人们的居住形态，其住宅的套型类别也变得比较多，所以其住宅设计应该要从实地的生活需要出发，做到因地制宜。

图 7-10 所示的是京津一带的农村楼房住宅平面。底层设有带温室的堂屋 1 间，卧室 1 间，带有浴盆和洗脸盆的卫生间以及在底层的核心位置设立了一个多功能的小厅，并且也兼作餐室使用。而厨房和储藏室则设在了单层的平房之中，其屋顶也能够当作晒台使用。二层有 3 间卧室，大卧室主要是设集热墙采暖。

如图 7-11 是结合了广东沿海地区经济发展的相关状况，在平面的布局方面，堂屋、卧室、楼梯间的结合十分紧凑，各用房的面积比较宽敞，大、中、小卧室之间的搭配比较适宜、朝向也很好、尺寸比较适用，它能够两户或者多户进行组合，便于小区的规划，也是当地十分常见的一种住宅平面类型。

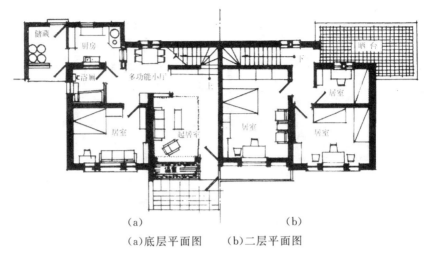

(a)   (b)

(a)底层平面图   (b)二层平面图

图 7-10   京津一带的农村楼房住宅平面

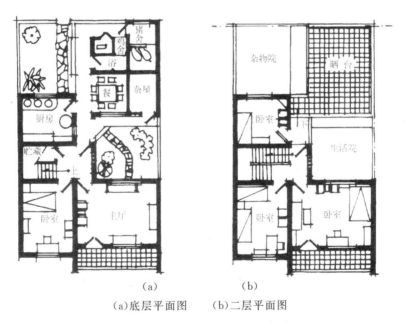

(a)   (b)

(a)底层平面图   (b)二层平面图

图 7-11   广东地区的农村住宅类型

（三）厨房的布局

厨房的布局形式大体上能够归纳成三种类型,独立式、毗连式、室内式。

1. 独立式

它的显著特点就是布置于住房之外,和居室脱开,能够有效避免烟气影响到卧室,卫生条件通常较好;便于因陋就简,利用旧料,居民可以自己动手进行修建。缺点则是雨雪天气的时候使用不太方便(图7-12)。

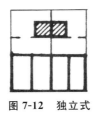

图 7-12　独立式

2. 毗连式

这种类型的主要特点是布置于住房外和居室相毗连,联系十分方便,不会受到风雨的影响,既能够和居室连建在一起,亦能够因陋就简,利用旧料相毗连而建,比较容易修建(图7-13)。

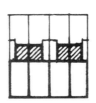

图 7-13　毗连式

3. 室内式

它的主要特点就是布置于住房之内,使用十分方便。在一些传统的住宅中,厨房和卧室都是相连的,便于利用"一把火"锅连炕,以便能够尽可能节省燃料,多在东北和华北地区广泛采用。缺点则是通风组织不当时,烟气比较容易影响卧室环境。施工过程中也需要和居室一次建成(图7-14)。

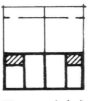

图 7-14　室内式

（四）庭院布置

在低层的农村住宅设计中，在一些主要从事农、牧业生产的地方，因为农副业的生产需要，庭院往往起到的作用也十分显著。特别是在平房的住宅之中，庭院往往能够变成整个住宅平面组合的中心。普通的农村庭院布局需要按照住房和生活院、杂物的位置关系进行设计，往往把院落分成下列几种类型：前院型、前庭后院型、前侧院型、后院型及天井院型等。

结合平面的有关布置，庭院能够作为一些适当的功能进行划分。

图 7-15 是继承了北京地区的农宅以堂屋、厨房为核心的布局特征，并使其相对独立而且也十分紧密地联系到一起，采取了前庭后院的布局方式，以改进功能分区，在方便生活的同时，还进一步改善了卫生条件。

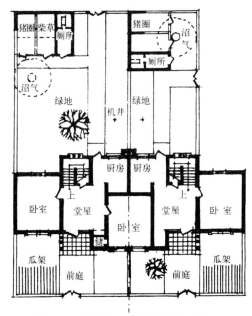

图 7-15　北京地区农村住宅庭院布局

院落以独户使用为佳，多户进行合用的大杂院则容易相互干扰，很大程度上都不受农民的欢迎。

此外，平面布置之中也应该注意住宅环境的卫生。其中圈舍的布局极为重要。猪圈宜和厕所布局在一起，以便能够积肥；牛羊圈的布局则宜靠近柴草的贮存处；要注意卫生条件，避免畜禽圈舍对居室造成的干扰与影响（图 7-16）。除此之外，还应该注意气候的特点、地方的条件以及民族生活的习惯等，这都会对平面的设计造成显著的影响。如黄土高原雨量较少，传统的窑洞不仅能够做到冬暖夏凉，而且还简朴经济。在进一步吸取民间的经验基础上,结合现代农村人们的生活需要进行科学改进,解决好通风与渗水的相关问题,依旧是一种可利用的居住形式。

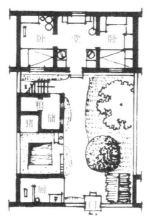

图 7-16　人畜分开布局

在农村的住宅设计过程中,为了能够适应住宅空间的灵活性、多样性、适应性等方面的设计要求,除了需要确定房间的平面尺寸应该采用国家制定的统一模数以及各项标准化的措施之外,还大力提倡采用比较适合在当地农村进行推广的新型结构体系。近年来,楼房住宅的数量在逐渐增多,房屋的结构设计一定要具有充足的抗灾性能,才能最终确保安全性、合理性、经济性等,并且应该依据当地的实际情况,做到施工简单、操作方便,有条件时尽可能采用一些轻便的预应力混凝土小构件等,尤其是大力提倡使用一些新型的墙体材料,适当限制使用实心的黏土砖材料等。

总之,在农村住宅建筑设计时应该做到因地制宜,就地取材,充分利用当地的优质资源,注意对土地的集约利用,尽量采用现代化的新技术,将农村的住宅设计做好(图 7-17)。

图 7-17　滨江区农村集中住宅建设

二、住宅群布局

新村建设首先需要对居民点规划进行设计。其规划的原则概括起来主要可以分为下列几点。

第一，新村居民点的建筑规划不应该脱离现阶段的农村经济基础，应该结合农业的发展进行一个长期的规划，并在本地区的山、水、林、田、路等进行综合规划的指导下进行，同时也要充分利用已有的自然村基础，对原有的房屋、道路、水井、绿化等一些比较方便有利的因素尽可能地保留与利用；而对其影响今后农业发展的有阻碍和缺陷的地方，应采取逐步改造的方针。

第二，从有利于生产、方便生活等多个方面出发，全面、合理地安排居民点内部的规划布局。

第三，农村的居民点内部，主要包括了居住、公共、生产等多个方面的用地安排都要做到因地制宜，注意节约，不占或者少占良田耕地，同时还要认真地分析好居民点与各项用地之间的比例关系。

此外，因为集体经济的资金、材料、劳力等多方面的条件所限，最好是采取分期逐步建设的方针。

农村的居民点住宅区中建筑群的布置也应该与地形、环境以及气候条件相结合。比较常见的布局形式主要有沿道路或者河流进行布置，成块布置以及随地形自由地布置等。

(一)沿线布局

房屋沿着道路或者河流进行排列，用地十分经济，布置比较紧凑、整齐。每栋住房都可以争取到南北朝向的位置，在南方的河网和平原地区大多都会采取这种形式，地势比较平坦，排列十分容易，但是显得比较呆板。其中又可以分为两种类型。

1.左右排列

当居民点沿着东、西走向的河流或者道路进行排列时，住房以及少量的公用设施可以依次相邻，左右排列于河流或者道路的一边或者两边，形成一种带状的布局方式。

这种布置的形式通常十分简单，农民在下地时距离也比较近，用水十分方便，通风采光的条件也比较好，而且整齐卫生。通常在居民点的规模相对较小，住房不多时，可以采用这种布置的形式。当规模比较大的情况时，居民点则会拉得过长，使住户之间的联系不太方便，对于公共福利设施的布置以及新村的电灯、自来水管线的架设等也都会产生不利影响，外观上也给人一种比较单调呆板的感觉,而且也不利于防火(图 7-18)。

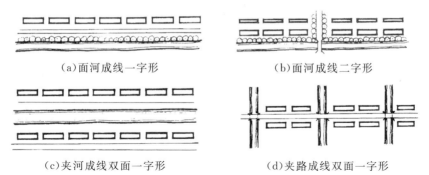

（a）面河成线一字形　　　　　　　（b）面河成线二字形

（c）夹河成线双面一字形　　　　　（d）夹路成线双面一字形

图 7-18　居民点住宅左右排列布置

2.前后排列

当居民点位于南、北走向的河流或者道路旁时,其居住建筑的布局应该在河流的一侧或者河流的两侧作前后排列,在有一些河网地带甚至还有一户人家一排房的情形。它的主要特点就是要保证住宅的居室可以最大限度地获得良好的日照和通风条件,使用方便、整齐卫生。但是,当居民点的规模比较大时,住户之间相互联系就会变得不太方便。从外观上来看,这种排列带有一些城区居民点的鲜明特点;从发展上来看,它主要是向成片布置过渡的基本形式(图 7-19)。

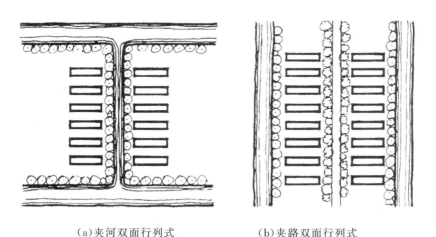

（a）夹河双面行列式　　　　　　　（b）夹路双面行列式

图 7-19　居民点住宅前后排列布置

（二）成块布置

我国北方地区的居民点是比较集中的,住宅群大多数都是呈块状进行布局的。一般都是以生产小队为一个单元,这种成组的建筑群方式,四周以道路围成了街坊,几个生活基本单元同时也围绕大队一级的公共中心,构成了一个不完整的农村居民点。每个单元之间都有一定的距离,房屋的排列也不完全为正南北方向,可以采用周边式、自由式或者夹杂行列式的排列进行布置。这种布局的鲜明特点就是能够极大地缩短交通路线;便于邻居之间相互联系;能够组织较好的绿化环境;保持各单元环境的安静;还能够利用集体设施布置为居民点中心。这种布置用地通常都十分紧凑,同时也便于管线等基础设施的铺设与节省材料,适用与一些规模较大的居民点(图7-20)。

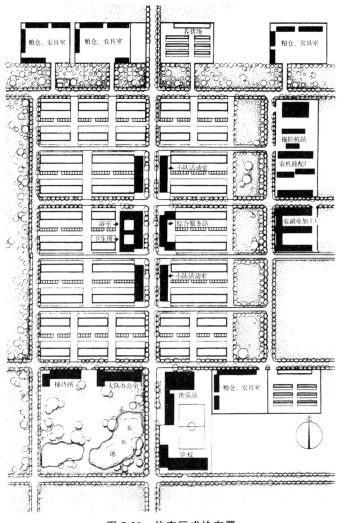

图 7-20　住宅区成块布置

（三）自由布置

一般都是采用自由布置的方式设置居民点,从其地形条件观察,和沿线排列、成块布置相比较而言,更具有自身的特殊性。

在为地形比较复杂的居民点进行规划设计方案时,必须首先粗略地研究用地条件的特性,然后选标准类型的住宅,并结合地形布置。把住宅布置在自然环境良好的地段,其相邻地段的土地和水面利用不得妨碍居住地的安全、卫生和安宁。

图 7-21 是浙江省温州市永中镇小康住宅示范小区,其设计的特点是延续了传统的水乡空间肌理,中间规划的是人工河,把两排三层联立式的住宅沿河进行布置,运用传统的街巷转折手法对视线进行阻挡,并且也创造出了十分丰富的路边小广场、河埠码头等过渡空间。紧邻组团绿地的住宅架空层,为居民们的日常活动提供了一个交往、喜庆聚会的活动场所。还同时借用了传统的城镇环境符号,如台门、亭子、石拱桥等,强化了环境的地方特色,形成了一种结构十分清晰、布局相对合理、功能较为完善,同时还具有十分浓郁地方特色的小康住宅区。

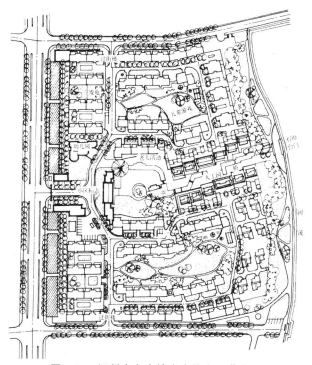

图 7-21　温州市永中镇小康住宅示范小区

农村居民点中同时也需要考虑绿化的配置,逐步达到大地田园化的效果。绿化不但是为居民生活创造一个相对卫生、舒适、美观的生产与生活环境,同时也提供了木材与各种经济作物。居民点内部的绿化同时也应该相互有机地进行结合,并且和建筑物的布置结合在一起,使绿化能够起到遮荫、防风沙的作用。

除此之外,住宅群的布局也应该避免形式上的千篇一律,应该注意群体空间的相互统一和谐、灵活多样并且富有一定的变化。因地制宜地选择住宅的组合方式以及院落的形状,适当地对道路间距加宽,以符合日照、通风、防火的有关要求;同时还应该做到节地、节能。道路的走向要十分明确,应做到主次分明,避免出现过长的巷路,以此来保证居住环境处于一种安宁的状态。

三、住宅布局的原则

根据乡村住宅户类型多、住户结构复杂、住户规模大等特点,就要分别采用不同的功能布局方案。

一是要确保生产与生活区分开,凡是对人居生活有影响的,均要拒之于住宅乃至住区以外,确保家居环境不受污染。

二是要做到内与外区分。由户内到户外,必须有一个更衣换鞋的户内外过渡空间;并且客厅、客房及客流路线应尽量避开家庭内部的生活领域。

三是要做到"公"与"私"的区分。在一个家庭住宅中,所谓"公",就是全家人共同活动的空间,如客厅;所谓"私",就是每个人的卧室。公私区分,就是公共活动的起居室、餐厅、过道等,应与每个人私密性强的卧室相分离。在这种情况下,基本上也就做到了"静"与"动"的区分。

四是要做到"洁"与"污"的区分。这种区分也就是基本功能与附加功能的区分。如做饭烹调、燃料农具、洗涤便溺、杂物贮藏、禽舍畜圈等均应远离清洁区。

五是应做到生理分居。也就是根据年龄段和性别的不同进行分室。在一般情况下,5岁以上的儿童应与父母分寝;7岁以上的异性儿童应分寝;10岁以上的异性少儿应分室;16岁以上的青少年应有自己的专用卧室。

第三节　人居住宅的施工技术

一、住宅基础的施工技术

基础不仅是各种类型的建筑工程的根本,同样也是进行园林建筑建造的源泉,是一个极为重要的建筑结构组成部分。在乡镇的各种建筑过程中,基础的种类也是多种多样的,由于地质条件的复杂多变,因此一定要严格把握基础施工的质量关,这样才有可能保证建筑在整个施工过程中的安全。

(一)房屋基础位置的定位放线

在乡村的房屋建筑过程中,定位放线主要包括了测量与放线两个方面的内容。所谓的工程定位,就是指水平平面位置的定位和竖直平面中的标高定位两种基本类型。

依据施工场地中的建筑物主轴线控制点或者其他的控制点,把建筑物的外墙轴线交点利用经纬仪投测到地面所设定位桩顶的顶面一固定点作为标志的测量工作,就称作房屋水平平面位置定位。根据施工现场水准点控制标高点,推算±0.000标高,或者依据±0.000标高和某建筑物、某处标高所存在的相对关系,用水准仪与水准尺在供放线用的龙门桩上标出标高的相关定位工作,称为房屋的竖直平面标高定位工作。

1. 依据建筑的红线以及定位桩点来定位

所谓的建筑红线,主要是指当地乡村在进行总体规划过程中,在地面上所测设的一些允许用地的边界点之间的连线,是不可以超越边界法定线的。而定位的桩点,系建筑红线上标有的坐标值或者标有和拟建建筑物具有某种关系值的桩点,如图7-22所示的是建筑红线定位。

2. 拟建房屋和旧建房屋的相对定位

拟建房屋和旧建房屋或现存的地面物之间存在一种相对关系的定位,设计图中所给出的设计房屋和旧房屋或者道路的中心线位置关系数据,通常可以据此定位出房屋主轴线的相对位置。

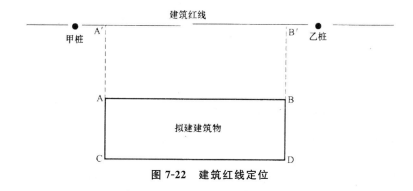

图 7-22　建筑红线定位

3.现场控制系统定位

所谓控制系统,主要是指在建筑的总平面图上由不同的边长所共同组成的正方形或者矩形格网系统。这些格网所形成的交点,则被称作控制点,如图 7-23 所示。

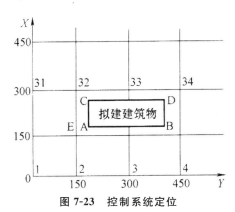

图 7-23　控制系统定位

(二)基础砌体施工技术

1.砖砌体技术

砖基础主要是指由烧结的一些普通的砖砌筑而成的建筑基础,这种基础的特点主要是抗压性能比较好,但是整体性、抗拉、抗弯、抗剪性能却相对比较较差。施工操作过程却十分简便,造价也比较低。适用于地基比较坚实、均匀,而且上部荷载比较小的基础类型。

在砖砌基础结构中,所用的普通砖强度等级不得低于 MU10(MU 是砖的强度等级代号),砂浆的强度等级则不可以低于 M5(M 为砂浆的代号),并且也应该采用水泥砂浆或混合砂浆做砌筑。

　　砌筑砖基础的时候,一定要根据砌筑技术按照要求进行砌筑,同时也应该保证砖的接槎正确。

　　砖基础砌筑应该采用一顺一丁或者叫做满条满丁的排砖方式。在砌筑的时候,一定要做到里外搭槎,上下皮竖缝之间至少要错开 1/4 砖长。大放脚的最下的一皮砖以及每一层砖的上面的一皮砖,都应该以丁砖砌筑为主,这样做的主要意义是保证较好的传力,砌筑以及回填土时也不容易被碰坏。并且还要采用一块砖、一铲灰、一挤揉的砌砖方法,不应该采用挂竖缝灰口的砌筑方式。

　　砖基础的转角处也应该依据错缝需要加砌七分头砖或者二分头砖。图 7-24 所示的就是二砖半(620mm)宽等高式大放脚转角处的分皮砌法。

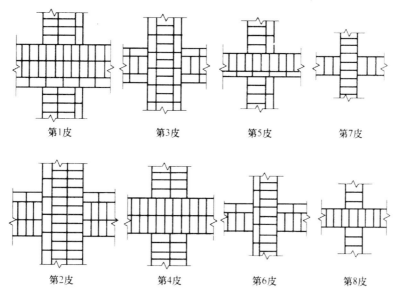

第1皮　　　第3皮　　　第5皮　　　第7皮

第2皮　　　第4皮　　　第6皮　　　第8皮

图 7-24　大放脚转角处分皮砌法

　　砖基础的十字交接处,纵横大放脚应该做到隔皮砌通。图 7-25 所示的就是二砖半宽等高式大放脚十字交接处的分皮砌法。

2.毛石基础砌筑

(1)毛石基础砌筑类型

　　位于山区与河流一带的村落,因为石材与卵石十分丰富,因此采用石材基础的农村占了相当大的比重。如在我国的云南大理一带,采用鹅卵石为材料砌筑的墙体,已经形成了白族人居建筑的一大特色。

　　毛石基础根据其剖面形式的不同可以分为三种形式,矩形、阶梯形与梯形,如图 7-26 所示。

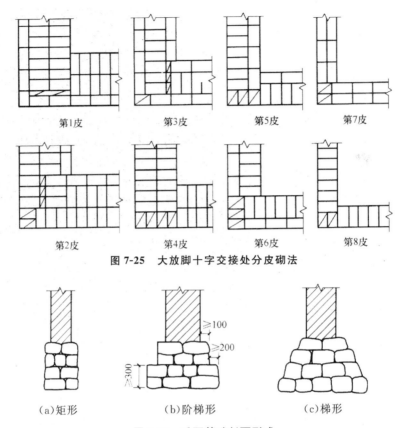

第1皮   第3皮   第5皮   第7皮

第2皮   第4皮   第6皮   第8皮

图 7-25　大放脚十字交接处分皮砌法

（a）矩形   （b）阶梯形   （c）梯形

图 7-26　毛石基础剖面形式

根据以往建筑的经验可知,阶梯形的剖面主要是在每砌达 300～500mm 高之后,要向内收退一个台阶,直到最终达到基础顶面的宽度;梯形剖面大多都是上窄下宽的样式,由下向上逐步收小尺寸;矩形的剖面则是满槽装上毛石,上下保持一样宽。毛石基础的标高通常都会砌到室内地坪之下 50mm,基础顶面的宽度也不应该小于 400mm。

（2）毛石基础砌筑方法

①砌筑第一皮石块

在进行第一皮石块的砌筑时,应该先挑选一些比较方整的、较大的石块放于基础四角上作为角石。角石应该具有三个面,大小也应该相差较小,如果不合适的话应该进行加工修凿。以角石作为基准,把水平线拉至角石上,按线砌筑内、外皮面石,再填中间的腹石。

第一皮石块在砌筑时应坐浆,也即是应该先在基槽垫层上铺上一层砂浆,再把石块的大面向下进行砌筑,而且还应该挤紧、稳实。砌完内、外皮面石之后,填充腹石后,就可以进行灌浆了。灌浆时,大的石缝中需要先填

1/3～1/2的砂浆,再用碎石块进行嵌实,并且用手锤轻轻地敲实。一定不要先用小石块塞缝之后再灌浆,否则比较容易造成干缝与空洞,进而影响到砌体的质量。

②第二皮石块砌筑

在进行第二皮石块的砌筑之前,应该选好石块做错缝试摆,试摆应该确保上下错缝,内外搭接的原则;试摆合格就可以摊铺砂浆进行石块砌筑。砂浆摊铺面积大约是所砌石块面积的一半,位置也大约要在砌石块下方中间的部位,砂浆的厚度应该控制在40～50mm,需要注意的是距外边30～40mm内的范围不铺砂浆。浆铺好以后将试摆的石块砌上,石块把砂浆挤压成了20～30mm厚的灰缝,达到石块底面也应该全部铺满灰。石块之间的立缝能够进行直接灌浆塞缝,砌好之后的石块用手锤轻轻敲实,使之逐渐达到稳定的状态。敲实的过程中如果发现有一些石块不稳的话,应该在石块的外侧加垫上一些小石片使其变得稳固。切记一点,石片一定不要垫在内侧,以免在强大的荷载作用下,石块发生向外倾斜、滑移的危险。

③砌筑拉结石

这是为了能够确保砌石基础的关键步骤。毛石基础和皮内每隔2m左右都应该再砌一块横贯墙身的拉结石,上下层的拉结石应该相互间错开位置砌筑,在立面的拉结石则应该呈梅花状。拉结石的长度:基础宽度等于或小于400mm时,拉结石的长度和基础宽度应该相等;当基础宽度大于400mm的时候,可以用两块拉结石进行内外搭接,搭接的长度则应该大于或等于150mm,而且其中的一块长度则不应小于基础宽度的2/3。

每砌完一层,必须对中心线、找平一次,保证砌体不发生偏斜、不内陷或不外凸。砌好之后的外侧石缝则采用砂浆加以嵌勾严密。

④基础顶面

毛石基础顶面的最上一皮,应该选用一些比较大块的毛石进行砌筑,并使其顶面上基本保持平整。

在每天收工时,应该在当天砌筑的砌体上,铺上一层砂浆,表面应该保持粗糙。在夏季进行施工时,对已经砌完的砌体,应该用草苫覆盖上养护一星期的时间,同时也应该避免风吹、日晒、雨淋。

⑤勾缝

毛石基础砌完之后,还要用抿子把灰缝用砂浆勾塞密实,经房主检查合格之后才可以回填土。

3.料石基础砌筑

对于料石基础的立面组砌形式则应该采用一顺一丁的方式进行,也即是一皮顺石和一皮丁石相间进行砌筑。

（1）备料

料石基础应该采用粗料石或者毛料石以及水泥砂浆进行砌筑。料石的宽度、厚度都应该小于 200mm，长度则应该大于厚度的 4 倍为宜。料石的强度等级也应该不低于 M20，砂浆的强度等级则应该超过 M5。

（2）挂线

料石基础砌筑之前，应该清除出基槽底部的杂物，在基槽的底面弹出基础中心线以及两侧的边线；在基础的两端立起皮数杆，在两个皮数杆间拉准线。

（3）施工方法

料石基础，应该首先砌转角处或者交接处，再依据准线砌筑中间的部分。

料石基础的第一皮石块应该使用丁砌层坐浆进行砌筑，也就是先在基槽垫层上面摊铺一层砂浆，稍后再把石块砌上；以上各皮石块应该做到铺灰挤砌，砂浆铺设的厚度应该高出规定灰缝的厚度 6～8mm，上下进行错缝，搭砌紧密，上下皮石块竖缝应该相互错开不少于石块宽度的 1/2。

阶梯形料石基础砌筑，上级阶梯的料石应该最少压砌下级阶梯料石的1/3。

料石基础的灰缝中砂浆应该做到饱满，水平灰缝的厚度与竖向灰缝的宽度都不应该超过 20mm。

4. 钢筋混凝土基础的施工

钢筋混凝土的基础施工过程中主要包括了条形基础与独立基础两个重要部分。钢筋混凝土的条形基础和砖石的条形基础相比来看，钢混结构更具良好的抗弯与抗剪能力。基础尺寸则不会受到限制，可以有效地减小地基的应力与埋置深度，具有省料与土方开挖量等多种优点。

钢筋混凝土的独立基础主要包括现浇柱基础与装配式柱，装配式柱基础也就是我们所说的杯形基础。因为杯形基础在农村的民房建筑过程中很少得到应用，因此在这里就不再论述了。

在挖好独立基础的基坑之后应该复查其轴线、基坑的尺寸。对不符合基坑相关要求的杂质、积水进行清除；对局部的松软土层也应尽量挖除，一些相对较低的地方也应该填平夯实。

浇筑基底垫层时要采用平板振动器，要求浇筑的混凝土表面平整密实。达到一定的强度之后，弹出钢筋分布线、柱子的截面尺寸线。

弹线正确无误之后则安装上模板。铺设钢筋的时候，主筋应该放于底层,插筋根据所弹线的位置进行插立,并且使用箍筋套住插筋。钢筋绑扎好之后,应使用混凝土保护层垫块或者专用的塑料垫块放于钢筋网片的下面。

在浇筑混凝土的时候,锥形基础则需要注意保持斜面坡度的相关施工质量,当斜坡小于 30°时,坡度则能够直接坡到柱子的边上;而当斜坡大于 45°时,柱子边缘则需要留出 50mm 的平台,以方便安装模板。斜面做成之后应该达到斜面平整的程度,棱角通直,立体感强。

在进行阶梯形基础浇筑时,每浇筑一个台阶,都应该间歇 30～60 分钟的时间,待混凝土初步沉降之后,再继续浇筑上面的台阶。在将基础浇筑完之后,应该对外露的部分加以覆盖与养护。

二、墙体砌筑技术

(一)砖柱砌筑

对独立砖柱进行砌筑时,要设置好固定的皮数杆。当几个相同的截面砖柱在一条轴线上时,可以先对两端边的砖柱进行砌筑,之后再拉砌筑准线,依准线砌筑中间部分砖柱,并采用活动皮数杆检查各砖柱的高低。当柱的基础顶面高差不大于 30mm 进行找平时,用 1∶3 的水泥砂浆去找平;而高差不低于 30mm 时,用细石混凝土找平;保证每根柱的第一皮砖在同一标高上。

砖柱可以分皮砌法视柱的断面尺寸来定,应该让柱面的上下皮砖竖向灰缝相互错开 1/4 的砖长。严禁使用包心砌筑的方法,也就是先砌四周之后再填心。

砖柱的水平灰缝厚度与竖向的灰缝宽度都应该是 10mm,但是不应该小于 8mm,也不应该大于 12mm。灰缝中的砂浆应该做到饱满,水平灰缝的砂浆饱满度则应该大于 80%,竖缝也应该采用加浆的方法,不得出现透明缝、瞎缝以及假缝的现象。

在砖柱砌筑时,还应该要经常用线坠吊测柱角,砖柱的砌筑每天高度不应超过 1.8m。尚没有安装楼板的屋面墙与砖柱,为了防止大风将柱吹到,还应该采用临时的支撑措施。

在进行多层砖柱组砌时,需要注意的是两边对称,防止砌成阴阳柱。同一轴线上也很多根清水砖柱进行组砌时,应该注意相邻柱之间的外观要保持对称一致。

砌完一步架之后,要刮缝清扫柱面以备勾缝。组砌 240mm×365 mm 砖柱时,只准用整砖左右转换叠砌。其分皮砌法见图 7-27。

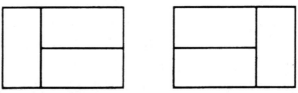

图 7-27　240mm×365 mm 砖柱

365mm×365mm 截面的砖柱也可以分为两种砌法,这两种砌法都各自具有自身的特点。一种是每皮中都运用三整块砖、两块砍砖的组合,但是砖柱的中间有两条长为 130mm 的竖向通缝;另外一种则是每皮都使用砍砖进行砌筑,这种砌法十分费工费料,经济浪费比较大。图 7-28 所示的就是两种 365mm×365mm 截面的砖柱砌筑法。

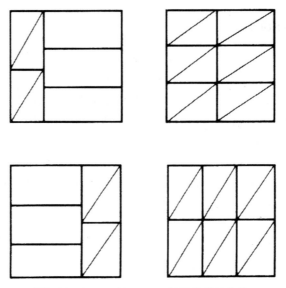

图 7-28　365mm×365mm 截面的砖柱砌筑

(二)墙体组砌

1.普通墙体组砌

在进行墙体砌体组砌时,要求砌块上下错缝、内外搭接,以便能够保证砌体的整体性;同时也要按照砌筑的有关规律,采用一种科学的砌砖方法,以便能够达到提高砌筑的功效,从而节省建筑材料、提高砌体的整体性。

在组砌建筑的墙体过程中,通常都有清水墙与混水墙的区别。所谓清水墙,实际上就是指砌好的墙面只要稍作勾缝处理即可,而不再需要进行装饰性的抹灰砖墙。而混水墙主要是指墙体在砌筑完成之后,要在墙的外表进行抹面施工。前者在砌筑时的难度比较大,而后者在抹灰时的工艺要求通常比较高。

2.特殊墙体组砌

(1)砌筑时留槎

在农村的墙体施工过程中,因为施工人员的限制以及条件的有关影响,房屋中的所有墙体,不可能都同时同步进行砌筑,这样则会产生砌体留槎的现实性问题。按照技术的规定与防震的有关要求,"砖砌体的转角处与交接处应同时砌筑,严禁无可靠措施的内外墙分砌施工。对不能同时砌筑而又必须留置的临时间断处,应砌成斜槎"。在这个基础上,留槎需要满足以下要求。

第一,砖墙交接处不可同时砌筑时,应该砌成斜槎,俗称为"踏步槎",斜槎的长度应该大于高度的2/3,如图7-29所示。

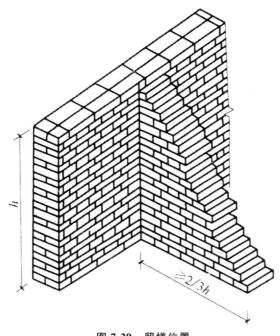

图7-29 留槎位置

第二,在施工过程中一定要留置临时间断处,如果不能留斜槎时,除了转角处以外,可留直槎,但是直槎一定要做凸槎,并且应该加上拉结钢筋。

第三,隔墙和墙或柱间不能进行同时的砌筑,但却不留成斜槎时,可在墙或者柱中引出凸槎,或者从墙或柱中伸出预埋的拉结钢筋,拉结钢筋设置的有关要求和承重墙相同。

墙体接槎时,一定要将接槎处的表面进行清理干净,并且浇水湿润,同时还应填实砂浆,保持灰缝的平直。

第四,如果是有钢筋混凝土构造柱的砖混结构类型,应该首先绑扎构造柱的钢筋,之后再砌砖墙,最后则要浇筑混凝土。墙和柱之间也应该沿高度方向每隔500mm的距离设置一道2根φ6mm的拉结筋,每边伸入墙内的长度不小于1m;构造柱应该和圈梁、地梁相连接;和柱连接的地方,砖墙该砌成马牙槎,每一个马牙槎在沿高度方向的尺寸不应该超过300mm,而且马牙槎上口的砖应该砍成斜面。马牙槎则应该从每层柱脚起先进后退,进退相差不超过1/4砖,如图7-30所示;拉结筋的设置如图7-31则示。

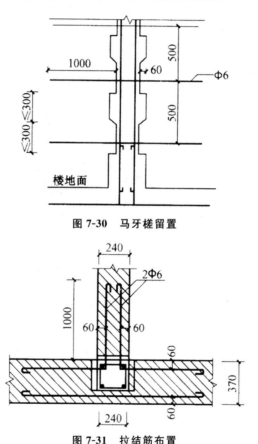

图 7-30　马牙槎留置

图 7-31　拉结筋布置

(2)空斗墙的砌法

空斗墙砌筑比较常见的有三种形式,即一眠一斗、一眠二斗、一眠多斗。凡是垂直于墙面的平砌砖叫做眠砖,垂直在墙面的侧砌砖叫做丁砖,大面向外且平行于墙面的侧砌砖则叫做斗砖。

在砌筑空斗墙的过程中,所有的斗砖或者眠砖上下皮都需要把缝错开,每间隔一斗砖的时候,必须要砌1～2块,丁砖墙面需要做到严禁有竖向通缝出现。

在空斗墙转角和丁字处砌法之中,空斗墙转角处的砌法主要如图7-32所示。空斗墙丁字交接处的砌筑方法如图7-33所示。

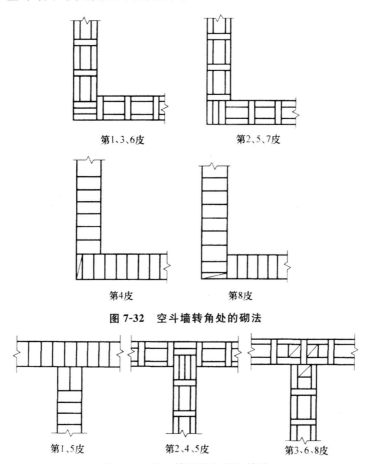

第1、3、6皮　　　　　第2、5、7皮

第4皮　　　　　第8皮

图 7-32　空斗墙转角处的砌法

第1、5皮　　　　第2、4、5皮　　　　第3、6、8皮

图 7-33　空斗墙丁字交接处的法

空斗墙附有砖垛的砌法。砌筑空斗墙的附砖垛时,一定要使砖垛和墙体的每皮砖都相互搭接,并且在砖垛处把空斗墙砌成一个实心的砌体。图7-34所示是空斗墙附 125mm×365mm 的砖垛砌筑方法,附 250mm×365mm 的砖垛砌法则如图7-35所示。

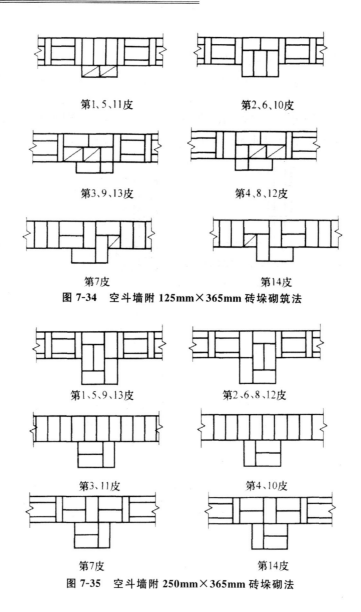

第1、5、11皮　　　　　　　第2、6、10皮

第3、9、13皮　　　　　　　第4、8、12皮

第7皮　　　　　　　　　　第14皮

图 7-34　空斗墙附 125mm×365mm 砖垛砌筑法

第1、5、9、13皮　　　　　　第2、6、8、12皮

第3、11皮　　　　　　　　第4、10皮

第7皮　　　　　　　　　　第14皮

图 7-35　空斗墙附 250mm×365mm 砖垛砌法

三、屋面施工技术

（一）现浇楼板施工

1.施工的基本流程

现浇钢筋混凝土楼板施工的流程:梁与楼板的模板支设—钢筋的绑

扎—混凝土的浇筑和养护。

2.技术要求

(1)钢筋的绑扎

绑扎的钢筋网和模板之间一定要放置与之相应的钢筋保护层垫块,梁垫块大多都是 30mm 厚,板垫块的厚度应该大于 20mm。

(2)混凝土的浇筑

梁与板之间应该同时进行混凝土浇筑。不能进行连续浇筑时,需要在以下的位置留置一些施工缝。

①混凝土沿次梁进行浇筑时,施工缝则留于次梁跨度的中间 1/3 范围之中。

②混凝土沿主梁进行浇筑时,施工缝在留于主梁的同时,也应该在板跨度的中间 2/4 范围中,如图 7-36 所示。

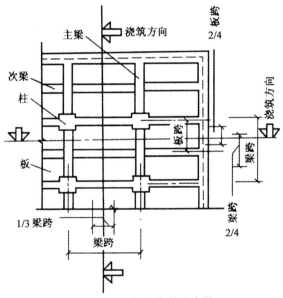

图 7-36　混凝土浇筑示意图

在继续进行混凝土浇筑时,应该先用水泥素浆或者和所用的混凝土相同的水泥砂浆作为结合层,之后再铺设一层混凝土。混凝土应该分层进行浇筑,并且也要采用振动棒进行振捣密实,其分层的厚度大多都是 100mm。当浇筑卫生间的时候,应该要比正常的房间地面低 20mm 左右。混凝土经过一定的养护,强度在达到了 $1.2N/mm^2$ 之后才可以上人。

（二）现浇楼梯施工

1.模板安装形式

现浇梁式和板式楼梯支模的方法大体上相同,其模板的构造如图 7-37 所示。

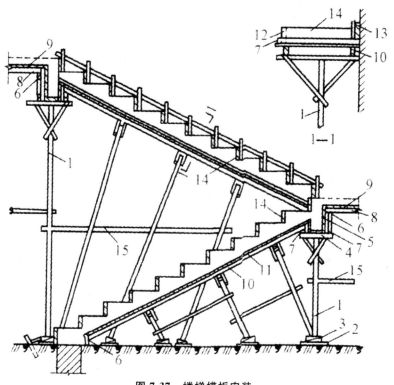

图 7-37　楼梯模板安装

1—顶撑;2—垫板;3—木楔;4—梁底板;5—侧板;6—托板;7—夹板;8—平台木楞; 9—平台底板;10—斜木楞;11—踏步底板;12—帮板;13—吊档;14—踏步侧板;15—牵杠

如果在房屋建筑中采用组合钢模板作为楼梯的模板时,楼梯底模则用钢模平铺在斜木楞上,楼梯的外侧模则使用钢模侧放的方式,支撑方式如图 7-38 所示。

2.施工流程

现浇楼梯的施工程序和现浇楼板的施工程序大体上相同:放样—支模—绑筋—浇混凝土—饰面—安扶手。

（1）放样

在楼梯间的墙面上，根据图纸1∶1放出大样，并且配制上模板。以起步的标高为准，弹出水平基线和休息平台、楼面台口梁面的标高；进一步量出基础梁、平台梁、台口梁的有关位置，弹出梁的断面与平台板断面线；弹出斜线和底板线；制作踏步三角，使三角板的斜线面和楼梯的斜线面相吻合，逐一划出踏步。

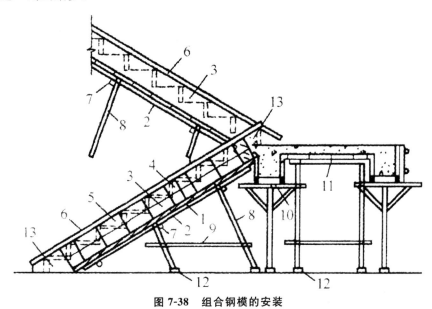

图 7-38　组合钢模的安装

1—钢模；2—钢管斜楞；3—侧模；4—踏步模；5—三角支撑；6—反扶梯基；7—钢管横梁；
　8—斜撑；9—水平撑；10—梯梁模；11—平台钢模；12—垫木；13—木模镶补三角侧模

（2）支模

在平台的梁下立顶撑，并且安放垫板以及木模；铺平台梁的底板，立侧板、夹板以及托板；在贴近墙体的地方立顶撑，顶撑上方架设木楞，铺设平台底板等。

（3）楼梯板的钢筋绑扎、混凝土浇筑

楼梯板的钢筋绑扎、混凝土浇筑以及钢筋混凝土楼板的基本方法是相同的。

在进行楼梯混凝土浇筑时，应该连续进行浇筑，多层楼梯的施工缝应该留置于楼梯段1/3的部位或者休息平台跨中1/3的范围内，同时也要注意1/2梁以及梁端应该采取泡沫塑料进行嵌填，以便能够控制支座接头的宽度；施工缝的留置如图7-39所示。

（4）饰面以及扶手安装

饰面的工作主要是对水泥砂浆找平、抹面灰、勾滴水。最后再进行扶手与栏杆的安装。

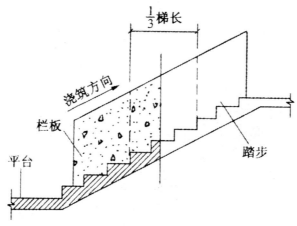

图 7-39　楼梯板施工缝留置示意图

四、门窗安装技术

根据门窗的材质划分，日常生活中比较常用的门窗主要包括木门窗、铝合金门窗、塑料门窗等。木门窗以及铝合金门窗的安装相对十分简单，应用也比较多。这里只以塑料门窗作为阐述为对象加以论述。

（一）窗框与墙体的连接方法

1.假框法

把预先做好的木框、铁框或者钢框安装于门窗的洞口上。等抹灰装修完毕之后，再利用螺钉把塑料门窗安装于假框上。

2.固定件法

在门窗框上安装一些固定的铁件，采用胀管螺钉把铁件和墙体进行固定，也能够在墙体中预埋上木砖，最后再用木螺钉把固定的铁件和木砖进行固定。

3.直接固定法

在墙体内预先埋设木砖，把塑钢门窗框直接送入窗洞口加以定位之后，再用木螺钉直接穿过门窗的型材和木砖加以连接。

(二)施工流程

1.洞口的留置

门窗的洞口大多都是采用塞口法留置。同类型的门窗以及相邻的上、下、左、右洞口应该应保持通线,洞口应该做到横平竖直。多层建筑中,可以从高层起,经过一次垂吊,标志出各门窗口的中线位置。对于一些比较高级的装饰工程以及放置过梁的洞口而言,应该做出洞口的样板,洞口的宽度和高度尺寸的允许偏差范围也应该符合国家规定。

2.固定片安装

检查与确认窗框上下边的位置以及内外的朝向,无误之后再安装固定片。安装过程中也应该采用 φ3.2 钻头进行钻眼,再把十字槽盘头螺钉M4×20 拧入即可。固定片之间的间距通常都应该小于或者等于 600mm,不得把固定片直接装到中横框、中竖框的挡头中。

3.临时定位

把窗框装到洞口中,其上下框的中线应该和洞口的中线对齐。窗的上下框四角以及中横框的对称位置,应该采用木楔或者垫块塞紧进行临时的定位固定。当下框的长度大于 0.9m 时,其中央部位也应该使用木楔或者垫块进行塞紧,以便于能起到临时固定的作用。

4.伸缩缝与缝隙的处理

窗框和洞口之间的伸缩缝隙也应该采用闭孔泡沫塑料、发泡聚苯乙烯等一些富有弹性的材料分层填塞;填塞时也不应该太紧。对于一些保温、隔声等级要求比较高的工程来说,应该采用相应的隔热、隔声材料进行填塞。

5.玻璃的安装

安装的玻璃不能和玻璃槽进行直接的接触,应该在玻璃的四边垫上厚度不同的玻璃垫块,其垫块的位置也应该依据图 7-40 所示进行填充。在玻璃边框上的垫块,应该采用聚氯乙烯胶进行固定。

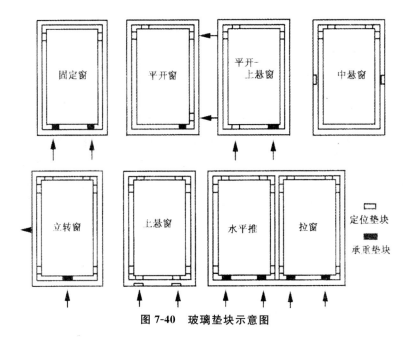

图 7-40　玻璃垫块示意图

第四节　建筑节能设计

在建筑物基本的建设过程中,主要可以分为三个阶段,即规划设计阶段、建设施工阶段、运行维护阶段,其中,规划设计阶段是建筑设计的源头,也是一个最关键性的阶段。规划设计仅仅需要消耗极少的社会资源,但是却能够对决定建筑存在几十年中的能源和资源的消耗特性起到显著的决定性作用。从规划设计阶段推进节能建筑设计,就抓住这一关键,把好源头,比在未来之后的任意一个阶段都要重要得多,而且能够起到事半功倍的效果。

一、建筑节能设计的原则

在绿色建筑的规划设计过程中,需要关注对全球的生态环境、地区生态环境以及自身室内外有关环境的一系列影响,因此,绿色建筑规划设计需要遵循下列原则。

(一)节约生态环境资源

在建筑的全生命周期中,使其能够对地球资源与能源的消耗量减少到最小的范畴;在规划设计过程中,一方面,居住区内的自来水管道应采用高技术新型材料,以防爆裂,收集处理中水进行花园灌溉,回收雨水及生活废水冲洗厕所等。另一方面,节约用水直接减少了污水量,间接节约了污水处理的能源和设备损耗。同时,借助新的科技水平,开发可再生的新能源。

(二)环境绿化原则

首先,绿地的规划应该纳入住宅设计的整体规划过程中去。先期的规划中可以预先留出一些集中的绿地。如果住宅区的规模比较大,也可以将集中的绿地面积拆散至各个住宅组团之中去。其次,随着人们生活质量的不断提高,人们对住宅环境的绿化质量也有新的要求。所以,环境绿化不再是一种比较单一的种树栽草,而应做到春有花、夏有荫、秋有果、冬有绿;落叶乔木、常青灌木、常绿草坪高低参差、交相辉映,充分满足现代人的审美情趣。

(三)垃圾分类处理原则

住宅区内的生活垃圾需要做到分类处理。发达国家早就已经把生活垃圾进行了有机物、无机物、玻璃、金属、塑料等的分类回收、处理。这样能够最大限度地减少垃圾对周围居住环境的污染,最大限度地将其变害为宝,做到循环利用。实践证明,住宅区内的生活垃圾一旦不能很好地进行处理,往往能够导致居民生活质量的下降以及造成生态环境的污染。因此,住宅区的物业管理应该将生活垃圾分类袋装当作一项比较重要的内容去做,从而体现出节能住宅的环境效益。

(四)因地制宜原则

首先,节能住宅需要强调的一点就是要做到因地制宜,绝对不能照搬和盲从。中国多是以密集型多层或者高层居住区为主。对于中国的一些高层居住建筑而言,就是要将住宅楼的所有外表面都装上太阳能集热板或者光电板,也不能满足提供这栋楼房所需要的能源。

其次,中国的气候存在比较明显的差异,这就使我国不同的地区生态设计策略呈现不同的方式。住宅设计应该做到充分与当地的气候特点相结合,同时兼顾其他地理条件,充分利用自然采光、自然通风、被动式集热与制冷,减少采光、通风、供暖、空调所致的能耗与污染。

(五)整体设计原则

住宅设计需要强调一种"整体设计"的思想,而且必须要结合气候、文化、经济等诸多方面的因素加以综合分析、整体设计,切不要盲目地照搬所谓的先进节能技术,也不可以单纯地着眼于一个局部设计而不考虑整体。例如人们一提到节能住宅,就会联想到只是多加一些保温的材料而已,这是一种以偏概全的思维方式。而对于寒冷的地区而言,不管使用多昂贵的墙体保温材料都不可能达到节能的效果。而对于某些类型的建筑来说,不用保温材料反而更能更利于节能。

二、建筑节能设计的内容和要求

(一)建筑选址

就建筑的选址而言,大到一座城市,小到一套住宅的选址设计,都应该注意选址的必要性。规划设计的建筑选址对于节能的影响比较大。建筑所处的位置影响到室内外的热环境以及建筑的耗热。

传统的建筑选址原则不外乎更好地去追求一种良好的生存条件、适宜和谐的居家环境,它往往也比较重视地表、地势、地物、地气、土壤以及方位、朝向等。

通常来说,建筑的位置应该选择良好的地形和环境,如向阳的平地和山坡上,并且尽量减少冬季冷气流的影响。在规划设计阶段,对建筑的选址进行可操作范围往往是比较有限的,规划设计阶段的建筑节能理念更多的是要依据场地周围的地形地貌进行设计,因地制宜地通过一定的区域总平面布局、朝向的设置、区域景观等多个方面的营造来实现。

(二)建筑的布局

1.合理的建筑布局有利于改善日照条件

以住宅楼群为例,住宅楼群中不同形状及布局走向的住宅其背向都将产生不同的阴影区。地理纬度越高,建筑物背向的阴影区的范围也越大,因而在住宅楼组合布置时,应注意从一些不同的布局处理中争取相对较为良好的日照。

(1)在多排多列的楼栋之间进行布置时,尽量采用错位的布局方式,充分利用山墙的空隙争取日照条件。

(2)点、条进行组合布置的时候,把点式住宅布置于朝向较好的位置,条状的住宅布置通常在其后,有利于充分利用空隙的日照条件。

(3)在一些比较严寒的地区,在进行城市住宅布置的时候,可以通过利用东西向住宅围合成封闭或者半封闭的周边式住宅方案设计形式,如图

7-41所示的四种设计方案,都是根据其对争取室内的日照,减少日照的遮挡情况来看,方案 2 以及方案 4 是最好的。

（4）进行全封闭围合的时候,开口位置与方位应该以向阳与居中为好。

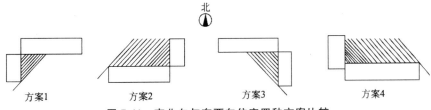

图 7-41　南北向与东西向住宅四种方案比较

2.合理的建筑布局应利于改善风环境

建筑的节能规划设计往往是利用建筑物去阻挡冷风、避开不利的风向,最大限度地减少冷空气对建筑物形成的渗透。中国的北方城市冬季的寒流风向主要都是西北风,所以应该封闭西北向的通风口,使建筑群之间的组合能够做到避风节能（图 7-42）。

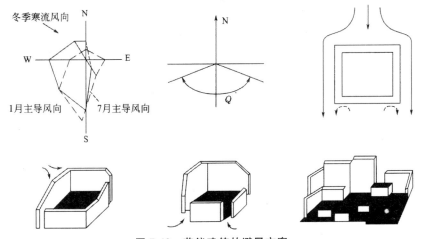

图 7-42　节能建筑的避风方案

在对建筑进行布局时,尽练注意让道路的走向平行于当地的冬季主导风向,这样做主要是因为能够有利地避免积雪。通过适当的布置建筑物能够极大地降低冷天的风速,可减少建筑物和场地外表面的热损失,节约热能。

在进行节能住宅建筑规划布局时,应该避免风洞、风漏斗以及高速风走廊的道路布局与建筑的排列（图 7-43、图 7-44）。

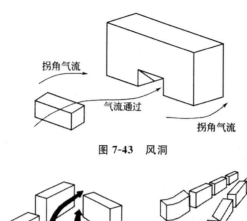

图 7-43　风洞

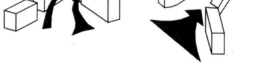

图 7-44　风漏斗改变风向与风速

3.建筑合理布局有利于建立良好的气候防护单元

建筑的布局宜采用单元组团式布局,形成一个相对比较封闭、完整的庭院空间结构布局,充分利用与争取日照,避免季风的干扰。气候防护单元的建立需要充分结合当地特定地点条件,形成自然环境因素、人的行为等多个方面的特点,以此来改善建筑的日照条件与风环境,最终达到节能的良好效果(图 7-45)。

(三)建筑体形

人们在进行建筑设计过程中通常都会追求建筑的形态变化,从节能的角度进行考虑,一个合理的建筑形态设计不但需要体形的系数比较小,同时还需要冬季的日辐射得热较多,需要对避寒风十分有利。具体选择的节能体形也常常会受到多种因素的制约,主要包括当地的冬季气温与日辐射照度、建筑的朝向、各面的围护结构保温状况以及局部的风环境状况等,需要具体对得热与失热的状况进行权衡,以此来优化组合各个影响因素之后才可以最终确定下来。在建筑的规划设计过程中需要考虑建筑的体形对于节能设计产生的影响时,应该把握住下列几个方面的因素。

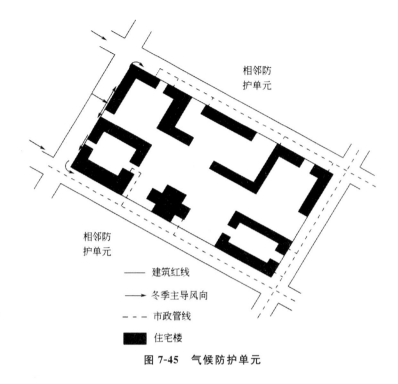

图 7-45　气候防护单元

1.控制体形系数

建筑的体形系数主要是指建筑物和室外的大气接触所形成的外表面积（不包括地面以及不采暖楼梯间隔墙和户门的面积）与其所包围的建筑空间体积之间的比值。如果体形系数越大的话，则说明单位建筑空间所分担的热散失面积就会越大，能耗也就会越多。从有利于节能的角度出发，体形的系数应该尽量小些。通常建筑物的体形系数应该控制在 0.3 以下。

2.考虑日辐射得热量

如果单从冬季得热最多的角度进行考虑，应该使南墙面吸收的辐射热量尽量多，而且尽量使其能够大于向外散失的热量，以便能够把这部分热量用在补偿建筑的净负荷方面。长、宽、高的比例也应该成一种比较适宜的体形，在冬季时得热比较多，而在夏季时则得热最少。

3.设计有利于避风的建筑形态

单体建筑物与三维尺寸都能够对其周围的风环境产生很大的影响。从节能方面进行考虑，应该创造出一种十分有利的建筑形态，以便能够最大限度地减少风流、降低风压、减少耗能热的损失。对以下建筑物形成的风环境进行分析我们能够发现如下规律。

（1）风在条形的建筑物背面边缘可以形成一个涡流（图7-46），建筑物的高度越高、进深越小、长度越大时，背面的涡流区也就会越大。

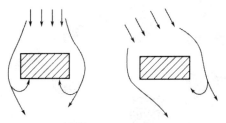

图 7-46　条形建筑风环境平面图

（2）L形建筑中的风环境。如图7-47所示是两个对防风十分有利的建筑结构布局。

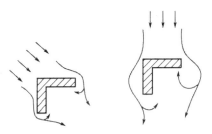

图 7-47　L形建筑中的风环境

（3）U形建筑能够形成一个半封闭的院落空间，如图7-48所示的布局对防寒风十分有利。

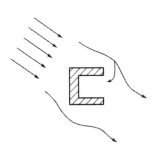

图 7-48　U形建筑风环境平面图

（4）全封闭口形的建筑一旦有开口时，其开口往往不应朝向冬季的主导风向与冬季最不利的风向，同时，其开口也不应该过大，如图7-49所示。

（5）把迎冬季风的一面做成一系列的台阶式高层建筑，能够对下行风形成一种十分有利的缓冲（图7-50）。

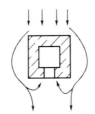

图 7-49　全封闭口形建筑风环境平面图

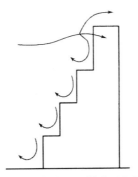

图 7-50　台阶立面缓冲下行风

（6）把建筑物的外墙转角由直角改为圆角，对消除风涡流十分有利。

（7）设计成低矮的圆屋顶类型，对防止冬季季风的干扰十分有利。

（8）屋顶面层是粗糙的表面，能够让冷风分解为无数个小的涡流，不仅能够减少风速，还能够获得较多的太阳能。

（9）低层建筑或者带有上部退层的多层、高层建筑，把用地都布满也对节能十分有利。

不同的平面形体在不同的日期内，其建筑的阴影位置与面积也是不同的，节能建筑应该选择互相日照遮挡比较少的建筑体形，以便于能够尽量减少日照遮挡而影响太阳辐射得热（图 7-51）。

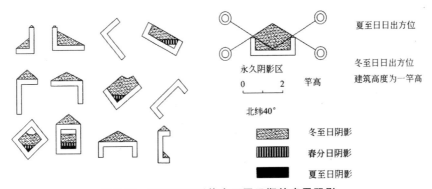

图 7-51　不同平面形体在不同日期的房屋阴影

（四）建筑间距

建筑物的间距应该保证住宅室内都能够获得一定的日照量,并且也要结合通风、省地等多种因素加以综合确定。住宅组群中的房屋间距确定首先就需要以能满足日照的间距要求为其重要前提,由于在通常情况下日照的间距总是一种能够影响到建筑的间距最大因素。当日照的间距得以确定之后,再复核其他的因素对间距的相关要求。计算建筑物的日照间距时常要以冬至日中午（11—13 时）2h 为日照的时间标准。

（五）建筑朝向

选择一个比较合理的建筑朝向往往是节能建筑群在进行布置时所要首先考虑的一个问题。建筑物的朝向也能够对太阳的辐射得热量以及空气的渗透耗热量起到重要的影响。在其他条件都相同的前提下,东西向的板式多层住宅建筑的传热耗热要远远比南北向的高 5％左右。

建筑物的主立面设计成朝向冬季的主导风向,往往能够导致空气渗透量的增加,所以,我国的建筑规划设计应该以南北向或者接近南北向最佳。

（六）建筑密度

在当今城市用地极为紧张的前提下,建造一些低密度的城市建筑群已经是有些不现实的,所以研究建筑的节能一定要尽可能地关注建筑的密度问题。根据"在保证节能效益的前提下提高建筑密度"这一相关的要求,尽量提高建筑的密度一种最直接、最有效的方法,无外乎是适当地缩短南墙面的日照时间。除了要尽量缩短南墙日照的时间之外,在建筑的单体设计过程之中,采用退层的处理、降低层高等一系列的方法,也能够有效地缩小建筑的间距,这对于提高建筑的密度具有极为重要的意义。

除此之外,还应该考虑到建筑组群中的公共建筑占地的有关问题。根据现有的资料显示,通常居住区中的很多公共建筑都是以低层铺开、分散稀疏的布局方式进行布置的,其占地的面积甚至能够达到住宅用地的50％～60％,这很明显是十分不合理的。如改成了集中、多层、多功能、利用临街的底层等多种方式进行布置的话,则可以尽量节约很多的土地。此时,如果要保持原建筑的间距不变的话,则能够增加总建筑的面积,取得一种更好的开发效益,如果想要保持原建筑的密度不变的话,则可以适当地加大建筑之间的间距,进而能够获得一种更好的节能效果。

第八章　新农村生态环境卫生保护规划及策略

农村环境是农村经济社会持续协调发展的基本物质条件,也是整个国家经济社会发展的重要生态保障。加强农村环境保护规划,并对其中出现的问题进行深度分析找出其中原因,提供建设性策略,不仅能维护农民环境权益,同时也能起到社会稳定发展、建设新农村和实现全面小康社会的作用。

第一节　新农村建设中的环境问题分析

一、自然环境问题分析

(一)大气环境

近年来,随着现代化、城镇化进程的加快以及新农村建设的推进,加之产业梯级转移和农村生产力布局调整的加速,在城市中难以立足的能耗大、污染重的化工、造纸、纺织、电镀等企业纷纷下乡进村。在温州乐清市就存在这种情况,随着该市产业结构调整、产业布局调整、产业梯度转移,大部分并、转、迁的重污染企业向农村迁移,农村环境面临着比城镇更为严峻的污染危险。其中,废气排放在 2005 年二氧化硫排放量为 38400.4 t、烟尘排放量 5983.4 t,粉尘排放量 302.96 t。

根据 2015 年中国环境状况公报显示:"2015 年,全国 338 个地级以上城市中,有 73 个城市环境空气质量达标,占 21.6%;265 个城市环境空气质量超标,占 78.4%。338 个地级以上城市平均达标天数比例为 76.7%;平均超标天数比例为 23.3%,其中轻度污染天数比例为 15.9%,中度污染为 4.2%,重度污染为 2.5%,严重污染为 0.7%。480 个城市(区、县)开展了降水监测,酸雨城市比例为 22.5%,酸雨频率平均为 14.0%,酸雨类型总体仍为硫酸型,酸雨污染主要分布在长江以南—云贵高原以东地区。"[①]

---

① 2015 中国环境状况公报

2015 年,全国 338 个地级以上城市全部开展空气质量新标准监测。监测结果显示,有 73 个城市环境空气质量达标,占 21.6%;265 个城市环境空气质量超标,占 78.4%。

(二)水环境

1.缺水问题

我国是世界上 13 个"贫水"国家之一,农业用水量就占总用水量的 70%,目前全国约 2/3 以上的农业生产需要灌溉,如 2005 年农业灌溉面积达 5502.93 万 hm²。目前,水资源缺口已由 20 世纪 80 年代的 400 亿 m³ 上升到 500 亿 m³;农田受旱面积达 0.33 亿 hm²(5 亿亩)以上;0.93 亿公顷(14 亿亩)草场缺水;每年因缺水造成的粮食减产达 750 亿~1000 亿 t。约 8000 万农村人口和 4000 多万牲畜饮水困难。同时,我国农业灌溉用水浪费却十分严重,"跑、漏、渗"严重。据统计,农业灌溉用水有效利用率只有 30%~40%,个别省仅为 20%,耕地自然降水利用率仅为 45%。

在有限的可用水当中,饮用水受污染的程度比较严重,水环境状况不断恶化。随着环境污染的加剧,许多河流出现了"60 年代饮水淘米,70 年代洗衣灌溉,80 年代水质变坏,90 年代鱼虾绝代"的现象,东部地区表现尤为明显。据测算,农村年产生生活污水 90 多亿吨,年产生人粪尿为 2.6 亿吨,绝大多数没有处理,生活污水随意排放。从调查中发现,在一些农村,由于农业面源污染,导致部分湖库污染严重、富营养化突出,水塘绿藻泛滥,一些水库也失去了功能。

在甘肃天水某地,饮用水水源都受到了不同程度的污染,使得部分农村饮用水和灌溉水水源水质污染严重。根据实测数据显示,近十年以来该地区某河流的水一直处于劣 V 类水质,高锰酸盐指数、BOD、COD、NH3-N、挥发酚、阴离子表面活性剂 6 项超标,挥发酚超标率 37%,阴离子表面活性剂超标 12%,其他四项超标率为 100%。饮水不安全导致一些农村地区疾病流行。据资料显示,一些沿江农村地区因水质不安全导致了斑牙病、结石、皮肤病等疾病的出现,甚至出现了癌症高发村。

2.畜禽养殖污染水源

畜禽养殖业的发展,增加了农民的收入,也方便了城市居民的畜禽产品的供应,但也加剧了环境污染。据调查,江西省某地农民都在自家院子里养猪,虽然建立了沼气池,但由于分散操作运行,畜禽粪便污染还是比较严重的。目前,在畜禽的规模化、集约化养殖过程中,由于选址不合理,造成畜禽粪便不能及时为农业利用,也难以进行有效处理,致使大量污水肆意横流,有些进入地表水,有些渗入地下水,使原有的水体受到污染,严重影响了周边农民的安全供水。江西抚州 60%~70% 的畜禽养殖产生的粪尿及冲栏污水未经无害化处理直接排放,造成水质污染。

3. 工业水污染

目前,乡镇企业废水 COD 和固体废物等主要污染物排放量已占工业污染物排放总量的 50% 以上,废水、废气和废渣占全国"三废"排放总量的比重分别为 21%、67% 和 89%,且乡镇企业污染物处理率也显著低于工业污染物平均处理率。乡镇企业布局分散、设备简陋、工艺落后,企业污染点多面广,难以监管和治理,已经成为环保的突出问题和影响人体健康的主要因素之一。在新农村建设中,一些工业、农业、能源、交通、旅游等项目也纷纷上马,成为不可忽视的农村污染源。

浙江某县 100 多家乡村印染厂,未经处理的废水直接排入周围的河道和湖塘等水体,水质变黑发臭,鱼虾绝迹,致使周围生活饮用水遭受严重的污染。2006 年甘肃徽县水阳乡新寺村旁的一家铅锭冶炼厂导致 373 名儿童铅中毒,这些儿童中,90% 以上血铅超标,最高者血铅含量 619 $\mu g/L$,超标 3 倍(铅中毒即连续两次静脉血铅水平等于或高于 200 $\mu g/L$),被诊断为重度铅中毒,成年人血铅超标也很普遍。

(三)土壤环境

1. 水土流失

由于特殊的自然地理条件,加之长期以来对水土资源的过度利用,当前水土流失问题仍然面积大、分布广、流失严重。特别是农林开发、公路铁路、城镇建设、露天煤矿、水利电力等造成的水土流失比较严重,水土流失的直接灾害是土层变薄,肥力下降,含水量减少,造成粮食减产。

2. 土地污染

为促进农业发展,需日益重视化肥的施用。近 20 多年来,化肥施用总量(按折纯量计算)由 1983 年的 1659.8 万 t 增加到 2006 年的 4831 万 t,居世界第一位,而利用率仅为 30% 左右。

我国是农药生产和使用大国,从 1990 年起农药生产量一直居世界第二位,仅次于美国。但存在着农药过量使用甚至滥用高毒农药的现象,在水稻中农药过量使用约占 40%,在棉花中农药过量使用约占 50%。1991 年以来,农药的使用量呈快速上升趋势,到 2006 年农药施用量达到 155 万 t,而利用率仅为 30% 左右。农药的施用强度也呈现出明显的上升趋势,由 1991 年的 8 kg/hm² 增加到 2006 年的 12.73 kg/hm²,远远超出经济合作与发展组织(OECD)国家 2000 年前后 2.1 kg/hm² 的平均水平。据调查,一些农村地区还有使用如六六六(BHC)和滴滴涕(DDT)等已经禁止农药的现象,过量和不当的农药施用,对土壤环境安全和食品安全构成了巨大的威胁。

农膜覆盖栽培技术是一项先进的农业生产技术,因其具有增温、保墒、保肥和提高作物产量的作用,在农业上的应用越来越广泛。我国是农膜生产和使用最多的国家,近 20 年来,农膜用量和覆盖面积已居世界首位,在发达地区更为突出。1991—2005 年,农膜使用呈快速上升趋势,从 64 万 t 上升为 176 万 t,其中农膜使用量为 96 万 t,农膜覆盖面积达到 1352 万 hm²,且随着农业现代化的进展,农膜的使用量也大大增加。1991—2005 年,农膜施用强度也逐年递增,从 6.71 kg/hm² 上升到 14.43 kg/hm²。每年农膜残留量高达 45 万 t,不易降解的残膜滞留于田间,造成土壤污染。据调查,2006 年辽宁省农膜的使用量达到 2.5 万 t,而农业农膜的回收率则不足 30%。

我国每年产生的 6.5 亿 t 各类农作物秸秆有 20% 未综合利用。除用做牲畜饲料、农村生活燃料和直接还田的以外,未利用的有 1.3 亿 t 左右,其热值相当于近 0.65 亿 t 标准煤,其中相当一部分秸秆被直接在田野里露天焚烧,或堆积于河湖沟渠、道路两侧,这样既浪费了资源,也造成了大气污染。近年来,我国加大了禁烧的监管力度,但仍不时有秸秆焚烧导致严重污染事故的报道。

二、人文环境问题分析

(一)农村集聚化引发的环境问题

随着新农村建设步伐的不断加快,小城镇和农村聚居点的规模也迅速扩大,使乡镇和农村的生活污染物因基础设施和管理不善造成了严重的脏、乱、差问题。主要表现在:农村环境规划和环保基础设施滞后,污染呈加剧趋势。有的地区在新农村建设过程中,大肆拆迁、改造,不仅失去了农村原有的乡土文化特色,甚至造成了新的生态破坏。

由于农村集聚化过程中土地利用、产业发展、人居建设与环境保护之间缺乏协调规划,集聚化在一些地区盲目扩展,使得部分农村建得"城不像城、乡不像乡"。农村居民点和工业区混杂,工业污染和生活污染物交互混杂。同时,由于农村的环境保护基础设施严重滞后于经济增长,即使在农业现代化进程较快的地区,环保基础设施建设也并没有随着经济发展而得到很好的改善。因此,农村居民点在空间分布上迅速集中,污染物也由分散转向集中,大量的污染物得不到有效控制和处理,污染物集中排放强度远远超出集中区域的环境自冷能力,农村环境污染形势呈现出加剧趋势。

在某些地区,新农村被简单地理解为宽马路、大广场、小洋楼以及人工化的河道、辉煌的建筑装饰。新农村建设成了简单集聚化的代名词,成了形式主义的化妆运动和展示性的样板式政绩工程。据报道,某地区不根据实际制定可行的发展战略,也不充分考虑当地财力和群众的承受能力,号召农民建起了 40 多幢黄白相间的小别墅,标榜为"小康村",导致该村欠下 130 多万元贷款,成为当地百姓沉重的负担;某地区兴建"文明生态小康示范村",提出集中供暖、自来水入户,物业、门卫、娱乐、文化设施等一应俱全;某地区要求农家在厕所贴瓷砖,在门口建喷泉等。这些盲目通过农村集聚化而建设新农村的做法,违背了群众的意愿,造成了土地、水、矿产和生物等自然资源的大量浪费,增加了对环境保护的压力。

目前,在新农村建设中,农村集聚化的出发点是好的,但在这一过程中,不少地区对农民现有住宅进行强迫拆迁、改造,对原来分散的村落进行盲目合并,以城市建筑的风格来包装新村庄,以致出现了推山、砍树、填塘等严重破坏生态环境的行为。这样的农村集聚化必将破坏农村的自然田园风光和历史文化底蕴,使新农村建设丧失乡土环境特色。

(二)集体林权制度改革中的生态环境问题

2003 年,第二次集体林权制度改革在江西、浙江等地开始试点,现在这项改革已经在全国推开。其核心内容是:在保持集体林地所有权不变的情况下,确立经营主体,明晰林地使用权和林木所有权,放活经营权,落实处置权,保障收益权,做到"山有其主,主有其权,权有其责,责有其利"。经过改革,林业建设呈现出生产发展加快、生态状况改善、产业规模壮大的趋势。但是在主体改革取得成功的同时,也出现了一些新的问题,如疏于管理的话,会使脆弱的农村生态环境"雪上加霜"。

林权改革后,商品林有了明确的产权主体,林农的自主经营权增大。但是,在生态林的管护上,有些地区主要采取给予一定经济补偿并强制分配给林农的方法,让林农在经营商品林的同时,履行生态林保护的义务。随着商品林经济效益不断提高,公益林与商品林的收入差距越来越大,如林农出售 $1m^3$ 杉木可获得 200 多元的利润,而进行生态林的管护每年每公顷只能得到不足 100 元的补贴。受经济效益的驱动,林农比较重视商品林经营,不愿意经营管理几乎没有任何赢利的生态公益林。生态公益林的保护受到了冷落,长此以往是不利于生态林的保护和生态环境质量的维持改善的。

通过林权改革,林农自主经营意识加强。但是,受短期经济利益驱动,林农盲目种植经济树种的情况时有发生。一些地方在"林改"中,砍伐掉原有的乡土树种,高密度打穴挖坑,高强度追施化肥,种植单一树种经济林,对当地的生物多样性构成严重威胁。在坡度大的丘陵山地和水源林带,不宜大面积发展单一树种速生林,但是部分地区效仿速生经济林模式,存在大面积烧山毁林的现象。甚至有些基层部门为了创收,打着"林改"的旗号,承包集体山林给个体伐木商,大肆乱砍滥伐,造成当地生物多样性严重破坏,农村生态环境出现恶化,甚至引发了生态失衡。

林权改革后,试点地区大部分林地承包到户,林地使用权分散程度提高。在这样的背景下,林业规模化生产建设项目难以实施,如采伐作业设计、林业防火等工作受到很大限制。小面积单家独户经营,不利于全局性的综合治理措施的实施,影响到森林病虫害的控制效果。森林的分散经营管理使外来有害生物的入侵渠道增多。如何根据形势变化,在新农村建设中最大限度地发挥林草业的生态环境功能,成为提上日程亟须解决的问题。

(三)乡村旅游带来的新挑战

近年来,各地农家乐休闲旅游产业的蓬勃发展,推动了农村二、三产业发展、劳动力转移就业和农民增收致富,促进了农业产业结构调整,已成为推进"三农"工作和新农村建设的有力抓手。但是,处于起步阶段的农家乐休闲旅游业,在发展中也暴露出一些难以回避的困难和不容忽视的环境问题。

以浙江省为例,据统计,截至 2007 年年底,浙江省已累计发展农家乐休闲旅游村(点)2710 个(同比增长 30%),经营农产 14565 户,直接从业人员81334 人(同比增长 12%),共接待游客 5621.3 万人次(同比增长 44%),营业收入达到 30.4 亿元(同比增长 24%),实现规模效益双增长。但就整体而言,尚处在发展和提升阶段,还存在着布局不尽合理、设施比较简陋、环境卫生状况有待改善、生态压力加大等问题。

乡村旅游发展过程中对新农村环境的挑战主要表现为:在乡村旅游发展过程中,有些农产只注重眼前经济效益,忽略了对周边自然生态环境的有序保护,出现了肆意排放污水和丢弃垃圾、资源过度开发等现象;基础设施和政策措施尚未配套,环境卫生状况普遍欠佳,制约了农家乐休闲旅游业的发展和提升;周边环境整治有待加强,环境净化、美化、绿化不够;许多农家乐经营户没有完全摒弃农村的一些不良卫生习惯,卫生安全意识淡薄,农家乐推崇的绿色无污染和自种自养的食品,未经相关部门检验检疫,存在卫生安全隐患,接待设施、环保设施、安全设施尚未达标,大多数从业人员未经体检和专业培训,卫生状况不容乐观;有的地方超出环境容量接待游客;一些环境监管措施不完善,一些游客有随意乱扔垃圾等不文明的行为。

如浙江温州瑞安市的农家乐,已成为农村经济发展的一个新亮点、农民增收的一个新增长点。据调查统计,该市已发展农家乐旅游点 35 个,农家乐经营户 110 家,直接从业人员 2300 多人,年接待游客量超过 60 万人次,年营业收入达 2000 多万元。但是该市也存在如上乡村旅游发展过程中的问题。

第二节　新农村环境问题的成因

一、政策、法律法规的错位与不健全

(一)农村环保政策的偏差

1.农村环保政策制定指导思想的偏差

农村环境政策建设上的落后不仅表现在政策制定缺乏针对性和可操作性上,深层次的,还表现为政策制定指导思想上的偏失。

一是"城市中心主义"的指导思路。我国的环境政策历来是以预防工业污染为主,以城市为中心的环境管理体系,在这背后,隐藏着一种"城市中心主义"的指导思路,正是在这种思想的指导下,我国的农村环境政策也是围绕城市工作来开展的。我国在制定环境政策时存在重城市环境保护,轻农村环境保护;重工业污染防治,轻农村和农业污染防治的倾向。长期以来,城市环境的改善往往以牺牲农村环境为代价,而政府的环保投入又主要集中于工业和城市污染治理,未能体现城乡公平,农民没有得到相应的生态补偿。这种"城市中心主义"的指导思路,也是受发达国家环境保护政策的影响。

发达国家在治理环境过程中经历了一个"先污染,后治理"的过程,所以其环境保护政策体现了重污染防治的特点。这一点从农村环境政策产生的历程也可以看出。或许政策制定者在决策时的初衷并没有轻视农村环境保护,然而,由于他们制定政策的依据主要是针对城市环境问题的,他们把对待环境问题的视角更多地放在城市,以致一谈到环境问题想到的只是城市而看不到农村环境问题的严峻形势,所以很多政策对防治城市环境问题有效而对防治农村环境问题则收效甚微,也正是这种制定政策的不科学性导致了我国农村环境问题日益严峻。

二是"重政府环境权力,轻政府环境义务"的指导思想。我国环境政策中存在的"重政府环境权力,轻政府环境义务"指导思想,也是环境保护领域政府失灵、环境法律失灵的一个重要原因。为什么我国政府制定了这么多环保法律、发起了这么多环保行动、花了这么多环保钱、下了这么大决心,仍然是"年年立法、年年治污、年年污染、治理的速度赶不上污染的速度",有些地区仍然走不出"越治越污染"的怪圈?客观地说,造成上述状况的原因是多方面的,包括历史的、政治的、经济的、文化的、体制的、技术的等方面的原因,其中政府环境义务、环境责任的缺失是重要原因甚至是主要原因。正如环境保护部副部长潘岳所指出的:"政府在环境保护方面不作为、干预执法及决策失误是造成环境顽疾久治不愈的主要根源","政府不履行环境责任以及履行环境责任不到位,已成为制约我国环保事业发展的严重障碍"。这一点在农村环境政策上尤为明显,农村环境问题的改善,不仅需要政府完善的监控,更加需要政府的积极作为;不仅需要法律上的支持,更加需要政策的支持。

2.农村环保政策执行过程中的偏差

这种偏差主要是受城乡二元经济体制的影响及执行过程中的地方保护主义。

一是受城乡二元经济体制的影响。在计划经济体制下,我国对城市是一种政策,对农村是另一种政策。现在虽然计划经济体制已成历史,但城乡二元经济结构在农村环保政策执行过程中却仍然存在。在城乡二元经济体制下,农村人口与资源之间的关系紧张。长期的城乡分割,使得我国城市化进程缓慢,大量堆积在农村的人口,实行的是一种破坏性就业。城乡差距的扩大,使得农村的贫困问题更加突出,农民面临巨大的生存压力,无力顾及生态环境的保护。很多地区特别是贫困山区的农民不得不走资源消耗型的发展之路,以掠夺性的方式开发利用土地和资源,从而直接造成土地退化、森林破坏及农村生态环境遭受破坏等一系列环境问题。与此同时,农民的生态环境保护动机不足,对由环境引发的健康损失、生态损失等关注不够,作为受害者,他们最关注的是收入是否提高和物质生活是否得到改善。

二是农村环保政策执行中的地方保护主义明显。农村地区的环境问题往往涉及几个地(市)甚至几个省(市)的经济利益,跨界的环境问题是环保中地方保护主义色彩最浓厚的一面,治理难度很大。

（二）农村环保政策的不适应性

我国的农村环境政策从宏观上可分为强制性环境政策和激励性环境政策两大类，而无论哪一种在我国农村环境的治理过程中都表现出了一些不适应性。

一是以行政管制为主要手段的强制性环境政策因为农村环境保护机构的缺失和农村生产、生活方式的特殊性而失去其可操作性。二是以利益刺激为主要手段的激励性环境政策在农村找不到市场。激励性环境政策是通过一定的物质利益刺激和精神鼓励来调动农村环境关系中各方的主观能动性，引导其主动参与环境保护。在我国农村，由于农民的环境意识普遍比较淡薄，这种激励性环境政策还没有发挥它应有的作用。

在城乡经济发展过程中，农村自然资源及农产品向城市的转移，而城市污染向农村的转移对农村造成了一定的环境污染和生态破坏。根据受益者补偿原则，农民应该从中获得一定的补偿，但事实是，农民不但没有得到相应的补偿或者相应的补偿不到位，还因环境污染和生态破坏导致农产品质量和数量的下降而承担了环境责任。另外，政府鼓励农民施用农家肥、退耕还林等，本应给予适当的补偿。但是，有些农民并没有得到相应的补偿或者相应的补偿不到位，致使农民利益受到损害，从而降低了保护环境的积极性。

"谁污染谁治理"原则没有让农民得到应有的补偿。环境问题不仅是人类损害自然环境的问题，更涉及不同人群的利益损失和调节问题。农村环境问题的根源很大程度上在于城乡环境政策"剪刀差"的存在，"谁污染谁治理"环境政策也没有遏制这一差距。

（三）农村环保法律法规的缺位

新中国成立以来特别是改革开放以来，我国的环境保护法律法规建设取得了很大的成效，但是，农村环境保护法律法规仍存在立法的滞后性，相关的环保法律内容也在农村存在不适应性。

改革开放30多年来，我国环境保护立法工作取得了很大成绩。《环境保护法》《海洋环境保护法》《大气污染防治法》《水污染防治法》《畜禽养殖污染防治管理办法》等诸多法律及规章条例的出台，基本形成了具有中国特色的环境法律法规体系。但直到现在我国还没有制定一部全面规范农村环境保护的基础性法律或专门性法律，也缺乏专门性的法律法规来防治乡镇企业污染、农村面源污染、土壤污染，以此来保护农村饮用水水源，建设环境优美的村镇。同时，更缺乏相关的法律法规来保护包括农民的环境知情权、环境参与权和环境诉讼权等在内的农民环境权益,加之农村环境监测、环境状况信息公布的不足,这些都造成了对农村环境保护活动难以进行科学、系统、全面、准确的调整和规制,降低了农村环境保护的效果。

(四)农村环保监管体制的失位

我国政府的环境管理机构设置呈现从中央到地方依次递减的状态,即中央环境监督管理能力强大,有数量多、规模大的环境管理机构,到了地方,环境管理机构数量少且规模小,环境保护设施落后,专业技术人员缺乏,因而监督执法能力薄弱。截止到 2007 年年底,全国共有乡镇数 40813 个,中国乡镇级环保机构只有 1573 个。江苏省的 20 多个发达县(市)初步形成了县(市)、乡(镇)、村(或企业)三级环保管理网。全省 2000 多个镇配备了 1800 多名环保员。

我国的环境管理体系主要以城市和重要点源污染防治为主,对农村环境污染管理问题重视不够,大部分县、乡、镇、村环保管理网络没有真正形成,乡镇环保基本处于"三无"(无人员、无经费、无仪器)状态,乡镇环保部门没有配备必要的交通与通信工具,收到污染举报时,不能及时到达违法排污现场,这就给违法排污企业可乘之机,使他们有充足的时间做出应对措施。除了环保设备配置落后外,基层环保部门技术也很落后。

在现行体制下对化肥、农药使用的监控,至今缺少有效的办法。随着农业使用的有机肥不断减少,造成环境污染负荷加大、污染物消纳能力降低。农药的不正确使用,不仅危害农作物的生长,而且威胁人类健康。

由于我国环境教育工作开展较晚,我国公民的环境意识还不是很高,农民的环境意识较低,很多人认为环境保护是政府的事情,因此还没有形成社会监督机制。即使存在一些公众监督,也是城市居民对环境保护的社会监督。近年来,媒体对污染环境的事件报道逐步增多,但是重点还是在关注城市的环境,对农村环境污染的关注还是明显不够,特别是对农村环境侵权事件报道的不多。目前中国已经有 2000 多个已注册的环境保护方面的非政府组织(NGO),但是这些 NGO 几乎都不在农村,几乎没有农民参与。即使有极个别的草根环境保护组织,他们也面临着政治压力、经费压力等问题,生存十分困难,很难发挥对环境污染事件的社会监督。

二、主体环保意识淡薄

(一)地方政府环保意识淡薄

一些地方政府盲目追求村民住宅形式上的集中、外观上的整齐,片面认为改变农村"脏乱差"现象是建设新农村的主要标志,把"村容整洁"作为新农村建设的首要任务,把新农村建设理解为一次短期运动,急于求成,甚至搞"形象工程""政绩工程",热衷于粉墙刷屋、改厕改圈,既浪费了资金,农村环境也没有得到实质性改善;而有些地方为取得立竿见影的效果,只选择那些经济基础、自然条件较好的村庄作为"试点"或者"示范",给予更多的资金和政策倾斜,而那些急需外力来打破"贫困恶性循环"的村庄却由于其基础相对较差,而不被上级领导所重视。另外,基层管理部门对政策把握不准,新农村建设规划不科学。在"新镇、新村、新房"建设规划中,都是强调对单个"村"的建设,没有考虑整个农村区域的建设,"散、小、乱"的问题比较突出,忽视了与土地、环境、产业发展等规划的有机联系。在调查中发现,一些经济发达地区存在重规划建设、轻运行管理,农村发展规划大都有环境功能规划,却没有按城建规划的同等水平同步进行,或者环境卫生设施虽然建了,但建成后因为缺少运行费用而难以实施;在经济欠发达地区,农村发展规划滞后,不具备可操作性,也没有环境保护项目,有的虽然列入了环保项目,但是环境保护规划不当,不仅造成极大的浪费,还不利于新农村建设的可持续发展。

地方政府部门大多以经济指标考察干部政绩,而轻视生态指标,在政府目标管理指标上,也是重 GDP 指标,轻生态环保指标,过分强调城市建设和新农村的经济建设,盲目引进污染严重的生产企业,不惜以牺牲农村环境为代价。

(二)乡镇企业环保意识淡薄

1.本土的乡镇企业环保意识淡薄

从 20 世纪 80 年代开始,我国乡镇企业发展迅速,产生了"村村办厂,乡乡冒烟"的格局。乡镇企业在发展农村经济、增加农民收入的同时,也带来了严重的环境问题。在利益驱动下,有的乡镇企业环保法制观念淡薄,视环境保护法为软法,以为把污染物排放到环保监管较弱的农村就可以逃避法律的惩罚,环保义务履行的主动性不够,只注重眼前的经济效益,忽视长远的社会效益,在防治污染上消极对待,政府部门监管放松时把污染处理设施闲置起来,废水、废气、废渣等"三废"超标排放,并成为影响农村地区环境质量的主要因素。

2.迁入的乡镇企业环保意识淡薄

随着城市污染控制力度加大,一些强行关闭的严重污染企业从城市迁往农村、从东部迁往西部。只追求经济利益、环保法制意识不强，从而造成城市污染向农村转嫁、东部污染向西部转嫁，这些都加剧了农村生态环境的污染和破坏。

（三）农民环保意识淡薄

在城乡分割的体制下，农村的精英分子都流向了城市，剩下的大多是老人、妇女和儿童，由于对他们缺乏进行必要的环保知识教育，导致他们的环保意识较差，对环境污染及自身生产生活产生的生态破坏行为认识不足，影响了新农村的建设。

改革开放以来，虽然我国农业生产水平得到了很大的提高，但是粗放式的农业生产在我国广大农村地区仍然存在，农村的产业结构也转变成了自然危害型。

日常生活垃圾的不合理处置，不仅造成固体废弃物污染，而且也对地表水和地下水产生二次污染。

我国广大农村地区普遍存在多子多福、儿孙满堂的传统观念。这就使得计划生育政策在农村面临很大的阻力。农村人口过多，给经济发展和环境保护带来巨大的压力。根据 2002 年第五次全国人口普查，中国的人口数可能要达到近 13 亿（12.9533 亿），其中 70% 以上的是农村人口。这就是说，中国人口问题的关键在于农村。我国农村地区人口的迅速膨胀，加大了对农村生态环境的压力。

由于广大农民文化素质较低，缺乏维权意识，当侵权行为发生时，也不能拿起法律的武器有效地维护自己的合法权益。北京师范大学社会发展与公共政策研究所在 2006 年暑假组织学生对全国 64 个村庄进行的访问调查显示，农村中各类工厂的存在，尤其是污染企业的存在，或多或少地对周围村庄造成了环境危害。

三、环保投入不足

（一）农村环保资金投入不足

1. 农村环保资金投入不足

环保投入的实质是对环境的一种补偿，是实现环境质量改善的重要保证。在相当多的地区，农村环保的有关目标已纳入各地的"十二五"规划中，但在实际运作中，给农村环保确立的实现目标往往打了折扣。资金的缺乏是制约农村环境保护的一大瓶颈。当前的新农村建设是一个系统工程，在实施基础设施建设、能源建设、生态环境保护等方面都需要大量的资金。根据中国环境状况公报数据,2010 年环境污染治理投资总额为 6654.2 亿元,占当年国内生产总值的 1.66%;2011 年我国环境污染治理投资总额为 6592.8亿元,占当年 GDP 的 1.39%。2001—2011 年,我国环境污染治理投资总额和占 GDP 的比例不断上升,但是,这还是远远满足不了环境治理的需求,环境污染防治速度赶不上环境污染和生态破坏的速度。而这些投入还主要集中在工业污染治理方面,农村环境污染治理及生态保护的投入极少。农村这些极少的投入还存在多头管理,分散于环保、农业、畜牧、林业、国土、水利、建设等多个职能部门中,不利于农村环境污染的防治。

2.农村环保资金投入渠道单一

目前,在新农村建设中,我国农村环保资金投入主要依靠国家财政投入、农村自身筹资和以工代资等方式,且在国家公共财政支出中还没有建立农村环保专项资金,银行、企业和社会资金基本上没有参与农村环保建设,农村环保融资渠道十分有限,政府财政投入农村环境保护的资金满足不了环境保护工作的需要。据 2006 年《中国环境统计年鉴》数据显示,在 2005年用于农村改水、改厕投资 1437105.8 万元,其中国家投资 557153.8 万元,占 39% 左右,其余大部分为农民自身筹资和以工代资等方式投资;而且由于农业环境基础设施具有规模小、运行成本高、回报少、建设周期长等特点,对社会资金缺乏吸引力,同时也难以申请到用于专项治理的排污费。更重要的是农村环境保护工作是一项公共事业,属于责任主体难以判别或责任主体太多、公益性很强、没有投资回报或投资回报率较小的领域,这对社会资金缺乏吸引力,政府必须发挥主导投资作用。据调查,许多村庄的环卫保洁、环卫设备配置、垃圾运输处理费用等主要由村集体资金解决,有些垃圾中转费用向各村收取,造成新农村建设后的村庄集体经济负担过重,而对于底子薄,经济实力过低,缺乏自我发展能力的农村,要维持日常运行,财力更是难以支撑,使得农村环境长效管理和专职保洁员队伍建设难以落实到位,已经取得的阶段性成果在治理后又出现反弹,在绝大多数农民还不富裕的情况下,新农村建设中的环境问题很难得到全面的改善。

(二)农村环保设施建设投入不足

长期以来,农村一直是污染治理的死角。除了受到大规模疫情威胁时,农村环境治理基本上处于"自治"状态。在国家"十一五"环保规划中,尽管逐步增加了环保投入,环保投入占国内生产总值的比例保持在1.5%～2%,但重点还是保证城市的环境需求。在具体设施的建设上也是围绕城市环境的改善而展开,污水处理厂、垃圾处理场主要是建造在地市一级的城市,乡镇则很少或者没有。农村环保基础设施建设严重滞后,特别是基层政府提供环保基础设施等公共服务的能力薄弱,使许多地区成为污染治理的盲区。调查显示,有56%以上的环保工作人员认为当前农村环保工作的难点在于资金匮乏,有80%以上的环保工作人员认为当前农村环保基础设施较差,农村生活垃圾处理场的建设及容量都远不能满足实际需要,路边和河沿成为堆放垃圾的主要场所。由于大多数农村目前生活污水沼气净化池等设施缺乏,大部分生活污水直接排入农田和河流。

第三节　新农村环境问题保护策略

一、增强主体环保意识

(一)对领导干部的环境宣传教育

国内外农村环境现状和农村环境保护法律法规是教育的重点,把握科学发展观与农村环境保护的关系。

通过环境状况公报(简报)、内参录像片、内参资料等,定期向领导干部通报全国及本地区农业污染和生态破坏的状况和变化趋势,让领导干部了解环境污染和生态破坏的严峻性,增强环保工作的紧迫感;各级党校、行政学院和干部院校要将环境教育纳入教学和培训计划,渗透环境教育。

(二)对乡镇企业的环境宣传教育

以各类排污企业和资源开发型企业的负责人和员工为重点教育对象,掌握与本行业相关的环保知识和法律法规,了解本行业及本岗位实行清洁生产、循环经济、废物利用的要求和方法。

重点加强农村环境保护法律法规和企业社会责任教育,使企业明确保护环境、爱护环境是其义不容辞的社会责任,开展清洁生产,塑造企业绿色形象。

(三)对农民群体的环境宣传教育

重点围绕农用化学用品的科学使用开展教育,让农民把握科学种、养殖与农村环境保护的关系。发挥好农村广播电视学校、农村成人文化技术学校、农村致富技术函授大学、农业科教与网络联盟、有关大中专院校等各级各类教育机构在农村环保培训中的作用,向农民传播土壤环境保护知识,传递绿色致富信息,把环境宣传教育与农村脱贫致富结合起来,动员广大农民自觉地参与环境保护;利用暑期"三下乡"的机会,组织大学生为干部、农民开展环保科普知识讲座、赠送宣传资料,提高广大农民的环保知识水平。

（四）对学生群体的环境宣传教育

以大中小学学生为教育重点对象,宣传科学发展观,普及环境科学知识和法律法规知识,使学生养成保护环境的行为习惯,亲近自然、欣赏自然。增强大学生环保意识和法制观念,环境类专业的大学生要能够掌握农业污染防治和修复的基本技能。

宣传我国人口众多、资源有限的基本国情和人与自然的关系,掌握农村环境保护的技能和方法。

利用科技类博物馆、科研院所等环保科普教育基地和青少年环保科技教育基地的教育资源,为提高未成年人环境道德服务;加强现有青少年宫、儿童活动中心等综合性未成年人校外活动场所的环境教育功能,发挥社区教育在未成年人校外环境教育中的作用。

二、完善环保政策

（一）完善村民自主治理环境政策

鉴于农村环境污染治理量大面广的特点,我们应该充分利用环境非政府组织和村民委员会的力量来发挥村民自主治理环境的作用,充分调动农民保护环境的积极性和主动性,依靠自身力量,改善人居环境,建设美好家园。

1.发挥环境非政府组织（NGO）的志愿作用

在我国农村环境保护中,政府干预力量过强,市场发育有所不足,而环境非政府组织的作用则更为薄弱。从一些发达国家的经验来看,环境非政府组织是一个国家、一个地区生态环境保护中不可或缺的重要力量。因此,我们应该通过制定政策来扶持环境非政府组织的发展,特别是要扶持发展农村的环境非政府组织,发挥其志愿作用,使其广泛地参与到农村环保事业之中,以改变农村环境保护中"强政府、弱社会"的局面。

2.发挥村民委员会的作用

村民委员会就是当前我国农村环境管理机构的最佳选择。村民委员会作为村民自治组织是农民当家做主管理自己事务的组织形式,能够贴近农村和农民,掌握第一手资料,及时了解环境发展动态,具备在最短时间内做出决策的优势。我国农村环境污染形成原因有多个方面,污染源多而广,单纯依靠环保部门,既没有足够的人力对每村进行监督,也没有足够的财力实施相关工作。而且村民委员会是村民自治组织,不属于政府体制,在做农民工作方面,更有优势,能够晓之以理、动之以情。也正由于村民委员会是村民自治组织,其成员也是农民,因此,村民委员会比政府机关更能关心农村环境和农民利益。实证研究也证明了在管理农村环境过程中,村民委员会能发挥更大的作用。

(二)完善环境纠纷处理政策

随着农村环境污染的日益恶化以及村民环境意识的不断提高,近几年来,农村环境纠纷事件不断,环境信访持续增多,已经影响到了农村的和谐稳定,制定环境纠纷处理政策已经是非常紧迫的任务。环境纠纷处理政策的实施将有利于增强政府管理部门对环境问题的监测、监督和管理能力,鼓励公众和社会团体参与环境决策,从而建立起政府、企业和公众的三维环境管理模式,推动环境管理模式从政府控制型向社会制约型的转变。

1.完善环境纠纷行政处理的方式

行政处理方式包括行政调解和行政裁决。对一般的环境污染事件实行行政调解,通过调解,化解矛盾,维护受害者的权益。对于严重的环境污染事件要进行行政裁决,并强制执行,以实现行政裁决的有效性,打击破坏环境的犯罪行为。

2.完善环境纠纷行政处理的程序

明确受理污染纠纷行政处理的条件和行政调整范围。实行环境行政裁决制度,当事人对行政裁决有不同意见时,可以向法院提起民事诉讼。应该明确环境纠纷的行政处理前置与司法终局裁决结合的解决机制,明确由环境行政机关承担起环境纠纷处理的主要责任。同时,应该将环境纠纷的行政处理与环境行政管理有机结合起来,共同发挥对环境污染治理的作用。

(三)完善生态补偿政策

目前,还需进一步建立健全我国针对农村的生态补偿政策。

1. 明确生态补偿政策的适用范围

主要是对水源涵养、水土保持、沙尘暴控制、生物多样性保护、特殊生态系统保护、珍贵稀有野生动植物保护、湿地保护等方面的生态服务功能进行补偿。补偿政策要明确规定：上游省份排污对下游省份造成污染事故的，上游省级人民政府应当承担赔付补偿责任。饮用水水源地保护补偿、流域跨界污染控制补偿、跨流域及流域上下游水资源优化利用补偿、流域生态环境效益共建共享，以及发达地区对不发达地区、城市对乡村、下游对上游的补偿等都是生态补偿政策的重要范围。

2. 明确生态补偿给付主体

国家是最主要的生态补偿给付主体，因此，要把环境财政作为公共财政的重要组成部分，加大财政转移支付中生态补偿的力度。在中央和省级政府设立生态建设专项资金列入财政预算，地方财政也要加大对生态补偿和生态环境保护的支持力度。同时，根据"污染者付费、利用者补偿、开发者保护、破坏者恢复"的环境法基本原则，自然资源使用人或生态受益人也是生态补偿的主体。

3. 明确生态补偿方式和生态补偿标准

应建立国家、地方、区域、行业多层次的补偿系统，实行政府主导、市场运作、公众参与的多样化生态补偿方式。一是政府补偿方式，主要有财政转移支付制度、生态移民制度；二是行业补偿方式，主要有资源开发补偿、资源利用补偿、受益补偿；三是社会、市场补偿方式，主要有设立环境资源税、发行生态环境彩票、建立生态补偿募捐基金机构、建立环境产权交易市场和设立环境责任保险等。同时，生态环境补偿标准的制定应该充分考虑自然资源的固有利用价值与生态环境价值，以及治理环境污染和生态破坏的劳动投入，也就是说，补偿标准应该相当于生态保护的机会成本。在国家制定统一标准后，各地可以根据本地实际情况制定相应的地方标准，使从事生态环境保护的单位和个人不仅有资金来源，而且可以得到与从事其他工作一样的利益，以调动全社会参与生态建设的积极性。

在探索生态补偿政策方面，浙江省一直走在全国前列。继 2005 年出台《关于进一步完善生态补偿机制的若干意见》，2006 年出台《钱塘江源头地区生态环境保护省级财政专项补助暂行办法》之后，2008 年又出台了《浙江省生态环保财力转移支付试行办法》，使浙江省成为全国第一个实施省内全流域生态补偿的省份。

三、转变农村发展模式

(一)转变农村发展模式,促进农村经济发展

从经济角度来讲,农村生态环境问题在一定意义上来说就是发展问题,即"发展不足"和"发展不当"的问题。因此,我国农村生态环境问题的解决也必须通过发展来解决。立足于经济发展,不仅是解决农村生态环境问题的客观要求,也是新农村建设的基础。因为只有经济发展了才有可能打破贫困和环境恶化之间的恶性循环,才能够积累资金、技术和管理经验,才能够提高环境治理能力,最终形成农村经济、社会和环境之间的良性循环。但当前必须转变农村发展模式,即从原来粗放式、不持续的经济增长方式转移到集约式、可持续的经济增长方式上来。实现农村经济发展模式的转变,是发展农村经济、解决农村环境问题的必然选择。

在转变农村发展模式过程中,必须调整、优化农业产业结构,大力发展绿色食品和绿色产业,降低农药和化肥的使用量;大力发展农村循环经济和推行清洁生产,推动农村工业结构调整。因此,当前应当根据农村资源禀赋、环境容量、生态状况等要素,把经济社会发展与生态环境建设有机结合起来,根据不同地区农村的实际情况,构建各具特色的生态产业体系。

辽宁省锦州市黑山县发展的"四位一体"生态农业模式,是一种庭院经济与生态农业相结合的新的生产模式。它以生态学、经济学、系统工程学为原理,以土地资源为基础,以太阳能为动力,以沼气为纽带,种植业和养殖业相结合,通过生物质能转换技术,在农户的土地上,在全封闭的状态下,将沼气池、猪禽舍、厕所和日光温室等组合在一起,所以称为"四位一体"模式。甘肃省秦安县发展了"五位一体"模式,是秦安县根据全县干旱、半干旱地区的自然和社会经济特点,结合生产技术研究和推广应用总结出的一种设施农业技术模式。该模式把山地日光温室、集雨节灌水窖、沼气池、暖棚养殖圈舍、果蔬贮藏库有机地结合起来,实现了设施的科学配套和资源的合理利用,变被动抗旱为主动抗旱,效益显著,前景广阔。

(二)创新农村环保模式,提高环境治理能力

温家宝同志曾经指出"要依靠科技创新把生态农业建设与农业结构调整结合起来,与改善农业生产条件和生态环境结合起来,与发展无公害农业结合起来,把我国生态农业建设提高到一个新水平"。温家宝的这一指示,体现了科学发展观的要求,为发展农村经济、治理农村生态环境指明了方向,也就是要在新农村的生态环境建设过程中,必须依靠科学技术。科学技

术的发展,不仅可以为缓解资源短缺、改善生态环境质量提供有效的手段,而且还可以为经济社会的发展提供动力。因此,无论是要实行农村经济增长方式从粗放型向集约型的转变,还是要充分发挥科技对农村环保的技术支撑作用,都需要大力发展农村科学技术。

1. 农田面源控制技术

(1)推广测土配方施肥技术,提高化肥利用率

根据不同耕地地力状况和作物需肥特性,推行测土配方施肥技术,控制过量施肥,减少农田化肥(氮、磷)流失。此技术的研究和应用全面覆盖到粮食作物和经济作物,水田、园地、旱地等。大力提倡增积增施有机肥,逐步提高有机肥施用比例。

(2)废旧农用薄膜污染控制技术

废旧农用薄膜污染控制技术主要包括:①重复使用技术。适用于棚膜的回收利用,收集得到的废农用塑料薄膜中残留污物较多,经晾晒并反复翻抖后,再清洗晾晒,可以重复使用。先晾晒抖土后,再进行清洗,可以节约用水量。②再生造粒技术。适用于地膜和棚膜的回收利用,尤其适用于有工业基础的农村地区。该技术可采用两种工艺:湿法造粒工艺和干法造粒工艺。再生造粒是废旧农膜再利用中最经济和最方便的方法,是适合国情的最主要的农膜回收技术。③直接塑化技术。适合于缺水地区地膜和 PE 类棚膜的回收利用。对收集到的废旧农膜,依次进行晾晒抖土、热挤拉条、破碎加色、塑化分坯等处理,最后送入模具中制作盆、桶等塑料用具。④燃料资源化技术。各类农用薄膜均适用,适用于工业较发达的农村地区。直接焚烧,产生蒸汽等热能资源,可用于供热或发电。⑤集中填埋技术。适用于土地资源丰富,尤其是山地、凹地较多的地区。和生活垃圾一起填埋,做好防渗处理。处理成本较低;处理技术相对简单,利于推广普及;无须对垃圾进行预处理。短时期内虽无害,但最终会因积累过多而严重妨碍水的渗透和地下水的流通等。填埋是处理废旧农膜的下下策方法,但因其成本最低,仍是一些地方的一种可选方案。

2. 畜禽养殖污染防治模式

(1)畜禽养殖废水防治模式

①综合利用模式。综合利用模式强调的是种养结合,适合于一些周边有适当的农田、鱼塘或水生植物塘的畜禽养殖场,它是以生态农业的观点统一筹划系统安排,使周边的农田、鱼塘或水生植物塘将厌氧消化处理后的废水完全消纳。

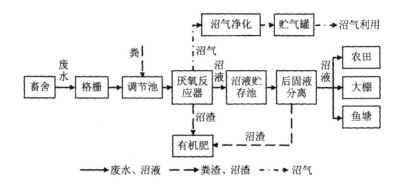

图 8-1 畜禽养殖废水综合利用工艺流程

②达标排放模式。主要是针对一些周边既无一定规模的农田,又无空地可供建造鱼塘和水生植物塘的畜禽养殖场,畜禽废水在经厌氧消化处理后,必须再经过适当的好氧处理或自然处理等,达到规定的环保标准排放或回用。

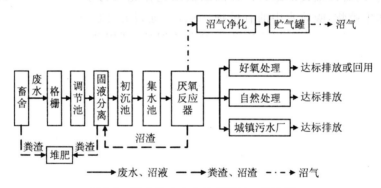

图 8-2 畜禽养殖废水达标排放工艺流程

(2)固体粪便处理技术

常见的固体粪便处理方法有堆肥法、干燥法、焚烧法等。鉴于我国目前技术水平的局限及经济条件的制约,对固体粪便采用高温好氧堆肥法处理是最佳的处置方式。

3.农村生活污水处理模式

(1)集中处理模式

将几个村镇的生活污水收集到一起后集中处理,在居住较为密集的地区,建立村镇生活污水的集中污水处理厂可以有效地解决污染问题。在集中污水处理中通常采用如活性污泥法,SBR 等人工处理技术。

（2）就地处理模式

各住户的污水就地处理后排放或回用。如在一些非饮用水水源地,处理程度要求不高的地区,采用卫生化粪池等简单的处理技术。

（3）分散处理模式

有代表性的实用技术有以下几种。①地埋式好氧处理池:污水经化粪池半厌氧硝化及去除粗物质,通过管沟汇入地下池,通过地下好氧处理池多单元的协同作用,出水达标排放。适用于平原或山区相对集中的污水。②生物塘:通过生物根系附着的微生物降解有机污染物,植物吸收污水中的 N、P,净化水质。适用于有水塘可利用的地区。③地沟处理系统:通过土壤过滤、吸附、离子交换、氧化还原、沉淀、土壤微生物吞噬、抗菌素的杀菌作用以及植物根系对 N、P 等营养物的吸收,净化水质。④地埋式污水处理系统:兼化粪和处理为一体,由沉淀和处理两部分组成。好氧和厌氧交替处理,除了能有效去除废水中的有机物,使出水 COD、BOD、SS达标外,还能有效去除 N、P。⑤无动力户用生物净化器:适合于分散性、收集管网难以铺设的地区。⑥间歇供水轮作轮收污水净化技术:通过水生、陆生植物,吸收水中的有机物、N、P。通过轮作轮收方式保证净化效果稳定。适用于各种污水净化。⑦人工湿地:利用沙石组成的多孔结构和植物根系表面微生物作用以及植物本身的吸收,对生活污水进行生态净化。设施建成后可作为景观绿化带。既适用于集中式,也适用于单户型分散的污水处理。

温州市推进农村环境大整治行动。以"千百工程"为抓手,以村内道路建设、垃圾集中收集处理、生活污水治理和卫生改厕等为重点,全面改善农村生产生活条件。2008 年完成待整治村建设 600 个和已整治村生活污水处理 96 个。加大珊溪库区综合整治力度,深入开展万里清水河道治理。加快形成生活垃圾生活污水"村收集、乡镇清运、县（市、区）处理"的运行机制和卫生保洁长效机制。实施"千万农民饮用水工程",2008 年全市解决农村饮水不安全人口 32.05 万人,新增城镇集中供水覆盖农村受益人口 12万人。

（4）村镇粪便污水处理模式

粪便污水沼气可回收,日本和我国浙江等地已有应用,成效明显。

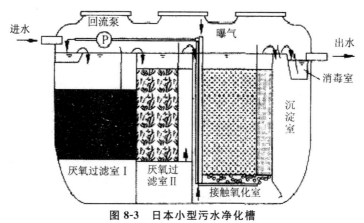

图 8-3　日本小型污水净化槽

四、加强环保投入

(一)加大农村环境保护资金投入

1.建立"自上而下"的开源机制

农村环境治理的难点在于资金筹集,政府应该成为筹资主体,国家、地方财政应加大农村环保投入。可以考虑设立农村环境保护支出专门科目,并协调有关部门设立农村环境保护专项资金,加强农村环保能力建设。中央政府应加大对农村公共服务供给的转移支付,省级政府应建立与公共服务筹资相联系的财政保障体系,并出台相关政策和法规,确保农村公共服务资金有稳定的来源。如用法规的形式规定某些公共服务在政府财政支出中的比重,或者某些公共服务支出占 GDP 的比重等。

2.建立多元化的农村环保投融资促进机制

单一的政府资金投入难以解决农村环保资金短缺的问题。可以根据不同农村环境公共服务的具体经济属性建立多元化的供给主体结构,在农村环境治中引入竞争机制等。有关部门应共同出台农村生态环境建设和保护的投融资政策,采取财政贴息等手段鼓励政策性银行、商业性银行参与,带动民间资本、国际资本等多渠道资金投入,努力形成工业反哺农业、城市扶持农村的新型农村环境保护投资机制。

（二）加大农村环保设施建设投入

1. 加快推进农村垃圾收集和无害化处理设施建设

按照中心镇、一般乡镇、村庄区域区分，制定不同标准，分类组织实施。把农村垃圾处理等纳入城市公共基础设施建设，采取"村收集—镇集中—县处理"的运行机制，改变农村生活垃圾随处乱倒的陋习。

2. 加强农村饮用水水源地环境保护和水质改善设施建设

配合《全国农村饮水安全工程"十一五"规划》的实施，重点抓好农村饮用水水源的环境保护和水质监测与管理，根据农村不同的供水方式采取不同的饮用水水源保护措施。

浙江省乐清市把"千村整治百村示范"工程与万里清水河道、万里绿色通道、千万亩标准农田、千万农民饮水、农村康庄工程等农业和农村基础设施建设工程紧密结合起来，推进农村基础设施建设，大力推进农村改水、改厕、改路、改线、改厨，涌现出了一批典型。例如，黄华镇华山村地下建沼气净化池，地上搞绿化，配上太阳能路灯，为农村营造了一个新景点；淡溪镇大手笔建成桥外村、寺西村容积各为 $500\ m^3$ 的沼气净化池处理全村的生活污水；福溪乡四亩垄村建立了长达 $3\ km$ 的最为完善的生活污水收集管网，这些都极大地改善了农民的生产生活条件。

参考文献

［1］安国辉.村庄规划教程(第二版)［M］.北京:科学出版社,2016.

［2］陈威.景观新农村:乡村景观规划理论与方法［M］.北京:中国电力出版社,2007.

［3］方明等.新农村社区规划设计研究［M］.北京:中国建筑工业出版社,2006.

［4］高成全,赵玉凤,李晓东.新型农村发展与规划［M］.成都:西南交通大学出版社,2015.

［5］葛丹东.中国村庄规划的体系与模式——当今新农村建设的战略与技术［M］.南京:东南大学出版社,2010.

［6］顾小玲.新农村景观设计艺术［M］.南京:东南大学出版社,2011.

［7］贺斌.新农村村庄规划与管理［M］.北京:中国社会出版社,2010.

［8］花明,陈润羊,华启和.环境保护的挑战与对策［M］.北京:中国环境出版社,2014.

［9］环境保护部自然生态保护司编,邓延陆主编.生态村:新农村建设的绿色目标·村镇建设篇［M］.长沙:湖南教育出版社,2011.

［10］李新平,郝向春.乡村景观生态绿化技术［M］.北京:中国林业出版社,2016.

［11］廖启鹏,曾征,万美强.村庄布局规划理论与实践［M］.北京:中国地质大学出版社,2012.

［12］陆若辉.现代生态循环农业技术与模式实例［M］.杭州:浙江大学出版社,2016.

［13］骆中钊,戎安,骆伟.新农村规划、整治与管理［M］.北京:中国林业出版社,2008.

［14］马虎臣,马振州,程艳艳.美丽乡村规划与施工新技术［M］.北京:机械工业出版社,2015.

［15］倪志荣.生态文明在厦门新农村建设中的实践［M］.厦门:厦门大学出版社,2012.

［16］邵旭.村镇建筑设计［M］.北京:中国建材工业出版社,2008.

［17］孙君,廖星臣.把农村建设得更像农村(理论篇)(实践篇)［M］.北京:中国轻工业出版社,2014.

[18]孙君,王佛全.专家观点:社会主义新农村建设的权威解读[M].北京:人民出版社,2006.

[19]王筱明.新农村建设中农村居民点用地整理及区域效应[M].济南:山东人民出版社,2015.

[20]吴季松.生态文明建设[M].北京:北京航空航天大学出版社,2016.

[21]熊金银.乡村旅游开发研究与实践案例[M].成都:四川大学出版社,2013.

[22]徐学东.农村规划与村庄整治[M].北京:中国建筑工业出版社.2010.

[23]严斧.中国山区农村生态工程建设[M].北京:中国农业科学技术出版社,2016.

[24]叶梁梁.新农村规划设计[M].北京:中国铁道出版社,2012.

[25]张广钱.小城镇生态建设与环境保护设计指南[M].天津:天津大学出版社,2015.

[26]张妍,黄志龙.生态型新农村建设之路:江西临川七里岗乡经济社会发展调研报告[M].北京:中国社会科学出版社,2013.